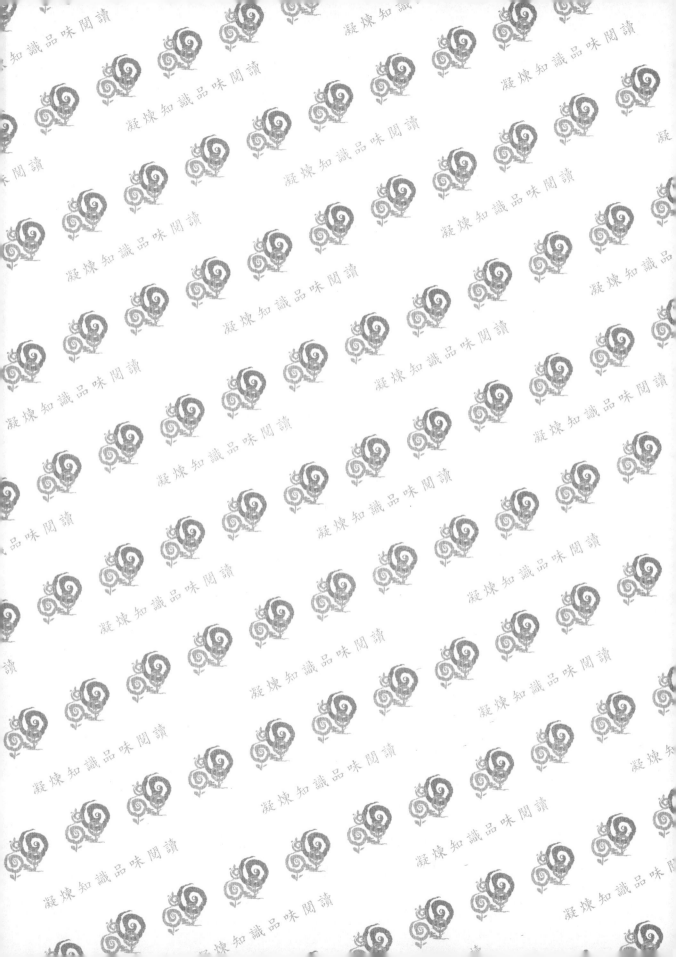

Cosmetic Chemistry

化妝品化學

第二版

趙坤山　張效銘　著

二版校訂

臺北醫學大學藥學系　李慶國教授

五南圖書出版公司 印行

書　序

　　追求「美麗」是人類的天性，化妝品與人們的生活自古就息息相關。打從數千年埃及的牛奶沐浴，中國殷商時期燒製的「鉛白」等等，均是早期人們使用化妝品的例子。進入二十世紀的至今，化妝品已是結合科技與美學的高科技產業，也是低污染、高附加價值、親和力最佳的產業。隨著科技進步，自 1980 年開始，化妝品更由奢侈品變成日常生活不可或缺的必需品，其發展與流行趨勢變化息息相關，對社會文化的影響亦日漸顯著。根據工研院報導資料指出，2001 年全球化妝品市場共計 1,548 億美金，預計到 2008 年，將大幅提升至 1,817 億美金。高盛公司（goldman Sachs）進一步估計全球化妝品產業以保養產業（含護膚、護髮）的 620 億美元最大宗，其次是 180 億的彩妝，以及 150 億的香水系列。全球化妝品產業正以每年 7% 速度成長，超過世界 GDP 兩倍之多。而我國政府單位已將化妝品保養產業列入行政院「挑戰 2008 國家發展重點計畫」的產業高值化發展項目內，預期在 2008 年時產值規模可達新台幣 400 億以上。可見化妝品及其產業是值得大家注目的一個領域。

　　在本書的編排上，共分「化妝品與化學」、「化妝品原料」、「化妝品生理與安全」、「化妝品分類與實例」及「化妝品的發展新趨勢」等五篇。化妝品原料的特性，例如溶解性、酸鹼值、化學結構等等均會影響化妝品的性質及產品設計與開發。化妝品基礎原料及添加劑上，許多都是有機化合物的衍生物。故在第一篇介紹上，除了介紹化妝品的定義、分類、市場外，先介紹基礎的化學原理提供讀者認識化妝品化學的基礎。再進行化妝品原料、生理與安全、分類與實例及最新發展趨勢的介紹。科學日新月異，資料之取捨難免有遺漏，尚祈國內外學者專家不吝指正。最後，希望化妝品化學一書，能帶領您認識化妝品的世界！

張效銘，趙坤山

目　錄

第一篇
化妝品與化學

化妝品工業是綜合性較強的技術密集型工業，它涉及的面很廣，不僅與物理化學、表面化學、膠體化學、有機化學、染料化學、香料化學、化學工程等有關，還和微生物學、皮膚科學、毛髮科學、生理學、營養學、醫藥學、美容學、心理學等密切相關。這就要求多門學科知識相互配合，並綜合運用，才能生產出優質、高效的化妝品。化妝品的生產一般是將各種原料經過混合，使之產生一種製品的性能。原料的特性，例如溶解性、酸鹼值、化學結構等等均會影響化妝品的伍配性質及產品設計與開發。化妝品基礎原料及添加劑上，許多都是有機化合物的衍生物。在本篇介紹上，除了化妝品的定義、作用、分類以及化妝品產業現況外，並介紹與化妝品有關的基礎化學，包括溶液、酸與鹼、化學式及有機化合物等，以提供讀者在認識化妝品化學上的幫助。

第 **1** 章

化妝品緒論

　　化妝品工業是綜合性較強的技術密集型工業，它涉及的面很廣，不僅與物理化學、表面化學、膠體化學、有機化學、染料化學、香料化學、化學工程等有關，還和微生物學、皮膚科學、毛髮科學、生理學、營養學、醫藥學、美容學、心理學等密切相關。這就要求多門學科知識相互配合，並綜合運用，才能生產出優質、高效的化妝品。

　　除某些特種製品外，化妝品的生產一般都不經過化學反應過程，而是將各種原料經過混合，使之產生一種製品的性能。因此，配方技術左右產品的性能。如化妝品中常用的少數幾種脂肪醇，由其衍生出來的商品，則是五花八門，難以作出確切的統計。因此，掌握配方技術，是改善製品性能、提高產品質量的一個重要方面。

　　化妝品屬流行產品，更新換代特別快。一個產品從問世到被新產品替代，一般都經歷萌芽期、成長期、飽和期和衰退期。因此，只有不斷創新，開發新品種、新劑型、新配方，提高產品的競爭能力，才能迎合消費心理，滿足市場需求。為提高產品的競爭能力，必須堅持不懈地開展科學研究，注意採用新原料、新技術、新工藝、新設備和新包裝，並及時掌握國內外情報，同時不斷研究消費者的心理和需求，以指導新產品的開發。

　　化妝品大多是直接與人的皮膚長時間連續接觸的，因此，質量和安全更為重要，新產品上市之前，應進行必要的安全性檢驗，確保其絕對的安全性。

第一節　化妝品的定義及作用

　　化妝品廣義上講是指化妝用的物品。在希臘語中「化妝」的詞義是「裝飾的技巧」，意思是把人體自身的優點多加發揚，而把缺陷加以彌補。1923 年，哥倫比亞大學 C. P. Wimmer 概括化妝品的作用為：使皮膚感到舒適和避免皮膚病；遮蓋某些缺陷；美化面容；使人清潔、整齊、增加神采。

　　我國對於化妝品的定義為，根據行政院於中華民國 91 年 6 月 12 日總統令修正公布的化妝品衛生管理條例第三條對於化妝品之定義為：「本條例所稱化妝品，係指施於人體外部，以潤澤髮膚，刺激嗅覺，掩飾體臭或修飾容貌之物品；其範圍及種類，由中央衛生主管機關公告之」。化妝品管理分為兩類，一

為含有醫療及毒劇藥品化妝品（簡稱含藥化妝品）。一為未含有醫療及毒劇藥品化妝品（簡稱一般化妝品）。

日本醫藥法典中對化妝品下了這樣的定義：化妝品是為了清潔和美化人體、增加魅力、改變容貌、保持皮膚及頭髮健美而塗擦、散佈於身體或用類似方法使用的物品。是對人體作用緩和的物質。以清潔身體為目的而使用的肥皂、牙膏也屬於化妝品，而一般人當作化妝品使用的染髮劑、燙髮液、粉刺霜、防乾裂、治凍傷的膏霜及對皮膚或口腔有殺菌消毒藥效的，包括藥用牙膏，在藥事法中都稱為醫藥部外品。

美國FDA對化妝品的定義為：用塗擦、撒布、噴霧或其他方法使用於人體的物品，能起清潔、美化，促使有魅力或改變外觀的作用。不包括肥皂，並對特種化妝品作了具體要求。

中華人民共和國《化妝品衛生監督條例》中定義化妝品為：「以塗擦、噴灑或者其他類似的方法，散佈於人體表面任何部位（皮膚、毛髮指甲、口唇等），以達到清潔、消除不良氣味、護膚、美容和修飾目的的日用化學工業產品」。

化妝品對人體的作用必須緩和、安全、無毒、無副作用，並且主要以清潔、保護、美化為目的。因此，用於治療的、具有藥效活性的製品稱為類醫藥品。無論是化妝品，或是特殊用途化妝品都不同於醫藥用品，其使用目的在於清潔、保護和美化修飾方面，並不是為了達到影響人體構造和機能的目的。為方便起見，常將二者統稱為化妝品。

綜上所述，化妝品的定義可做如下概述：化妝品是指以塗敷、揉擦、噴灑等不同方式，塗抹在人體皮膚、毛髮、指甲、口唇和口腔等處，起清潔、保護、美化、促進身心愉快等作用的日用化學工業產品。

化妝品的作用可概括為如下 5 個方面：

一、清潔作用：去除皮膚、毛髮、口腔和牙齒上面的髒物，以及人體分泌與代謝過程中產生的不潔物質。如清潔霜、清潔乳、淨面面膜、清潔用化妝水、泡沫浴液、洗髮香皂、牙膏等。

二、保護作用：保護皮膚及毛髮等處，使其滋潤、柔軟、光滑、富有彈性，以抵禦寒風、烈日、紫外線輻射等的損害，增加分泌機能活力，防止皮膚皺裂、毛髮斷裂。如雪花膏、冷霜、潤膚霜、防裂油膏、乳液、防曬霜、潤

髮油、髮乳、護髮素等。

三、營養作用：補充皮膚及毛髮營養，增加組織活力，保持皮膚角質層的含水量，減少皮膚皺紋，減緩皮膚衰老以及促進毛髮生理機能，防止脫髮。如人參霜、維生素霜、珍珠霜等各種營養霜、營養面膜、生髮水、藥性髮乳、藥性頭蠟等。

四、美化作用：美化皮膚及毛髮，使之增加魅力，或散發香氣。如粉底霜、粉餅、香粉、胭脂、唇膏、髮膠、慕絲、染髮劑、燙髮劑、眼影膏、眉筆、睫毛膏、香水等。

五、防治作用：預防或治療皮膚及毛髮、口腔和牙齒等部位影響外表或功能的生理病理現象。如雀斑霜、粉刺霜、抑汗劑、除臭劑、生髮水、痱子水、藥用牙膏等。

第二節　化妝品的分類

化妝品種類繁多，其分類方法也五花八門。如按劑型分類，按內含物成分分類，按使用部位和使用目的分類，按使用年齡、性別分類等。

按劑型分類

即按產品的外觀形狀、生產工藝和配方特點，可分為如下 12 類：

- 水劑類產品：如香水、花露水、化妝水、營養頭水、奎寧頭水、冷燙水、除臭水等。
- 油劑類產品：如髮油、髮蠟、防曬油、浴油、按摩油等。
- 乳劑類產品：如清潔霜、清潔乳液、潤膚霜、營養霜、雪花膏、冷霜、髮乳等。
- 粉狀產品：如香粉、爽身粉、痱子粉等。
- 塊狀產品：如粉餅、胭脂等。
- 懸浮狀產品：如香粉蜜等。
- 凝膠狀產品：如抗水性保護膜、染髮膠、面膜、指甲油等。

- 氣溶膠製品：如噴髮膠、慕絲等。
- 膏狀產品：如泡沫剃鬍膏、洗髮膏、睫毛膏等。
- 錠狀產品：如唇膏、眼影膏等。
- 筆狀產品：如唇線筆、眉筆等。
- 珠光狀產品：如珠光香皂、珠光指甲油、雪花膏等。

◎ 按產品的使用部位和使用目的分類

1. 皮膚用化妝品類

- 清潔皮膚用化妝品：如清潔霜、清潔乳液等。
- 保護皮膚用化妝品：如雪花膏、冷霜、乳液、防裂膏、化妝水等。
- 營養皮膚用化妝品：如人參霜、維生素霜、荷爾蒙霜、珍珠霜、絲素霜、胎盤膏等。
- 藥用化妝品：如雀斑霜、粉刺霜、除臭劑、抑汗劑等。

2. 毛髮用化妝品類

- 清潔毛髮用化妝品：如洗髮精、洗髮膏等。
- 保護毛髮用化妝品：如髮油、髮蠟、髮乳、爽髮膏、護髮素等。
- 美髮用化妝品：如燙髮劑、染髮劑、髮膠、慕絲、定型髮膏等。
- 營養毛髮用化妝品：如營養頭水、人參髮乳等。
- 藥用化妝品：如去屑止癢精、奎寧頭水、藥性髮乳等。

3. 美容化妝品

- 基面化妝品：粉底液、粉底霜、粉底膏、粉散和粉餅等。
- 彩妝用品：眼部化妝品（包括眉筆、眼影、眼線、睫毛膏）、腮紅、口紅、指甲油等。

4. 口腔衛生用品

- 牙膏（包括普通牙膏和藥用牙膏）。
- 牙粉。
- 漱口水。

我國化妝品種類表

1. 頭髮用化妝品種類：髮油、髮表染色劑、整髮液、髮蠟、髮膏、養髮液、固髮料、髮膠、髮霜、染髮劑、燙髮用劑、其他。

2. 洗髮用化妝品類：洗髮粉、洗髮精、洗髮膏、其他。

3. 化妝水類：剃髮後用化妝水、一般化妝水、花露水、剃鬍水、黏液狀化妝水、護手液、其他。

4. 化妝用油類：化妝用油、嬰兒用油、其他。

5. 香水類：一般香水、固形狀香水、粉狀香水、噴霧式香水、腋臭防止劑、其他。

6. 香粉類：粉膏、粉餅、香粉、爽身粉、固形狀香粉、嬰兒用爽身粉、水粉、其他。

7. 面霜乳液類：剃鬍膏、剃鬍後用面霜、油質面霜（冷霜）、乳液、粉質面霜、護手霜、助曬面霜、防曬面霜、營養面霜、其他。

8. 沐浴用化妝品類：沐浴油（乳）、浴鹽、其他。

9. 洗臉用化妝品類：洗面霜（乳）、洗膚粉、其他。

10. 粉底類：粉底霜、粉底液、其他。

11. 唇膏類：唇膏、油唇膏、其他。

12. 覆敷用化妝品類：腮紅、胭脂、其他。

13. 眼部用化妝品類：眼皮膏、眼影膏、眼線膏、睫毛筆、眉筆、其他。

14. 指甲用化妝品類：指甲油、指甲油脫除液、其他。

15. 香皂類：香皂、其他。

　　按產品的外觀性狀、生產工藝和配方特點分類，有利於化妝品生產裝置的設計和選用，產品規格標準的確定以及分析試驗方法的研究，對生產和品管部門進行生產管理和質量檢測是有利的。

　　按產品的使用部位和使用目的分類，比較主觀，有利於配方研究過程中原料的選用，有利於消費者瞭解和選用化妝品；但由於將不同劑型、不同生產工藝及配方結構的產品混在一起，不利於生產設備、生產工藝條件和質量控制標準等的統一。

隨著化妝品工業的發展，化妝品已從單一功能向多功能方向發展，許多產品在性能和應用方面已沒有明顯界線，同一劑型的產品可以具有不同的性能和用途，而同一使用目的的產品也可製成不同的劑型。為此，既考慮生產上的需要，又考慮應用方面的需要，在介紹生產工藝及設備時，側重於按劑型分類；而在介紹各種化妝品配方時，則側重於按使用部位和使用目的分類。

第三節　化妝品產業與發展趨勢

▌產業定義

化妝品所包括之範圍相當廣，主要可分為保養品、彩妝品與香水三大系列。保養化妝品包括化妝水、乳液、面霜等。彩妝品則含括口紅、眼影、腮紅、粉餅等。

其產業之特色：
1. 化妝品已視為日常生活中不可或缺的必需品。
2. 是與美相關的產業，也是為低污染、高附加價值、親和力最佳的產業。
3. 行銷依賴良好品牌形象，產業服務品質也與產品形象密切關係。
4. 與生化、生技、奈米、高科技結合，以創新方式產品精緻度。
5. 產品具有以安全性、有效性為品質號召之高品質管控特性。
6. 與服務業高度結合。

▌全球化妝品市場概況

在過去的幾年裡，全球許多國家與地區出現了經濟衰退，使得 1995～1999 年全球化妝品出現負成長，但隨著亞太地區市場逐漸復甦，並顯示出強勁的成長態勢，使得近兩年來全球化妝品市場呈現成長。來自《國際市場追蹤》（MTI）的統計報告表明，近期國際市場，香水產品受經濟衰退影響較大，市場銷售出現了嚴重下滑。但同時，其他類化妝品特別是彩妝品的銷售則持續呈現增長的態勢。

　　在全球市場區隔方面，西歐依然占據全球化妝品市場 30%的銷售額，產品總值達到 1720 億美元；日本約占 17%的全球市場比重；美國的個人消費額很高，因而該國化妝品和個人護理用品的消費總額占據了全球的 20%。值得注意的是，在 1995～1999 年裡，拉丁美洲及亞洲市場的增長較快，主要包括阿根廷、智利、泰國、韓國、印尼等國家及我國。巴西近幾年的市場增長最快，目前已成為世界第 5 大化妝品市場；中國的市場增長率居第二位，目前已成為世界第 8 大化妝品市場。

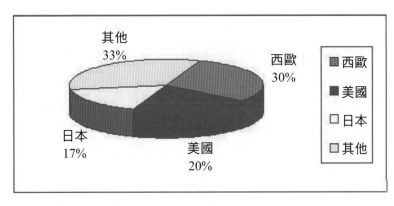

圖 1-1　全球主要化妝品市場

資料來源：化妝品產業初探，華通產經研究部。

　　根據統計，2001 年全球化妝品市場共計為 1730 億美金，2006 年，將大幅提升至 2020 億美金（折合新台幣約 6 兆 8680 億元）。美國人在美容化妝品的開銷，高出教育方面的支出。「黑暗大地」的非洲，化妝品需求量年增率達 30%，南非更超過 60%，涉及彩妝、護膚、整容手術、健身以及減肥藥品美容行業，今年全球收益已達到 1600 億美元。法國萊雅集團（L'OREAL）連續 13 年利潤增長達 14%。

　　2010 年，中國國內化妝品市場銷售總額將達 800 億人民幣！工研院指出，2002 年台灣化妝品市場規模也高達新台幣 565 億元，政府也將化妝品產業列入「挑戰 2008」國家重點推動產業之一，許許多多標榜生醫材料與奈米技術的生技公司紛紛投入，強調高效、高安全、高科技的美容業正在全球漫燒。化妝品被生物技術賦予全新的意義，生技美容產業成為生物科技的「美麗」新世界！？

2006 年，法國被權威媒體「財經報」（Le Journal des Finances）評選為最佳上市股票的榜首，是知名化妝品集團歐萊雅集團（L'OREAL）。歐萊雅集團（L'OREAL），旗下擁有蘭蔻、碧兒泉等大品牌，連續 13 年的年利潤增長率高達 14%，高出法國其他任何的經濟產業。

報導數據相當驚人，今年至目前，涉及彩妝、護膚、整容手術、健身，以及減肥藥品等美容新興行業，全球收益已高達 1,600 多億美元。據統計，美國人花在美容化妝品的開銷，甚至要高於他們在教育方面的支出！過去素稱「黑暗大地」的非洲，貧窮的嚴重也遠不及追求美麗的重要，即使在尚比亞這樣的貧窮國家，大街小巷也不乏濃妝艷抹的時髦女郎。非洲人向來以「黑珍珠」般的面孔自豪，最近也快被彩妝所攻陷。據統計，非洲化妝品市場需求量年增長率達 30%，南部非洲更超過 60% 以上。

美國國務院《國外商業指南》的調查報告也顯示，自 1996 至 2000 年，南非化妝品和清潔用品增長率高達 65%。報告同時指出，現今全球化妝品市場規模，以西歐所占比例最高，每年約占 28%，其次為北美和亞太地區，比例大致都在 25% 上下。至於在亞洲方面，中國、俄羅斯和韓國的化妝品市場也正快速成長中。

據統計，2010 年，中國國內化妝品市場銷售總額將達到 800 億人民幣，平均年遞增為 12.9%。中國各地中、高檔美容院共約 10 多萬家，光是天子腳下的北京就有 3,000 多家。

追求「美麗」是人類的天性，自古至今，化妝品與人們生活息息相關。考古學家發現，數千年前埃及人就已經開始使用皮膚保養品，美麗的埃及豔后喜歡以牛奶沐浴，就是利用牛奶中的乳酸護膚，與現代人用果酸換膚有異曲同工之效。在中國，早在殷商時期就開始燒製「鉛白」，這也是最早的扑粉。之後，新疆的絲路把絲綢和香料從東方送到歐洲，同樣也把化妝品帶往古希臘和歐洲世界。到了十七世紀，扑粉在中國廣為流行，化妝品也在社會各階層流行開來，女人大量使用鉛白粉抹皮膚，赤褐石粉作胭脂，並且傳入日本。進入二十世紀，以合成方法製造具有自然效果的化妝品，逐漸成為一門科學，藥廠及化妝品廠嘗試以科學化配方研究生產各種化妝品。同時，隨著科技進步，1980 年代開始，化妝品更由奢侈品轉變為人手一瓶的民生必需品。也因此，這股追求美麗的潮流，似乎也不曾被經濟低迷澆熄。

　　根據工研院最新資料指出，2001 年全球化妝品市場共計為 1,548 億美金，預計到 2008 年，將大幅提升至 1,817 億美金（折合新台幣約 63,595 億元）（如表 1-1）。與藥品市場相比較，2003 年全球生技製藥市場僅為 600 億美元，即使是全球整體藥品市場，也不過區區 1,500 億美金，與化妝品動輒超過 2,000 億市場相比，簡直是小巫見大巫！高盛公司（Goldman Sachs）進一步估計全球化妝品產業，目前以保養產品（含護膚、護髮）的 620 億美元為最大宗，其次是 180 億的彩妝、以及 150 億的香水系列。全球化妝品產業正以每年 7% 速度成長，超出世界 GDP 兩倍之多。（資料來源：鄒珮珊，生技美容締造 BIO 美麗新世界，生技時代，2003 年 10 月。）

表 1-1　全球化妝品規模與我國產值比較

	2002	2004	2006	2008
全球規模（億美元）	1,589	1,638	1,710	1,817
我國產值（億元）	163	169	320	400

資料來源：「保養品產業現況調查及推動國際化策略規劃計畫」2003 年之執行成果報告（2004～2008 年值為預估值），工研院 IEK 整理。（李，2005）

◎台灣地區化妝品產業環境現況

1. 我國化妝品產業概況

　　我國 2003 年化妝品生產值 192 億元（如表 1-2 所示），現有工廠 428 家，占化學製品業之 45%，平均每家工廠產值 4,873 萬元。現有從業員工 9,513 人，占化妝製品業從業人員之 36%。平均每員工產值 202 萬元。大多公司為中小企業，其中 56% 的公司之員工數在五人以下。出口值 57 億元，進口值 170 億元，內銷／外銷比率 70：30。

表 1-2　我國化妝品工業現況　　　　　　　　　　　　　　　單位：新台幣百萬元

年別	2003	2004
生產值	16,254	16,938
工廠家數（家）	394	459
平均每家工廠產值	41.25	36.90
從業員工數（人）	9,513	8,026
平均每員工產值	1.71	2.11
出口值	643	673
進口值	22,362	25,707
內銷／外銷比率	60：40	60：40

資料來源：行政院主計處普查資料、海關統計月報、2004 工業統計調查報告，工研院生醫中心整理。（李，2005）

　　我國化妝品的產值自 2002～2004 年間有相當的成長，從 2002 的 155 億增加到 2004 的 170 億。出口值 2000 的 71.1 億、2002 年的 69.8 億、2003 年的 64.3 億、2004 年則為 67.3 億，也稍有萎縮現象。進口化妝品則由 2000 年的 186 億到 2004 年的 257 億呈穩定成長。出口項目主要為唇部（20%）、保養品（30%）及化妝粉（17%）。進口主要為保養品（54%）、髮用（15%）、眼部（6%）（如表 1-3 所示）。國內化妝品市場分布主要為皮膚保養品（41%）、髮用（14%）、彩妝（13%）。國內化妝保養品廠商的行銷通路主要為通過通路商（34%）、OEM（21%）、美容沙龍（15%）、診所（5%）、直營沙龍（5%）等（如圖 1-2 及圖 1-3 所示）。

表 1-3　2000～2004 年 12 月我國化妝品（藥品除外）進出口值統計

	項目	2000	2001	2002	2003	2004
進口值	金額	18,607	17,799	19,956	22,361	25,707
	成長率	－	-4.34%	12.11%	12.05%	14.96%
	前三國家	日本（39%）	日本（34%）	日本（33%）	日本（31%）	日本（32%）
		美國（19%）	美國（18%）	美國（17%）	法國（16%）	美國（16%）
		法國（13%）	法國（15%）	法國（15%）	美國（15%）	法國（13%）

項目		2000	2001	2002	2003	2004
出口值	金額	7,114	6,856	6,985	6,426	6,733
	成長率	—	-3.63%	1.88%	-8%	4.78%
	前三國家	香港（25%）	日本（21%）	香港（23%）	香港（18%）	美國（19%）
		日本（19%）	香港（19%）	美國（15%）	美國（16%）	香港（15%）
		美國（10%）	美國（13%）	日本（14%）	日本（14%）	日本（14%）

註：香港（大陸）

資料來源：中華民國海關進出口貿易統計；生技中心IT IS計畫整理。（李，2005）

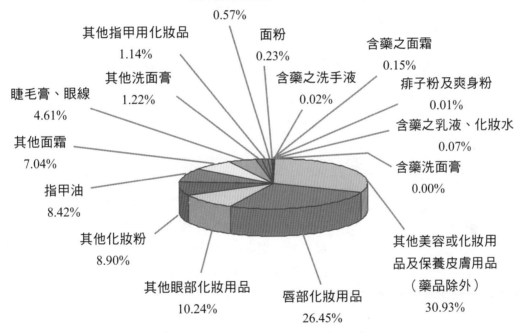

指甲油去除劑
0.57%

其他指甲用化妝品
1.14%

面粉
0.23%

含藥之面霜
0.15%

其他洗面膏
1.22%

含藥之洗手液
0.02%

痱子粉及爽身粉
0.01%

睫毛膏、眼線
4.61%

含藥之乳液、化妝水
0.07%

其他面霜
7.04%

含藥洗面膏
0.00%

指甲油
8.42%

其他化妝粉
8.90%

其他美容或化妝用品及保養皮膚用品（藥品除外）
30.93%

其他眼部化妝用品
10.24%

唇部化妝用品
26.45%

台灣2004年化妝保養品出口分布（出口總金額43.34億元新台幣）

圖1-2　2004年我國化妝品出口品項分析

資料來源：中華民國進出口海關資料；工研院IEK生醫組。（李，2005）

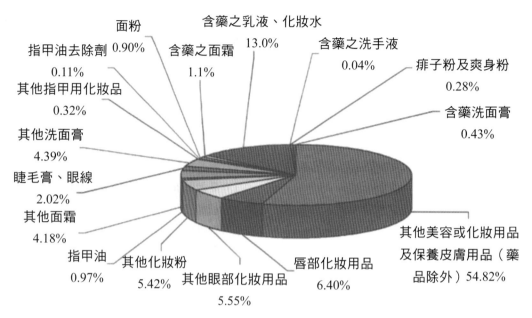

面粉

含藥之乳液、化妝水 13.0%

含藥之洗手液 0.04%

指甲油去除劑 0.90%
0.11%

含藥之面霜 1.1%

痱子粉及爽身粉 0.28%

其他指甲用化妝品 0.32%

含藥洗面膏 0.43%

其他洗面膏 4.39%

睫毛膏、眼線 2.02%

其他面霜 4.18%

其他美容或化妝用品及保養皮膚用品（藥品除外）54.82%

指甲油 0.97%

其他化妝粉 5.42%

其他眼部化妝用品 5.55%

唇部化妝用品 6.40%

台灣 2004 年化妝保養品出口分布（出口總金額 156 億元新台幣）

圖 1-3　2004 年我國化妝品進口品項分析

資料來源：中華民國進出口海關資料；工研院 IEK 生醫組。（李，2005）

　　近年來國內業者對化妝品產業的投資也有轉趨活絡的現象，2003 下半年到 2004 上半年，同工業局提出投資案核備的廠商有：自然美化妝品股份有限公司、台灣高絲股份有限公司、福基生化科技公司、龍膽科技公司、詠麗生化科技、伊莉特生物科技、台塑生醫科技、加微耐米科技等，投資金額超過 11 億元。此外各大公司如台鹽、台糖、順天、生達、永信、統一及中化等公司，近年也紛紛投入化妝保養品的開發。

2. 我國化妝保養品工業面臨之課題

(1)產業及企業規模小，所擁有的資源較少，投入研發與行銷的能量較少。

(2)我國市場規模雖有逐年成長的趨勢，但長久以來在美、日、歐等國際知名品牌的壓境下，國內消費者偏愛國際品牌，加上近年來國外真品平行輸入、仿冒品、水貨等，均嚴重影響本土業者在國內市場的生存空間。

(3)我國化妝保養品業者對國際流行及產品技術資訊掌握程度較低，故產品開發多採用「追隨國際大廠」的方式進行，產品自主性的開發設計能力較弱。

(4)目前我國化妝保養品產業原料的自主性較低，尤其是在中高階定位產品所需之原料九成以上多自國外進口，加上國際原料供應商在供給原料時多會附上參考配方，無形中也增加了我國化妝保養品業者對國際原料商的依賴，造成生產成本上升、進入障礙較低的現象。

(5)目前我國化妝保養品用之包材供應，無論在玻璃製品或塑膠製品上，技術層次均有一定的水準，但由於我國化妝保養品業者訂單數量較少，開發模其成本費用高，一般業者多不願負擔，因此多採用公模，可變化的空間較少。另外，我國化妝保養品業者在高級品上多採用進口品，連帶也降低了我國化妝保養品用包材的市場規模，影響業者的投入，目前已有包材業者逐漸將重心轉往中國大陸發展，對我國發展化妝保養品產業將會有一定的影響。

(6)國內缺乏具公信力之有效性確認機制。目前我國化妝保養品相關產品在消費者的心目中仍未建立穩固的地位，加上市面上產品多訴求機能性，在法規的要求下，均需針對產品進行一連串有系統的評估。但目前國內並未建立具公信力的有效性確認機制，業者多必須自行摸索，對業者造成相當大的困擾。

(7)目前國內對於化妝保養品產業之相關業務，並無一單窗口處理。

(8)目前我國化妝保養品相關法規有過嚴或不足之處，例如環保署之減廢法規規定、含藥化妝品之規定等。

(9)出口市場受中國大陸與韓國廠商的競爭程度日益增大。

3.我國化妝保養品工業之優劣勢分析

(1)優勢

①化妝保養品企業之化工製造技術佳，具生產之工業基礎，製造成本低。

②業者學習能力強，產品化能力佳。

③業者與學界互動佳，學界日漸重視。

④相關化工產業（原料、製品）發展基礎穩固。

⑤人民生活水準日益提升。

⑥政府正積極建構持續吸引投資之優良環境。

(2)機會

①政府列為國家重點發展產業。

②經濟發展，生活水準提高，使用年齡層下降，消費意願、能力提升，帶動需求上升。

③低污染、高附加價值產業適合我國發展。

④高齡化社會來臨，高價產品市場空間增大。

⑤大中華市場逐漸成長，台灣品牌發展機會大。

⑥產品附加價值高，且橫跨眾多領域，可帶動石化、生技、塑膠加工等其他相關產業之技術升級與發展。

⑦生技、特用化學品人才充沛，轉換投入容易。

(3)劣勢

①國內市場規模小，國內消費者鍾情國際品牌。

②產品生命週期短，產品研發能力不足，研發成本過高，業者難以負荷。

③上下、週邊等相關產業之資源未能充分連結。

④缺乏功能性原料、流行設計、（國際）行銷之人才。

⑤外銷競爭力較弱。

(4)威脅

①仿冒品、平行輸入品侵蝕市場之威脅。

②中國大陸擁有原料（尤其是中草藥）、市場之優勢，相關產業快速成長，威脅國內業者之生機。

▌未來化妝品技術發展方向

隨著精密化工、生物科學、材料科學的發展和CAD在包裝造型設計方面的應用，以及細胞科學在皮膚醫學中的深入，化妝品產業正從深度和廣度兩方面快速進展，並將成為科技應用的新興行業。其主要技術發展方向為：

1. 生物醫學美容

自七○年代以來，重組 DNA 基因工程和雜交瘤細胞工程為核心的生物技術，以驚人的速度向前發展，給生物醫學帶來革命性的巨大變化。20 多年來，

多種基因工程產品先後研製成功並投入應用，如胰島素、人生長激素、干擾素、集落刺激因數、白細胞介素、促紅細胞生產素、凝血第八因數、肝炎疫苗等產品已發揮出顯著的療效。在皮膚美容領域中，許多基因工程生長因數在皮膚修復和醫學美容方面的應用不再鮮為人知。現在基因工程技術已開始影響人類的美容保健，國際上已有 10 多種基因工程產品用於美容目的，如神經生長因數（NGF）用於健身塑形；表皮生長因數（EGF）用來治療皮膚缺損；α轉化生長因數（αTGF）試用於整形外科，而在中國美容界，纖維細胞生長因數（FGF）早已被廣泛用於換膚修復。

2. 中草藥美容

天然環保產品中草藥美容是中國傳統醫藥學在美容中應用的典範，近年來在國外也關注許多有關中草藥在保濕、美白、除皺功能的相關報導。國際上已開始流行草藥美容，所以中草藥全面走向美容市場是大有前景的。

3. 奈米技術的應用

所謂化妝品之奈米技術應用主要是指添加活性成分方面有較大區別，如天然植物提取物、多種維生素等，但這些活性物質的活性不穩定，遇光、熱、酸、氧等極易分解或氧化。如何使有效的活性物質在化妝品添加、儲存中保持穩定和鮮活，如何營造表層皮膚組織結構所需的生物環境，並將所攜帶的鮮活成分釋放，且維持有效時間、有效濃度一直是化妝品領域中的世界性難題。奈米技術的應用能對傳統工藝乳化之缺陷進行改進，因為用奈米功能原料透過奈米技術處理得到的化妝品膏體微粒可以達到奈米級，這種膏體的皮膚滲透性大大增加，利用率隨之大為提高。採用奈米技術研製的化妝品，其獨到之處在於將化妝品中最具功效的成分處理成奈米級結構，從而順利滲透到皮膚內層，事半功倍地發揮護膚、療膚效果，另外奈米級的二氧化鈦、氧化鋅也被大量使用在物理防曬劑方面。

隨著國民所得日益提高，消費者化妝年齡的降低與使用頻率的提高，本產業未來成長空間仍大。若以台灣每年 500～600 億元的市場推估，化妝品產業占我國全年生產毛額僅約 0.55%，遠低於日本 2.04%的比重，顯示我國化妝品市場仍有很大的成長空間。而化妝品製造業屬化學工業，對國內一些相關化工產品

製造商而言，只要具有化工製造背景，跨足化妝品業界應不難；同時化妝品製造業為一高附加價值的產業，社會無須為其支付太多的能源與環保成本，極適合台灣的經濟環境發展。

（資料來源：化妝品產業初探，華通產經研究部）

第 **2** 章

溶　液

　　人們在日常生活中會接觸不少溶液，例如喝的汽水和茶水、燒菜的醋、消毒用的碘酒、注射用的葡萄糖、化妝用的香水等等。可見溶液在工業生產中應用廣泛。化妝品在配製過程中，很多原料都必須先配製成溶液。本章將介紹溶液的一些基本知識。

第一節　溶液的基本概念定義及種類

▌溶液的定義

　　兩種或兩種以上純物質形成均勻混合物，只有一個相，沒有固定組成與性質稱之溶液。溶液中所含的純質仍然保有其各自的化學性質。例如：糖水、食鹽水、碘酒等溶液。溶液中含有溶質與溶劑，習慣上，我們常把溶液中含量較多成分者稱之溶劑（solvent），其他成分稱為溶質（solute）。水為最常見的溶劑，故不論其量多寡通常均視水為溶劑。若固體與液體或氣體與液體所形成之液態溶液，習慣上稱該液體為溶劑，固體或氣體為溶質。有關溶液中溶劑的判斷原則為，同相溶液中，量多者為溶劑。異相溶液中，大多以液體當溶劑，不管其量多量少。

▌溶液的種類

1. 以溶劑分類
　(1)水溶液：於化學式右下方駐記為（aq），以水為溶劑之溶液稱為水溶液，例如：$NaCl_{(aq)}$、$NH_{3(aq)}$。
　(2)非水溶液：不是以水為溶劑之溶液稱為非水溶液，如碘溶於酒精所形成碘的酒精溶液，氫氧化鈉的酒精溶液，表示為$NaOH_{(alc)}$；alc為酒精（alcohol）的縮寫。碘的四氯化碳溶液，亦可簡記為I_2/CCl_4。

2.以溶液相（型態）分類

溶液相（型態）	溶解時溶質與溶劑的狀態	舉例
氣態溶液 （一般稱混合氣體）	氣體溶於氣體	空氣、任何氣體的混合物
	液體溶於氣體	水於空氣、溴於空氣
	固體溶於氣體	碘於氮
液態溶液 （簡稱溶液）	氣體溶於液體	氨於水、二氧化碳於水
	液體溶於液體	酒精於水、溴於四氯化碳
	固體溶於液體	糖於水，碘於酒精
固態溶液 （亦稱固溶體）	氣體溶於固體	氫於鈀
	液體溶於固體	汞於鈉（鈉汞齊）
	固體溶於固體	合金、鹽類的固溶體，如：AgCl-Na 或 $NaNO_3$-KNO_3

3.以溶液導電性分類

(1)電解質溶液：分為強電解質及弱電解質，強電解質的溶液是電的良導體，而弱電解質的溶液，對於電的傳導有一極限，並不是良導體。例如鹽酸（HCl）、氫氧化鈉（NaOH）與食鹽（NaCl）水溶液皆為強電解質溶液；醋酸（CH_3COOH）與氨水（NH_4OH）水溶液為弱電解質溶液。

(2)非電解質溶液：不會導電的物質水溶液，如糖水。

4.依溶質粒子大小分類

共分為真溶液和膠體溶液兩種，真溶液溶質顆粒直徑約在 10^{-10}m，例如，糖水、食鹽水、碘酒和硫酸銅水溶液等。膠體溶液溶質顆粒直徑約在 10^{-9}～10^{-7}m，是由於粒子顆粒較大、光線散色，造成溶液通常有濁度，不透明。例如，咖啡、豆漿、牛奶等。

第二節　溶解過程和溶解度

溶解過程

溶液是由溶質和溶劑組成的。在溶液裡被溶解的物質叫做溶質，能溶解其他物質的叫做溶劑。例如，食鹽水中，食鹽是溶質，水是溶劑。碘酒中碘是溶質，乙醇是溶劑。當氣體或固體溶解在液體裡，氣體或固體叫做溶質，液體叫做溶劑。根據溶劑的不同，溶液的名稱也不同。溶劑為水、乙醇或汽油的溶液，分別叫做水溶液、酒精溶液或汽油溶液。由於水分布廣泛，能溶解許多物質，因此，水是最常用的溶劑，通常的溶液，指的就是水溶液。在一定的溫度下，將固體溶質放於水中時，溶質表面的分子或離子由於本身的運動和受到水分子的吸引，克服了溶質內部分子間引力，逐漸擴散到水中，這就是溶解過程。

溶解度

1. 溶解（Dissolution）：固態晶體置入液體溶劑中，其粒子離開晶體表面而進入液體中之現象稱為溶解。例如：蔗糖的晶體置入水中，糖分子會離開晶體而均勻分散於水中。

2. 沉澱（Precipitate）：在溶解的同時，還存在一個逆過程，就是已溶解的溶質粒子不停地運動，不斷與未溶解的溶質碰撞，因而重新被吸引到固體表面上來。固態物質自溶液中析出的現象稱為沉澱，析出的晶體就叫做結晶。例如：糖水溶液，若水分蒸發造成溶液中水的量不足，糖分子會重新集結成晶體析出。

3. 溶解度（Solubility）：一種物質溶解在另一種物質裡的能力，叫做物質的溶解性。不同的物質在同一溶劑裡的溶解能力不同。溶解性是物質的一種性質。它首先跟溶質、溶劑的本身性質有關，其次跟外界的條件有關。為了定量地比較各種物質的溶解性，必須確定一個比較標準，這就是物質的溶解度。在一定溫度下，一定量溶劑所能溶解溶質之最大量而形成飽和溶液，此溶液之

濃度稱為溶解度。

例如，一定溫度下，某物質在 100g 溶劑裡達到飽和時所溶解的質量（單位 g），叫做這種物質在這種溶劑裡的溶解度。例如，在 2℃ 時，在 100g 水中分別溶解 190g 硝酸銨、36g 食鹽和 0.013g 碳酸鈣，均形成飽和溶液；在 20℃ 時，硝酸銨的溶解度為 190g，食鹽的溶解度為 36g，碳酸鈣的溶解度為 0.013g。由此看出，飽和溶液與溶液的濃和稀無關，濃溶液不一定是飽和溶液，稀溶液也可能是飽和溶液。在 20℃ 時，180g 硝酸銨與 100g 水組成的溶液盡管是濃溶液，但不是飽和溶液，還需溶解 10g 硝酸銨才能形成飽和溶液；而 0.013g 碳酸鈣和 100g 水組成的稀溶液卻是飽和溶液，碳酸鈣的質量（單位 g）已達到它的溶解度。

4.常用溶解度之表示法

(1)定溫時，100 克溶劑所能溶解溶質（無水物）的最大克數，單位為溶質 g/100g 溶劑。例如：20℃，100g 的水最多可溶 37g 的 NaCl，溶解度為 37g/100g 水。

(2)體積莫耳濃度（M）：

體積一升的溶液中所含溶質的莫耳數，單位為溶質 mol/L 溶液。

5.依物質溶解度分類

物質依照溶解度不同，可以分成可溶物質、微溶物質及難溶物質等三類（如圖 2-1 所示）。

(1)可溶物質（soluble）：溶解度大於 10^{-1} M 的物質，稱為「可溶物質」。例如，$NaCl_{(aq)}$、$KNO_{3(aq)}$ 等。

(2)微溶物質（slightly soluble）：溶解度介於 $10^{-1} \sim 10^{-4}$ M 的物質，稱為「微溶物質」。

(3)難溶物質（hardly soluble）：溶解度小於 10^{-4} M 的物質，稱為「難溶物質」。通常難溶物質又稱「不溶物質」。例如，$AgCl_{(aq)}$、$BaSO_{4(aq)}$。其實，絕對不溶的物質是沒有的。

可溶物質 ←	← 微溶物質 →	→ 難溶物質
$10^{-1}M$	$10^{-4}M$	

圖 2-1　溶解度分類

　　固體物質的溶解度一般隨溫度升高而增大，隨溫度降低而減小。在配製化妝品時，如果某些原料在常溫下溶解度較小，則可提高溫度（加熱）促進其溶解。例如，在配製花露水時，需將粗製品放在冰箱中降溫數小時，使溶液中的雜質呈固態析出，經過濾後除去雜質，使花露水變純淨。

　　NaCl 溶解度隨溫度的變化不大，常將 NaCl 飽和溶液放在乾燥器中可輔助測量化妝品的某些性能。氣體的溶解度隨溫度的升高而減少，化妝品實驗用的蒸餾水，一般都需加熱至沸騰，以除去水中的 O_2 和 CO_2 等氣體。

飽和溶液、未飽和溶液與過飽和溶液

1. 飽和溶液（Saturated Solution）：定溫時，溶液含有其所能溶解溶質之最大量，此時溶液稱為飽和溶液。故在一定的溫度條件下，當糖的晶體放入水中達飽和，在飽和溶液中溶解的糖量是不會改變的，但是糖分子晶體表面形狀會改變，於是溶解與沉澱的過程仍然繼續進行著，所以飽和溶液屬於一種動態平衡。

2. 未飽和溶液（Non-saturated Solution）：溶劑中所能溶解的溶質未達最大量，再加入少許固體溶質時，固體溶質繼續溶解，此時溶液稱為未飽和溶液。

3. 過飽和溶液（Oversaturated Solution）：溶劑中所能溶解的溶質超過最大量，此時溶液稱為過飽和溶液。過飽和溶液是一種不穩定狀態，加入一些微小的晶體當作晶種，或利用攪拌，都可使過量溶質結晶出來而變為飽和溶液。譬如在硫代硫酸鈉的過飽和溶液中加入一粒固態的硫代硫酸鈉，則過量溶解的硫代硫酸鈉會如開花一般析出針狀結晶，溶液則成為飽和溶液。

　　天空中有過飽和水蒸氣，直升機散布 AgI 與乾冰，乾冰降低溫度，AgI 作晶種使過飽和水蒸氣凝結成水，即人造雨原理。這就是過飽和現象的運用。

第三節　影響溶解度的因素

▌物質的本性

1. 不同物質在相同溶劑中的溶解度不同，同一物質在不同溶劑中的溶解度也不同，溶質和溶劑的本性直接影響溶解度。

2. 同性互溶（likes dissolve）

　　常是決定可溶與否的普遍原則。即溶質及溶劑有相似的特性或分子間引力者，彼此間較易互溶，反之則彼此難溶。

3. 分子化合物溶解特性（如表 2-1）

　　(1)極性與非極性：由共用電子的共價鍵結合而成的分子化合物，若分子中有正負電荷分布不均，發生電荷分離的現象，稱作「極性」。具有極性的化合物稱作極性化合物，例如：HCl、H_2O、CH_3OH、C_2H_5OH，NH_3 等。沒有電荷分離現象的化合物稱作非極性化合物，例如：H_2、N_2、I_2、CH_4、CCl_4（四氯化碳）、C_6H_6（苯）等。

　　(2)極性分子的溶質易溶於極性分子的溶劑；非極性分子的溶質易溶於非極性分子的溶劑。

表 2-1　分子化合物溶解特性

溶質	易溶於	難溶於
氯甲烷 （CH_3Cl；極性分子）	丙酮 （CH_3COCH_3；極性分子）	四氯化碳 （CCl_4；非極性分子）
碘 （I_2；非極性分子）	四氯化碳 （CCl_4；非極性分子）	水 （H_2O；極性分子）

　　(3)有機物易溶於有機物，無機物易溶於無機物。例如：石油（有機物）不溶

於水（無機物），但可溶於丁醇（有機物）。

(4)溶質與溶劑可生成氫鍵者，分子間引力強，溶解度較大。例如：酒精為極性分子，且可與水形成氫鍵，故易溶於水，四氯化碳則否。

4.離子化合物溶解特性

　　無機金屬鹽類多為離子化合物，常以水為溶劑。不同的金屬鹽在水中的溶解度各不相同，一般而言：

(1)硝酸鹽、醋酸鹽、鹼金屬鹽、銨離子鹽皆易溶於水。

(2)由鹼金屬及銨離子以外的陽離子所形成的磷酸鹽、碳酸鹽、硫酸鹽、硫化物、氫氧化物多難溶或不溶於水。

▋溫度

1.物質的溶解度受溫度影響：以圖 2-2 曲線為例，大部分固體在水中之溶解度隨溫度升高而增大，例如：CH_3COONa、NH_4Cl、KNO_3、NH_4NO_3、$CaCl_2$ 等；此種鹽類固體溶解於水中時會吸熱，實驗室中，配製 NH_4NO_3 溶液時，常見因吸熱而使燒杯玻璃壁凝結水滴。

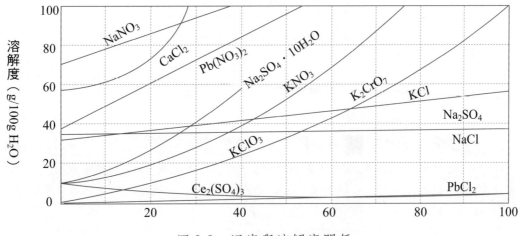

圖 2-2　溫度與溶解度關係

2.固體溶解時呈放熱者，當溫度升高則溶解度下降。例如 $CaSO_4$、$MgSO_4$、

Na_2SO_4、$MnSO_4$、$Ce_2(SO_4)_3$ 等。硬水中硫酸鈣因加熱後溶解度下降，易沉澱成鍋垢。

3.溶解度與晶體純化：利用物質的溶解度對溫度變化的差異，先溶解而後結晶以達到純化的方法，稱為再結晶法。混合物若含有溶解度隨溫度變化較大的物質（如 KNO_3），和隨溫度變化較小的物質（如 NaCl），則可加入適量的溶劑於此混合物，並加熱溶解過濾，再降低濾液溫度，使溶解度隨溫度變化較大的物質先行結晶析出而分離。

4.氣體溶於水中均會放熱，其溶解度隨溫度的升高而降低：數據顯示，溫度從 0℃升高到 40℃，氧的溶解度約減為一半（如圖 2-3 所示）。

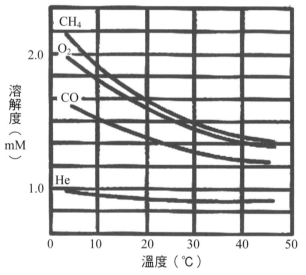

圖 2-3　各種氣體與溫度的溶解度關係

　　水中溶氧是水中生物生存命脈，有些工業排放水溫度甚高，直接排到湖泊河川中，使得水中溶氧量降低，造成「熱污染」，大批魚蝦等因而窒息死亡（如表 2-2 所示）。

表 2-2　各種溫度與氣體溶解度的關係

溫度（℃）	氨	氯化氫	二氧化碳	氫	氧	氮
0	1176	507	1.71	0.021	0.049	0.024
20	702	442	0.88	0.018	0.031	0.015
40		386	0.53	0.016	0.023	0.012
60		339	0.36	0.016	0.019	0.010
80				0.016	0.018	0.0096

氣體的溶解度與溫度的關係（mL/1 mL 的水）。

壓力

1. 壓力對固體或液體的溶解度影響甚小，但對氣體溶解度影響很大。

(1)不與水反應的氣體，壓力愈大，溶解度愈大。如 H_2O，O_2……。

(2)與水反應的氣體，不能加以預測，如 NH_3、HCl。

2. 亨利定律

　　1803 年英國人亨利，研究氣體之溶解度與壓力之關係得一規律性。當溫度一定時，低溶解度的氣體在溶液中的含量與液面上該氣體分壓成正比的關係。

$$C = kP$$

　　其中 C 為氣體在溶液中的溶解度，常用體積莫耳濃度（C_M）表示；P 為氣體壓力，若為混合氣體，則為該氣體的分壓，k 為兩者之間的比例常數，稱為亨利定律常數。在 0℃時氧氣的溶解度與分壓成正比，如圖 2-4 所示。

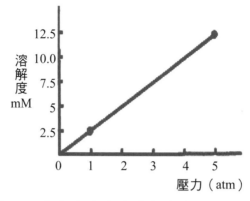

圖 2-4 氧氣在水中之溶解度與壓力之關係

部分氣體之亨利定律常數，如表 2-3 所示。由表可知：氣體之 k 均隨溫度升高而降低。亦即同壓時，溫度升高氣體溶解度降低。大部分氣體之 k 值都在 1 mM/atm 左右，此一結果顯示，在常溫常壓下氣體溶解度大都低於 10^{-3} M。

表 2-3 水溶液中各種氣體的亨利定律常數（k, mM/atm）

氣體	溫度		
	0℃	25℃	30℃
N₂	1.1	0.67	0.40
O₂	2.5	1.3	0.89
CO	1.6	0.96	0.44
Ar	2.5	1.5	1.0
He	0.41	0.40	0.38

亨利定律可用圖 2-5 氧溶於水中的情形來加以說明。左邊容器為一大氣壓下的純氧，右邊容器內盛一大氣壓的空氣，左邊容器中氧的壓力為右邊容器中氧分壓的 5 倍（因空氣中氧約占 1/5）。容器內氣態氧分子是作雜亂運動，這些分子碰撞水面時即溶入水中，其速率與氧的分壓成正比，再者，這些溶入水中的氧分子同樣地在做運動，當其碰撞液面時，即躍出水面而進入氣相，其速率與溶入水中氧的濃度成正比，當兩者速率相等時，就達溶解度平衡，由此觀之，若氣相中氧的分壓愈大，達溶解平衡時，溶入水中氧的質量就愈大，因此溶解

在左邊水的氧為右邊的 5 倍。

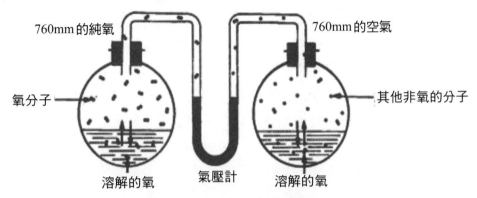

圖 2-5　亨利定律說明圖

　　一般而言，亨利定律僅在稀薄溶液與相當低之壓力下始能適用。圖 2-6 為氣體溶解度與壓力之關係，圖中虛線部分表示適合亨利定律的溶解度曲線，實線部分表示各種氣體在不同壓力下的實測溶解度曲線，由圖 2-6 所示，壓力愈大時，溶解度偏差愈大，故亨利定律僅適用於低壓時。

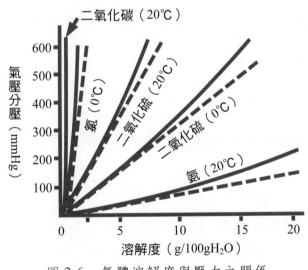

圖 2-6　氣體溶解度與壓力之關係

　　亨利定律對易溶解的氣體不適用，如 NH_3 或 HCl 溶於水，因為溶質與溶劑間有化學作用，故在極低壓下，就發生偏差，所以亨利定律不能適用，但大多

數氣體在壓力不太大，溫度不太低時，皆能遵守亨利定律。一般可樂、汽水的製造是在高壓下將二氧化碳溶入糖水中，再予以裝瓶冷藏。因此當瓶蓋驟然開啟時，液內 CO_2 分壓頓時降低，致使溶液內的二氧化碳應即形成過飽和狀態，於是便大量氣泡湧出瓶外。深海中的潛水工作者，如快速浮上水面，他就像一個被開罐的汽水一樣。當壓力驟降至一大氣壓時，溶於血液中的氮氣及氧氣會迅速釋出，這些血液中的氣泡會造成許多症狀，例如：局部疼痛、皮膚發癢，呼吸困難甚至導致麻痺，失去知覺及死亡，稱為「潛水夫症」。為防止這些症狀，潛水夫必須經過多重減壓處理及呼吸氧氣與氦氣的混合氣體，這是由於氦氣較不易溶於血液的緣故。

第四節　溶液的濃度

溶液濃度在化妝品配製、檢測以及一些化學計算中都非常重要。根據不同的需要，溶液的濃度可以用不同方法來表示。

濃度的定義

定量溶劑或溶液中，所含溶質之量的多寡，稱為該溶液的濃度。濃度乃表示溶液中溶質的定量組成，其值愈大表所含溶質愈多。化學變化的結果有時會隨某個反應物的濃度不同而異，如銅與濃硝酸反應得 $NO_{2(g)}$（二氧化氮），但與稀硝酸反應卻得 NO（一氧化氮）。銅與稀硫酸不反應，但與濃硫酸卻可反應產生 $SO_{2(g)}$（二氧化硫）。

濃度的表示方法

一般表示濃度之方法，主要有下列表示方式。

(1)百萬分之一（parts per million）：用 ppm 表示，即 $1ppm = \dfrac{1}{10^6}$ 之意。

定義：每 10^6 克溶液中所含溶質的克數，簡寫成 ppm。

用下面公式表示：

$$1ppm = \frac{1mg\ 之溶質}{1\ 公升溶液} = \frac{1mg\ 之溶質}{10^6 mg\ 溶液}$$

常用於表示微量物質的濃度。例如，空氣污染物、微量元素的含量、如海水中的離子濃度，重量百分率濃度 1%相當於 10^4 ppm。當計算百萬分濃度時通常是設定稀薄水溶液密度為 1.00 g/mL，故 ppm 可視為 1 升溶液中，溶質的毫克數，即 1 ppm＝1.00 mg/L。

(2)十億分之一（parts per billion）：用 ppb 表示，即 $1ppb = \frac{1}{10^9}$

定義

$$1ppb = \frac{1mg\ 之溶質}{1\ 公升溶液} = \frac{1mg\ 之溶質}{10^9 mg\ 溶液}$$

(3)重量百分率濃度（weight percentage）：以 P%表示。

定義：以 100 克溶液中所含的溶質克數來表示濃度，單位記為%。

用下面公式表示：

$$重量百分率濃度（\%）= \frac{溶質克數}{溶液克數} \times 100\% = \frac{溶質克數}{溶質克數＋溶劑克數} \times 100\%$$

$$P\% = \frac{W_2}{W_1＋W_2} \times 100\%$$

其中 W_2 為溶質的質量（克）；$W_1＋W_2$ 為溶質與溶劑的總質量（克）。

例題 1：將 200 克的蔗糖溶於 300 克的水中，所形成的溶液，其重量百分率濃度為何？

解：糖水的重量百分率濃度 $= \frac{200}{500} \times 100\% = 40\%$

練習題：某一 H_2SO_4 溶液的重量百分率濃度為 14%，求其 155 克的 H_2SO_4 溶液中，含 H_2SO_4 多少莫耳？

解：0.221 莫耳

(4)體積莫耳濃度（molarity）：以 M 表示。

定義：體積 1 升的溶液中所含溶質的莫耳數，單位為 mol/L 或 M。

用下面公式表示：

$$體積莫耳濃度（M）= \frac{溶質的莫耳數（mol）}{溶液的體積升數（L）}$$

$$即\ M = \frac{n(mole)}{V(L)} = \frac{W(g)}{M(g/mol)} \times \frac{1000}{V(mL)}$$

其中 n 為溶質的莫耳數；W 為溶質的質量；M 為溶質的分子量；V 為溶液的體積。

例題 2：將 68.4 克的蔗糖（$C_{12}H_{22}O_{11}$）加水溶成 500 毫升水溶液，此蔗糖溶液的體積莫耳濃度為何？

解：$M = \frac{68.4}{342} \times \frac{1000}{500} = 0.4M$

練習題：在 155 mL 0.54 M 的 HCl 溶液中，含有多少克的 HCl？

解：3.06 克

(5)重量莫耳濃度（molality）：以 m 表示。

定義：在 1000 克的溶劑中所含溶質的莫耳數，單位為 mol/Kg，簡記為 m。

用下面公式表示：

$$重量莫耳濃度（m）= \frac{溶質的莫耳數（mol）}{溶劑的仟克數（Kg）}$$

$$即\ m = \frac{W_2(g)}{M(g/mol)} \times \frac{1000}{W_1(g)}$$

其中，W_2 為溶質的質量；M 為溶質的分子量；W_1 為溶劑的質量。

例題 3：將 37.3 克氯化鉀（KCl）溶解於 500 克的水中，所得溶液的重量莫耳濃度為何？

解：$m = \dfrac{37.3}{74.6} \times \dfrac{1000}{500} = 1.00m$

練習題：比重 1.14 之 10%硫酸溶液 1 升，其重量莫耳濃度？體積莫耳濃度為若干？

解：$m = 1.13\ m$，$M = 1.16M$

(6)莫耳分率：以 X 表示。

定義：溶質的莫耳數與溶液總莫耳數的比值，表示法如下：

用下面公式表示：

$$\text{莫耳分率}\ (X_1) = \frac{\text{溶質莫耳數}\ (n_1)}{\text{溶液總莫耳數}\ (n_1 + n_2 + \cdots\cdots)}$$

其中，n_1 為成分 1 的莫耳數，$n_1 + n_2 + \cdots\cdots$ 為各成分（包含溶質和溶劑）莫耳數的和，即溶液總莫耳數，而各成分莫耳分率總和為 1。即：

$$X_1 + X_2 + X_3 + \cdots\cdots = 1$$

例題 4：設一溶液含 540 克 H_2O 及 320 克 CH_3OH，求水及 CH_3OH 之莫耳分率各為多少？

解：$n_{H2O} = \dfrac{540}{18} = 30\ mol$　$n_{CH3OH} = \dfrac{320}{32} = 10\ mol$

$X_{H2O} = \dfrac{30}{30 + 10} = 0.75$　$X_{CH3OH} = \dfrac{10}{30 + 10} = 0.25$

(7)體積百分率濃度：以 V% 表示。

用下面公式表示：

$$\text{體積百分率濃度}\ (\%) = \frac{\text{溶質體積}}{\text{溶液體積}} \times 100\%$$

$$即 \quad V\% = \frac{V_1}{V} \times 100\%$$

但是，當液體混合時，其體積不一定具有加成性，例如：取15毫升的酒精和85毫升的水混合，總體積小於100毫升，其體積百分率濃度並非15%。除非特別註明，不然百分率濃度（%）通常是指重量百分率濃度，而不是體積百分率濃度。

總之，一溶液可用各種不同濃度表示法來表示其濃度，故濃度間可互相轉換。各類濃度互換的計算程式如下。

(1)由已知的濃度，依定義假設，求出溶液的組成，其原則如下：

    a. 由P%求其他濃度表示法時，設溶液100克，則溶質P克，溶劑（100－P）克。

    b. 由m求其他濃度表示法時：設溶劑1000克，則溶質m莫耳。

    c. 由X求其他濃度表示法時：設溶液1mol，則溶質x mol，溶劑（1－x）mol。

    d. 由M求其他濃度表示法時：設溶液1升，則溶質有M mol，溶劑有（1000 × 溶液密度－M × 溶質分子量）克。

(2)再由溶液的組成，依濃度定義，求出所需的濃度。

(3)各種濃度表示法的特性（表2-4）

表2-4　各種濃度表示法的特性

	有關	無關
與溶質莫耳數	M、m、X（莫耳分率）	P%、V%（體積百分率濃度）、ppm
與溫度改變（涉及體積）	M、V%	m、X、P%、ppm

一般而言，同一溶液以m表示之數值會比M大，但當溶液很稀薄時（1000d－aM）＝100，則 m＝M（d：溶液比重，M＝a，溶質的分子量＝M，設溶液1升，則（1000d－aM）即表溶劑重。

換句話說：極稀薄的溶液 m≒M，若為濃溶液，則 m＞M。

不同溶質的兩水溶液之莫耳分率相同，則其重量莫耳濃度必相同。

第五節 溶液的配製、稀釋與混合

溶液的配製

(1)溶液的配製原則：配製前溶質質量（或莫耳數）等於配製後溶液所含溶質質量（或莫耳數）。

(2)配製的步驟：先計算出所需溶解溶質的量。將溶質完全溶入少量的水（溶劑）中。最終再徐徐加水（溶劑）稀釋至所需的體積。

例如：配製 0.20 M 的 $CuSO_4$[$CuSO_4 \cdot 5H_2O = 250$]水溶液 250 mL。

利用天平秤取 12.5 克硫酸銅晶體 $CuSO_4 \cdot 5H_2O$（0.05 莫耳），小心倒入容量瓶中。加適量水搖動使其完全溶解。再加水至刻度恰為 250 毫升，則其 M $= 0.05$ mol/0.25L $= 0.20$ M （圖 2-7）。

(a)稱取 0.2×0.25 $= 0.050$mol $= (0.05 \times 250)$克 $CuSO_4 \cdot 5H_2O_{(s)}$

(b)小心倒入 250mL 量瓶中

(c)加 100mL 水，振搖先使其溶解

(d)再加水至刻度恰為 250mL 處，則所需溶液

圖 2-7　配製的步驟

(3)含結晶水的溶質當溶入水時，其中所含的結晶水變為溶劑的一部分，故結晶水需併入溶劑中計算。

◗ 溶液的稀釋

(1)加水稀釋的配製原則

所含溶質的質量與莫耳數均不變。即

$$稀釋後莫耳濃度 = 稀釋前莫耳濃度 \times \frac{原來溶液的體積}{稀釋後溶液的體積}$$

或

$$溶液體積（mL）\times 溶液密度 \times P\% = M \times 溶液體積（L）\times 溶質分子量$$

(2)加水稀釋時，有些溶液（尤其硫酸溶液）體積是不可加成，故需用質量加成性來計算。

◗ 溶液的混合

混合前後溶質的總重量（或莫耳數）不變。

第六節　電解質溶液

◗ 強電解質和弱電解質

在溶解或熔融狀態下能導電的化合物，稱為「電解質」。酸、鹼、鹽等都是電解質。強酸、強鹼和大部分鹽類是強電解質，如：強酸 HCl、HNO$_3$、H$_2$SO$_4$，強鹼 KOH、NaOH、Ba(OH)$_2$，鹽類 NaCl、KNO$_3$。強電解質在水溶液中全部電離成離子。弱酸、弱鹼和水都是弱電解質，如：弱酸 HAc、H$_2$CO$_3$、H$_2$S，弱鹼 NH$_3$.H$_2$O 弱電解質在水溶液裡部分電離成離子。

解離度和解離平衡

不同的弱電解質在水溶液中的解離程度是不同的。有的解離程度大，有的解離程度小。這種解離程度的大小，可用解離度來表示。所謂電解質的解離度就是當弱電解質在溶液裡達到解離平衡時，溶液中已經解離的電解質分子占原來總分子數（包括已解離的和未解離的）的百分數。電解質的解離度常用符號α表示：

$$\alpha = \frac{已解離的電解質分子數}{溶液中原有電解質的分子總數} \times 100\%$$

例如，25℃時，在 0.1 mol/L 的醋酸溶液中，每 10000 個醋酸分子有 132 個解離成離子。其解離度為：

$$\alpha = \frac{132}{10000} \times 100\% = 1.32\%$$

電解質	分子式	解離度%	電解質	分子式	解離度%
醋酸	HAc	1.32	碳酸	H_2CO_3	0.17
氨水	$NH_3 \cdot H_2O$	1.33	亞硫酸	H_2SO_3	20
硫化氫	H_2S	0.07	磷酸	H_3PO_4	26

同一弱電解質在水中的解離度與溶液濃度成反比，溶液愈稀，解離度愈大。醋酸、氨水等弱電解質溶於水時，一部分分子解離成離子，同時另一部分離子由於互相吸引，合成分子。因此解離過程是可逆的。例如，醋酸 HAc 分子解離成 H^+ 和 Ac^-（醋酸根）離子，它們的逆反應就是 H^+ 和 Ac^-（醋酸根）離子合成醋酸 HAc 分子。

$$HAc \Longleftrightarrow H^+ + Ac^-$$

可見在這類電解質溶液裡，既有離子存在又有電解質分子存在。當正反應和逆反應速度相等時，就達到平衡狀態。此時正反應和逆反應都在進行，並未停止。只要條件不變，HAc、H^+和Ac^-的濃度就穩定不變。這種解離過程的平衡狀態叫做解離平衡。同時，解離平衡也是動態平衡。

習題

1. 影響溶解度的條件有哪些？
2. 表示溶液濃度的常用方法有哪些？
3. 如何表示溶液的質量分數？如何表示溶液的物質的莫耳濃度？
4. 配製 80g 15%的氯化鐵溶液，需要氯化鐵和水各多少克？
5. 配製 500g 20%的硫酸，需要 98%的硫酸多少克？
6. 250 mL 溶液中含有 10g 氫氧化鈉，該溶液的物質的莫耳濃度是多少？
7. 把 4 mol/L 的鹽酸溶液 25 mL 加水稀釋到 500 mL，取出稀釋液 50 mL，問其物質的莫耳濃度為多少？

第 3 章

酸與鹼

　　電解質溶液的酸鹼性與水的解離有密切的關係，為了要認識溶液的酸鹼性，就要從水的解離情況來研究。

　　溶液的酸鹼性與化妝品的配製及使用上，有著十分重要的作用。人的皮膚呈弱酸性，pH 為 4.5～6.5。一般護膚化妝品的 pH 為弱酸性，以保持皮膚的 pH 平衡。肥皂為鹼性或弱鹼性，經常使用肥皂會損傷皮膚，需要使用護手膏或營養膏以保護皮膚。本章節主要針對酸與鹼的定義及溶液 pH 進行介紹。

第一節　水的解離特性

水的解離

　　水是很特別的溶劑，水的一個特性是同時具有酸與鹼的性質。當水與 HCl 及 CH_3COOH 等酸反應時，表現出鹼的性質，當水與 NH_3 等鹼反應時，則表現出酸的性質。水是一種極弱的電解質，它能微弱地解離，生成 H^+ 和 OH^-。其導電性很差，但確實能進行微量的解離，此反應稱為水的自解離（autoionization）。其解離方程式為：

$$H_2O_{(l)} \Longrightarrow H^+_{(aq)} + OH^-_{(aq)}$$

水的離子積

　　在探討水溶液的酸鹼反應時，一重要的數量為氫離子濃度。通常用 H^+ 而不是用 H_3O^+ 來表示質子的濃度。由於水的解離率很低，水的濃度幾乎保持不變，因此在 25℃ 時，1 L 水中 10^{-7} 物質的量的水分子發生解離，生成 10^{-7} 物質的量 H^+ 和 10^{-7} 物質的量 OH^-，如果以 $[H^+]$ 和 $[OH^-]$ 來分別表示水中 H^+ 和 OH^- 的物質的量濃度，那麼在一定溫度下，$[H^+]$ 和 $[OH^-]$ 的乘積是一個常數。即：

$$[H^+] \cdot [OH^-] = K_w$$

K_w 稱為離子積常數（ion-product constant），為定溫下 H^+ 及 OH^- 離子的莫耳濃度之乘積。純水在 25℃ 時，H^+ 及 OH^- 的濃度相同，均為 $[H^+] = [OH^-] = 1.0 \times 10^{-7}$ M。因此：

$$K_w = [H^+] \cdot [OH^-] = 1 \times 10^{-7} \times 1 \times 10^{-7} = 1 \times 10^{-14}$$

K_w 值與溫度有關，不同溫度下的 K_w 值不同，當溫度升高時 K_w 值也增大。

◢ 水溶液的酸鹼性和 pH

在純水或水溶液，下列的關係在 25℃ 下均成立：

$$K_w = [H^+] \cdot [OH^-] = 1 \times 10^{-14}$$

當 $[H^+] = [OH^-]$ 時，不論兩者的濃度為何，水溶液均為中性。

在酸性溶液中，表示 H^+ 離子過量，即 $[H^+] > [OH^-] > 1 \times 10^{-7}$ mol/L。

在鹼性溶液中，表示 OH^- 離子過量，即 $[H^+] < [OH^-] < 1 \times 10^{-7}$ mol/L。

不管是鹼性溶液還是酸性溶液，H^+ 和 OH^- 總是共存的。在鹼性溶液裡並不是沒有 H^+，只是 $[OH^-] > [H^+]$；在酸性溶液裡也不是沒有 OH^-，只是 $[H^+] > [OH^-]$。

由於水溶液中 H^+ 及 OH^- 離子的濃度通常都很小，使用不便，1909 年丹麥生化學家瑟倫森（Soren Sorensen）提出一個較實用的測量值，稱為 pH 值。用 H^+ 物質的量濃度的負對數來表示溶液酸鹼性的強弱，叫做溶液的 pH，即 pH = $-\log [H^+]$。用 OH^- 莫耳濃度的負對數來表示溶液酸鹼性的強弱，叫做溶液的 pOH，即 pOH = $-\log [OH^-]$。溶液的 pH 及 pOH 是沒有單位的。溶液的酸鹼性可用 pH 或 pOH 表示，在 25℃，$[H^+] \times [OH^-] = 1.0 \times 10^{-14}$，所以，pH + pOH = 14.00。

若以 pH 值來判別溶液的酸性與鹼性上，在 25℃ 時，

酸性溶液：$[H^+] > 1 \times 10^{-7}$ M，pH < 7.00。

鹼性溶液：$[H^+] < 1 \times 10^{-7}$ M，pH > 7.00。

中性溶液：$[H^+] = 1 \times 10^{-7}$ M，pH＝7.00。

因此酸性溶液的 pH 小於 7，鹼性溶液的 pH 大於 7，中性溶液的 pH 等於 7。pH 越小，溶液的酸性越強；反之，pH 越大，溶液的鹼性越強。因此，在 25℃時，pH 為 6.20 的水溶液，其 pOH 必為 7.80，反之亦成立。若血液中$[H^+]$僅增加非常小的量，例如由 4.0×10^{-8} M 增至 5.0×10^{-8} M（即 pH 值由 7.40，改變成 7.30），酸毒症（acidosis）就形成了，神經系統會受到壓制、昏暈，甚至可能造成昏迷不醒。

在實驗室中，可使用 pH 計來測量溶液的 pH（如圖 3-1 所示），表 3-1 列出一些常見的流體之 pH。

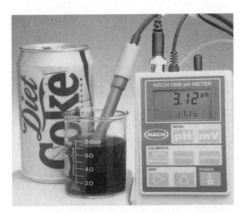

圖 3-1　有數字顯示的 pH 量表。可樂飲料的 pH 為 3.12，是極酸性。

表 3-1　一些常見物質的 pH

檸檬汁（Lemon juice）	2.2-2.4	人類的尿液（Human Urine）	4.8-8.4
酒（Wine）	2.8-2.4	牛奶（Milk）	6.3-6.6
醋（Vinegar）	3.0	人類的唾液（Human Saliva）	6.5-7.5
蕃茄汁（Tomato juice）	4.0	飲用水（Drinking water）	5.5-8.0
啤酒（Beer）	4-5	人類的血液（Human Blood）	7.3-7.5
乳酪（Cheese）	4.8-6.4	海水（Seawater）	8.3

第二節　酸鹼定義

◢ 阿瑞尼司（Svante Arrhenius）的酸-鹼定義

一百多年以前阿瑞尼司（Svante Arrhenius）所提出的酸-鹼定義，即在水溶液中會產生 H^+ 離子（氫離子）的物種，稱之為酸。在水溶液中會產生 OH^- 離子（氫氧離子）的物種，稱之為鹼。

1. 強酸（strong acids）：在水溶液中的解離較為完全，會形成 H^+（氫離子）及另一陰離子，例如鹽酸（HCl）即為強酸。

$$HCl_{(aq)} \longrightarrow H^+_{(aq)} + Cl^-_{(aq)}$$

2. 強鹼（strong bases）：在水溶液中將完全解離出 OH^- 離子與陽離子。

$$NaOH_{(s)} \longrightarrow H^+_{(aq)} + OH^-_{(aq)}$$

常見的強酸及強鹼，如表 3-2 所示。

表 3-2　常見的強酸與強鹼

酸	酸的名稱	鹼	鹼的名稱
HCl	氫氯酸（Hydrocyanic Acid）	LiOH	氫氧化鋰（Lithium Hydroxide）
HBr	氫溴酸（Hydrobromic Acid）	NaOH	氫氧化鈉（Sodium Hydroxide）
HI	氫碘酸（Hydroiodic acid）	KOH	氫氧化鉀（Potassium Hydroxide）
HNO_3	硝酸（Nitric Acid）	$Ca(OH)_2$	氫氧化鈣（Calcium Hydroxide）
$HClO_4$	過氯酸（Perchloric Acid）	$Sr(OH)_2$	氫氧化鍶（Strontium Hydroxide）
H_2SO_4	硫酸（Sulfuric Acid）	$Ba(OH)_2$	氫氧化鋇（Barium Hydroxide）

3. 弱酸（weak acids）：在水中僅會部分游離出 H^+，以下是氫氟酸（弱酸）的游

離反應。其中方程式中的雙箭頭，表示部分游離出 H$^+$ 及 F$^-$，反應沒有完全向右。

$$HF_{(aq)} \longrightarrow H^+_{(aq)} + F^-_{(aq)}$$

弱酸加至水中所涉及的平衡時，產生質子的轉移：

$$HB_{(aq)} + H_2O \longrightarrow H_3O^+_{(aq)} + B^-_{(aq)}$$

表示成簡單的解離

$$HB_{(aq)} \longrightarrow H^+_{(aq)} + B^-_{(aq)}$$

平衡常數表示式即為：

$$K_a = \frac{[H^+] \times [B^-]}{[HB]}$$

其中，K_a 稱為弱酸 HB 之酸的平衡常數（acid equilibrium constant）。

4. 弱鹼（weak bases）：產生 OH$^-$ 離子的方式有些不同，它們是與 H$_2$O 反應後，抓住 H$^+$ 並釋放出 OH$^-$ 離子。NH$_3$ 的反應如下：

$$NH_{3(aq)} + H_2O \longrightarrow NH^+_{4(aq)} + OH^-_{(aq)}$$

當然，所有的弱鹼，其游離的反應均沒有完全。對弱鹼的陰離子 B$^-$ 而言，其解離如下：

$$B^-_{(aq)} + H_2O \longrightarrow HB_{(aq)} + OH^-_{(aq)}$$

可以寫出一般的表示式：

$$K_b = \frac{[HB] \times [OH^-]}{[B^-]}$$

其中，K_b 稱為弱鹼的平衡常數（base equilibrium constant）。

布尼斯特-洛瑞（Brønsted-Lowry） 的酸鹼學說

布尼斯特-洛瑞的酸鹼學說焦點放在酸鹼的本質及其間所進行的反應，酸（acid）是質子（氫離子）的提供者。鹼（base）是質子（氫離子）的接受者。在酸鹼反應中，質子由酸傳至鹼。布尼斯特─洛瑞酸鹼反應可以表示成：

$$HB_{(aq)} + A^-_{(aq)} \rightleftharpoons HA_{(aq)} + B^-_{(aq)}$$

物質 HB 和 HA 在可逆反應中是布尼斯特─洛瑞的酸；A^- 和 B^- 則為鹼。布尼斯特─洛瑞酸鹼也可說成，酸為移除一個質子所形成的物質稱為該酸的共軛鹼（conjugate base）；所以，B^- 是 HB 的共軛鹼。當加一質子至鹼所形成的物質叫做該鹼的共軛酸（conjugate acid）；故 A^- 的共軛酸為 HA。因此可整理成如下表 3-3 所示：

表 3-3　共軛酸與共軛鹼

共軛酸	共軛鹼
氫氟酸（HF）	氟離子（F^-）
硫酸氫根離子（HSO_4^-）	硫酸根離子（SO_4^{2-}）
銨離子（NH_4^+）	氨（NH_3）

第三節　緩衝溶液

任何溶液中包含少許量的弱酸和其共軛鹼，對於強酸或強鹼的添加，所造成 pH 的改變有高度的抵抗性，此溶液的 pH 和弱酸的 pK_a 接近，顯示出這些特

性的溶液即稱為緩衝溶液（buffer solution），這是因為其對添加至水中的強酸或強鹼所造成的「震撼」（「shock」即是 pH 突然改變）有緩衝的作用。

可用混合弱酸 HB 和酸的鈉鹽 NaB，含有 Na^+ 和 B^- 之離子溶液，而達成配製緩衝溶液。此混合物可以和強鹼反應：

$$HB_{(aq)} + OH^-_{(aq)} \longrightarrow B^-_{(aq)} + H_2O$$

或是與強酸反應：

$$B^-_{(aq)} + H^+_{(aq)} \longrightarrow HB_{(aq)}$$

這些反應的平衡常數很大，表示達到完全的反應。其結果是，加入的 H^+ 或 OH^- 被消耗掉而不會直接影響 pH，這是緩衝溶液作用的特色。如圖 3-2 所示，水中和緩衝溶液中 pH 改變的比較。左邊三根試管顯示加入幾滴的強酸或強鹼至水中的影響。由通用指示劑明顯的顏色改變得知 pH 激烈的改變，此實驗重複於右邊充填 pH 7 緩衝溶液之三根試管，此次 pH 的改變非常微小，因指示劑並沒有顏色的改變。其解釋了被緩衝的溶液對於 pH 的改變比未具緩衝效果的要較有抗拒力。

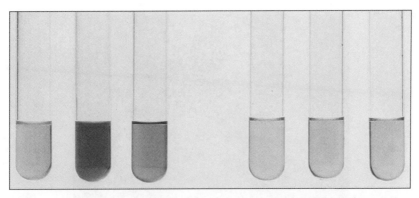

圖 3-2 於水中和緩衝溶液中 pH 改變的比較。左邊三根試管顯示加入幾滴的強酸或強鹼至水中的影響。由通用指示劑明顯的顏色改變得知 pH 激烈的改變，此實驗重複於右邊充填 pH 7 緩衝溶液之三根試管，此次 pH 的改變非常微小，因指示劑並沒有顏色的改變。

在化妝品的生產檢測過程中，常利用同離子效應，來配製一定 pH 的緩衝溶液，並藉助緩衝溶液來穩定溶液的pH。同離子效應是指在弱電解質溶液中，加入含有相同離子的強電解質時，可使弱電解質的解離度降低。

例如，在 50 mL 純水中加入一滴 1 M 的 HCl，此時測得溶液的 pH 等於 3，如在 50 mL 純水中加入一滴 1 M 的 NaOH，此時測得溶液的 pH 等於 11。可見，在純水中加入微量的強酸或強鹼就會引起 pH 的急劇變化。但如果取 $NH_3.H_2O$ 及 NH_4Cl 各為 0.1 M 的混合溶液中，加入純水稀釋，則溶液的顏色幾乎不變。以上這種能抵抗外加少量酸、鹼或稀釋，而本身 pH 改變不大的溶液叫做緩衝溶液。弱酸及其鹽（例如CH_3COOH—CH_3COONa），弱鹼及其鹽（如$NH_3.H_2O$—NH_4Cl）以及多元弱酸的酸式鹽（如NaH_2PO_4—Na_2HPO_4）的水溶液，都具有緩衝作用。

一切緩衝溶液的緩衝作用是有一定的限度的。對每種緩衝溶液而言，只能在加入一定數量的酸或鹼時，才能保持溶液的 pH 基本不變。當加入大量的強酸或強鹼，溶液中 CH_3COOH 或 CH_3COO^- 消耗將盡時，它就不再有緩衝能力了。所以，每種緩衝溶液只具有一定的緩衝容量。

緩衝溶液廣泛地被應用在許多商業產品和實驗步驟上，以維持固定的pH。例如，阿斯匹靈和血漿都含有緩衝物質，緩衝錠在實驗室中也可得到以配製有特定 pH 的溶液（圖 3-3）。

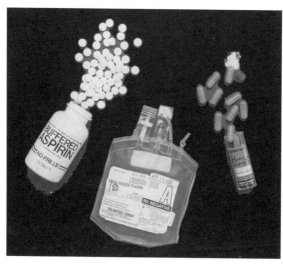

圖 3-3　緩衝溶液的一些應用

測定緩衝系統中的$[H^+]$，只要知道弱酸及其共軛鹼的濃度即可計算出來。這三個量透過 HB 的平衡常數而互相關聯：

$$HB_{(aq)} \longrightarrow H^+_{(aq)} + B^-_{(aq)}$$

$$K_a = \frac{[H^+] \times [B^-]}{[HB]}$$

$$\Rightarrow [H^+] = K_a \times \frac{[HB]}{[B^-]}$$

此關係式即 Henderson-Hasselbalch 方程式，常用於生物及生化上緩衝溶液 pH 的計算。假設平衡達成後，HB 或 B^- 的原始濃度並沒有顯著改變。例如，考慮弱酸 HB 添加至水中會有何變化。

$$[B^-] = [B^-]_0$$

當不少的 B^- 添加至溶液中，有如緩衝的情況。根據勒沙特列原理，逆反應會發生，HB 的解離受到壓制，因而$[HB] = [HB]_0$。因 HB 和 B^- 二物質同時存在於同一溶液中，其濃度比即為莫耳數比為

$$\frac{[HB]}{[B^-]} = \frac{HB/V\text{ 的莫耳數}}{B^-/V\text{ 的莫耳數}} = \frac{n_{HB}}{n_{B^-}} \cdots\cdots(1)$$

其中，$n =$ 莫耳數，$V =$ 溶液體積，因此方程式(1)可改寫成(2)

$$[H^+] = K_a \times \frac{n_{HB}}{n_{B^-}} \cdots\cdots(2)$$

在實驗室中，配製一特定 pH 的緩衝溶液（如 4.0、7.0、10.0、……）。可參考利用下列方程式，很顯然地，緩衝溶液的 pH 和二因素有關。

$$[H^+] = K_a \times \frac{[HB]}{[B^-]} = K_a \times \frac{n_{HB}}{n_{B^-}}$$

弱酸之酸平衡常數 K_a，K_a 值對緩衝溶液 pH 有很大的影響，因為，HB 和 B^- 非常可能以幾乎等量的情況共同存在。

$$[H^+] \fallingdotseq K_a \quad pH \fallingdotseq K_a$$

因此，配製 pH 接近 7 的緩衝溶液，應以共軛弱酸弱鹼對之中弱酸的酸平衡常數大約是 10^{-7} 開始。小幅度的 pH 調整可利用改變 HB 和 B^- 的量或濃度的比值方式達成。想得到較微酸性的緩衝溶液可多加點弱酸 HB。反之，多添加弱鹼 B^- 將會使得緩衝溶液變得較傾向鹼性。一些在不同 pH 值的緩衝溶液系統，如表 3-3 所示。

表 3-3　在不同 pH 值之緩衝系統

pH	緩衝系統		K_a（弱酸）	pK_a
	弱酸	弱鹼		
4	乳酸（HLac）	乳酸根離子（Lac）	1.4×10^4	3.85
5	醋酸（$HC_2H_3O_2$）	醋酸根離子（$C_2H_3O_2$）	1.8×10^5	4.74
6	碳酸（H_2CO_3）	碳酸根離子（HCO_3）	4.4×10^7	6.36
7	磷酸二氫根離子（H_2PO_4）	磷酸氫根離子（HPO_4^2）	6.2×10^8	7.21
8	次氯酸（HClO）	次氯酸根離子（ClO）	2.8×10^8	7.55
9	銨離子（NH_4^+）	氨（NH_3）	5.6×10^{10}	9.25

假設 0.10 mol 強酸 HCl，加至 0.20 mol 的 NH_3，下列的反應將發生：

$$H^+_{(aq)} + NH_{3(aq)} \rightarrow NH^+_{4(aq)}$$

限量反應物（limiting reactant）H^+ 被消耗了，因此得到：

	n_{H^+}	n_{NH_3}	$n_{NH_4^+}$
原始的	0.10	0.20	0.00
改變	-0.10	-0.10	$+0.10$
最終的	0.00	0.10	0.10

　　形成的溶液中含有相當量的 NH_4^+ 和 NH_3；其為一緩衝溶液。 從以上例子得知，添加少量的強酸或強鹼至緩衝溶液的確微幅改變其 pH。H^+ 的添加轉換了等量的弱鹼 B^- 至其共軛酸 HB。

$$H_{(aq)}^+ + B_{(aq)}^- \rightarrow HB_{(aq)}$$

同樣地，OH^- 的添加轉換等量的弱酸至其共軛鹼 B^-。

$$HB_{(aq)} + OH_{(aq)}^- \rightarrow B_{(aq)}^- + H_2O$$

　　不論哪一種情況，比值 n_{HB}/n_{B^-} 均改變了，因而進一步改變[H^+]離子濃度和緩衝溶液之 pH，此影響通常很小。 總之，緩衝溶液中，強酸的添加稍微降低了 pH；強鹼的添加則稍微提升了 pH。

第四節　酸-鹼指示劑（Acid-Base Indicator）

　　酸-鹼指示劑可用來判定酸-鹼滴定的當量點，如果指示劑選擇得當，其顏色變化那一點即為滴定終點（end point）。 由弱酸 HIn 推演酸-鹼指示劑的作用原理。

$$HIn_{(aq)} \rightleftharpoons H_{(aq)}^+ + In_{(aq)}^-$$
$$K_a = \frac{[H^+] \times [In^-]}{[HIn]}$$

　　其中弱酸 HIn 和其共軛鹼 In^- 有不同的顏色，當一滴指示劑溶液加至酸─鹼滴定時所看到的顏色和比值有關，有三種情況可以區分出顏色的變化。

1. 假如 $\frac{[HIn]}{[In^-]} \geq 10$ 時，主要物質為HIn；看到的是「酸」的顏色，此即HIn的顏色。

2. 假如 $\frac{[HIn]}{[In^-]} \leq 0.1$ 時，主要物質為In^-；看到的是「鹼」的顏色，此即In^-的顏色。

3.假如 $\frac{[HIn]}{[In^-]} \approx 0.1$ 時，所觀察到的是介於二種物質 HIn 和 In⁻ 中間的顏色。

以圖 3-4 為例，在甲基紅酸─鹼指示劑中，若滴定結果呈現紅色時，pH 低於滴定終點，表示主要物質是弱酸 HIn。若滴定結果呈現黃色時，pH 高於滴定終點，表示主要物質是共軛鹼 In⁻。若滴定結果呈現橘色時，表示該溶液的 pH 值，恰達此指示劑的滴定終點（pH ≒ 5）。相同地，在溴瑞香草藍酸-鹼指示劑中，滴定終點為 pH ≒ 7，pH 低於 7 為黃色，pH 高於 7 為藍色；在酚酞酸-鹼指示劑中，滴定終點為 pH ≒ 9，pH 低於 9 為無色，pH 高於 9 為粉紅色。

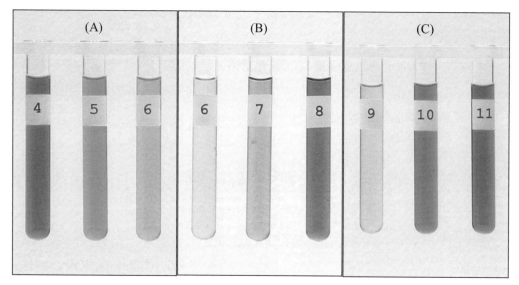

圖 3-4　酸─鹼指示劑。(A)甲基紅酸-鹼指示劑，從低 pH 的紅色到 pH 為 5 的橘色至高 pH 的黃色；(B)溴瑞香草藍酸-鹼指示劑，在低 pH 為黃色，高 pH 為藍色而 pH 大約 7 時為綠色；(C)酚酞酸─鹼指示劑，從無色至粉紅色時 pH 約為 9。

指示劑分子 HIn 之解離表示式可以重新整理成：

$$K_a = \frac{[H^+] \times [In^-]}{[HIn]}$$

$$所以，\frac{[HIn]}{[In^-]} = \frac{[H^+]}{[Ka]}$$

　　當溶液的[H$^+$]或 pH 在高[H$^+$]（低 pH）時所看到的顏色為 HIn 分子所顯現的；在低[H$^+$]（高 pH）則為 In$^-$ 離子的顏色所顯現。指示劑的 K_a，因每一種指示劑的 K_a 不盡相同，所以，不同的指示劑在不同的 pH 下改變其顏色，顏色的改變是當 [H$^+$] $\approx K_a$ 或 pH $\approx$ pK_a 時（表 3-4）。

表 3-4　指示劑的顏色及其終點

指示劑	[HIn]顏色	[In]顏色	K_a	終點之 pH
甲基紅（Methyl Red）	紅色	紅色	1×10^5	5
溴瑞香草藍（Thymol Blue）	黃色	藍色	1×10^7	7
酚酞（Phenolphthalein）	無色	粉紅色	1×10^9	9

習題

1. 水的解離特性為何？

2. 何謂酸？何謂鹼？有何定義？

3. 請舉例生活中常見物質的 pH 為何？酸與鹼各舉一例？

4. 配製緩衝溶液的意義為何？

5. 何謂酸鹼指示劑？請舉一例酸鹼指示劑，其變色範圍？

第 4 章

化學式的表示法

　　我們日常生活中所接觸到的一切東西，皆由物質所組成。如：空氣中的氧、氮、二氧化碳，河川中的水，地殼中的各種化合物等。除了自然界的所有物品外，連科學家創造出來的物品，也都是由物質所組成。

　　若以物質的構成粒子而言，則為原子、分子或離子，分別說明如下。分子（molecule）是由兩個或兩個以上原子緊密結合而成的粒子。在化學與物理變化過程中，以分子做為單位（units）。有些元素及許多化合物皆以分子態存在。離子（ion）是由帶電荷的原子或原子團所組成之粒子。計有兩種型式：(1)陽離子（cation）：帶正電荷（因失去一個或一個以上的電子）。(2)陰離子（anion）：帶負電荷（因得到一個或一個以上的電子）。

　　一般而言，單原子陽離子由金屬原子形成，而單原子陰離子則由非金屬形成。多原子離子是包含一個以上原子的帶電粒子。例如：銨離子（ammonium ion）NH_4^+、硫酸根離子（sulfate ion）SO_4^{2-}、醋酸根離子（acetate ion）CH_3COO^-等。

　　其他形式的構成粒子：有些元素與化合物既不以分子形態，也不以離子形態出現。例如鑽石，即為許多碳原子呈三度空間的晶體樣式，以類似分子的鍵結形成網狀結構。事實上，整個鑽石晶體可視為一個巨大分子（giant molecule）。有些化合物〔例如：二氧化矽（silicon dioxide），SiO_2〕即呈現此類似的形式。金屬是由許多金屬原子以金屬鍵相互連結而成的，稱為金屬鍵（metallic bond）。這些化學式用最簡單的整數標示右下角，說明在物質中所出現正確的比值。

第一節　化學式的介紹

　　化學式是指用元素符號表示物質的組成和結構的式子。一般分為下列五種：

實驗式（empirical formula）

　　是表示物質組成的最簡單化學式，故又可稱為最簡式（simplest formula）。它能表明分子所含原子的種類和原子數比。例如，醋酸的實驗式 CH_2O，表示

醋酸含有碳、氫和氧，其原子數比是 1：2：1。

▌分子式（molecular formula）

表示分子內原子的種類和數目；即表示物質的組成和分子量的化學式。例如，水的分子式為 H_2O，這表示水 1 分子中含有 2 個氫原子和 1 個氧原子，其分子量為 $2+16=18$。過氧化氫的分子式為 H_2O_2，表示在過氧化氫的一個分子中有二個氫原子與二個氧原子，氫原子與氧原子之比為 2：2，並不是最簡單的整數之比（1：1）。醋酸的分子式是 CH_3COOH，這表示醋酸 1 分子含有碳原子 2 個，氫原子 4 個和氧原子 2 個，其分子量 $(12 \times 2)+(1 \times 4)+(16 \times 2)=60$。

分子式的決定，首先須知道實驗式，然後測定其分子量，因分子量必為實驗式量的整數倍，將實驗式中各元素的原子數均乘以此倍數，即得分子式。分子式＝（實驗式）× 整數倍數。

▌結構式（structural formula）

表示分子中，原子與原子之結合情形之化學式，包括原子間相結合之鍵數。分子式只表示 1 個分子中含原子的個數。沒有表示各原子間如何結合。例如，同分異構物的乙醇和二甲醚，它們的分子式都是 C_2H_6O，雖然分子式相同，但原子與原子之結構不同，化學性質也不相同。要區別上述化合物，則必須進一步列出分子內部各原子的結合情形。下圖中為乙醇和二甲醚的結構式。

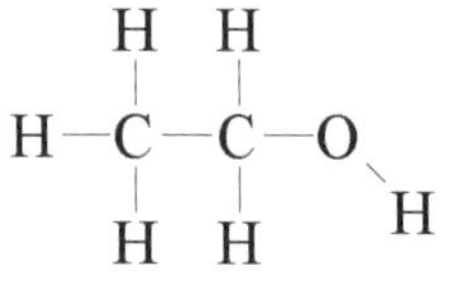

乙醇的結構式 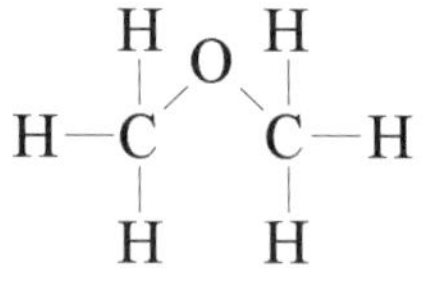　　　　二甲醚的結構式

示性式（rational formula）

表示分子中所含有特性之官能基，而能顯現其特性的化學式。例如，HCOOH（甲酸）、CH_3COOH（乙酸）都有—COOH的官能基。乙醇和二甲醚的示性式則分別為 C_2H_5OH 和 CH_3OCH_3。示性式通常用來表示有機物的化學式。

電子點式（electronic formula）

以電子點來表示分子中各原子結合情形之化學式，可以表示出共用電子對或未共用電子對之情形。下圖中為水和甲烷的電子點式。

水的電子點式   甲烷的電子點式

第二節　化學鍵的形成

化學鍵的形成模式分為兩大類，原子與原子間之作用力，即化學鍵，有IA、IIA 族金屬與VIA、VIIA 族非金屬形成的離子鍵；非金屬與非金屬形成的共價鍵；金屬與金屬形成的金屬鍵。分子與分子間之作用力即靜電吸引力，有氫鍵和凡得瓦引力。其中凡得瓦引力包括極性與極性分子間的偶極—偶極力；極性與非極性分子間的偶極—誘導偶極力；非極性與非極性分子間的分散力共三種。

離子鍵（Ion bond）

兩個原子間之相互作用力，使它他們能穩定地聚在一起，此種原子與原子間之作用力稱為化學鍵，化學鍵形成時必有能量釋出，此能量稱為鍵能（bond energy）；反之，破壞化學鍵所需之能量稱為解離能（$\Delta H > 0$）。所以，鍵能與解離能同值異號。化學鍵的種類：依二原子間電負度之大小來區分，設 X_A、X_B 分別表示 A、B 二原子之電負度。當 $X_A \gg X_B$（$|X_A - X_B| \geqq 2.0$）時，非金屬與金屬原子間發生電子轉移形成陰陽離子，而藉陰陽離子之靜電吸引力而結合形成離子鍵。例如，Na^+Cl^-。離子鍵的特性是鍵能約 $150 \sim 400 \, kJ/mole$、無方向性、有實驗式無分子式。離子鍵存在於金屬與非金屬。金屬或 NH_4^+ 與酸根，例如，$KClO_3$、$(NH_4)_2SO_4$。金屬或 NH_4^+ 與 OH^-，例如，$NaOH$。

離子鍵即是兩個帶相反電荷的陰陽離子藉著庫侖引力所產生的吸引力而結合。具低游離能的金屬（如 IA、IIA）和具有較高電負度的非金屬元素（如 VIA、VIIA），而低游離能的原子將價電子完全轉移給電負度大的原子，各形成陰陽離子而靠靜電引力結合，離子鍵存在於低游離能金屬與電子親和力大的非金屬元素所形成之化合物，金屬與酸根或鹼根所形成的化合物和各種銨鹽之間，除 $HgCl_2$、$AlCl_3$、$AlBr_3$ 及 AlI_3 例外。其能量變化如圖 4-1。

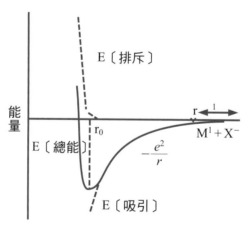

圖 4-1　能量與半徑之關係

離子鍵的強度決定因素由庫侖靜電力可推之離子鍵強度（鍵能），當離子帶電荷愈大者，離子鍵愈強，例如，$CaO > LiF$；離子間距離（即陰陽離子之半徑和）愈小者離子鍵愈強（圖 4-2），例如，$LiF > NaCl$，因為，Li^+ 和 F^- 的離子半徑小於 Na^+ 和 $< Cl^-$。

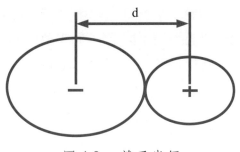

圖 4-2 離子半徑

但是，一般電荷之影響力遠大於離子間的距離，所以，CaO > LiF > NaCl > KI。

離子鍵強度可以依據鍵能來比較離子鍵的強度（表4-1）。

表 4-1 鍵能與離子鍵強度關係

離子鍵強度	LiF	>	NaCl	>	CsI
鍵能	<570 kJ/mole>		<492 kJ/mole>		<340 kJ/mole>

離子鍵強度亦可根據該離子晶體的熔點高低決定，熔點愈高，離子鍵愈強（表 4-2）。

表 4-2 熔點與離子鍵強度關係

離子鍵強度	MgO	>	CaO	>	LiF	>	NaCl
熔點	<2800℃>		<2587℃>		<870℃>		<801℃>

當形成離子鍵的兩鍵結原子之電負度差較大者，則離子鍵較強。

共價鍵（庫侖引力）（Covalent bond）

當 $0 \leqq |X_A - X_B| < 2.0$ 時，非金屬原子間常以共用電子之方式使各原子達鈍氣組態，而此共用電子可同時吸引兩原子核而結合稱之共價鍵（庫侖引力）。共價鍵分成非極性共價鍵和極性共價鍵兩種，其中非極性共價鍵，是兩個相同

原子所結合，電子均勻分布於二原子間，其電子對均等共用，例如：H_2、Cl_2。極性共價鍵，是相異原子結合，電子對不均等共用，而略為偏向於電負度較大的原子，使化學鍵的一端稍帶正電（δ^+），另一端稍帶負電（δ^-）例如，$\overset{\delta^+}{H}—\overset{\delta^-}{Cl}$。共價鍵特性為，鍵能約 $150\sim400$ kJ/mole，有方向性。某些共價鍵物質有實驗式無分子式，例如，石墨（C）、Si、金剛砂（SiC）及 SiO_2。極性大小可用偶極矩（μ）（dipole moment）度量。偶極矩（μ）又稱鍵矩（μ），為分子內二原子間轉移的部份電荷（δ）與鍵長（r）的相乘積，$\mu=\delta\times r$，偶極矩單位為 Debye 或 D（$1D = 3.33\times10^{-30}$ C-m（庫侖-米））。

一分子極性取決於分子偶極矩的大小，當分子中各部分鍵矩之向量和，若μ=0 為非極性分子，$\mu\neq0$ 為極性分子。

雙原子分子的分子極性取決於鍵的偶極矩（鍵矩）的大小而定，而偶極矩的大小又和鍵兩端原子之電負度（EN）差有關電負度差愈大，鍵的偶極矩愈大，分子極性愈大（表4-3）。

表 4-3　偶極矩的特性

鹵化氫	H 之 E.N.	X 之 E.N.	兩 EN 的差	偶極矩（單位：D）
HF	2.1	4.0	1.9	1.9
HCl	2.1	3.0	1.04	1.04
HBr	2.1	2.8	0.7	0.79
HI	2.1	2.5	0.4	0.38

兩個電負度相差不大或相等的兩原子共用電子對而形成之化學鍵。共價鍵用一短線（「—」）連結二個原子表示一對共用電子對，其形成條件是半滿價軌域與半滿價軌域（一般共價鍵）或全滿價軌域與空價軌域（配位共價鍵）發生重疊現象，且能量降低。

共價鍵依共用電子對數目區分成單鍵、雙鍵和參鍵三種。

單鍵：兩個結合原子各提供一個電子，故兩原子間只共用一對電子對而形成的化學鍵，以「—」表示。例如，H_2 表示為 H-H 或 H：H。

雙鍵：兩個結合原子各提供二個電子，故兩原子間只共用二對電子對而形成的化學鍵，以「＝」表示。例如，O_2 表示為 O＝O。

參鍵：兩個結合原子各提供三個電子，故兩原子間只共用三對電子對而形成的化學鍵，以「≡」表示。例如，N_2 表示為 N≡N。

共價鍵主要是由於兩原子間電子雲層之重疊而形成。由氫分子的鍵結能量圖（圖 4-3）觀之，隨著原子半徑增加其能量也隨之增加，由軌域重疊觀點視之（圖 4-4），可預期兩原子互相靠近重疊時所形成之鍵結型態。共價鍵電子雲層之重疊方式有下列三種形式。

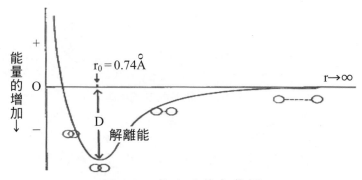

圖 4-3　氫分子的位能圖

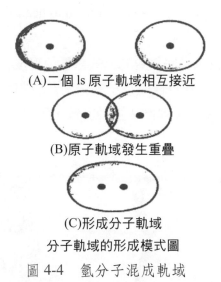

(A)二個 1s 原子軌域相互接近

(B)原子軌域發生重疊

(C)形成分子軌域

分子軌域的形成模式圖

圖 4-4　氫分子混成軌域

單鍵（σ鍵）：原子價軌域以「頭對頭」（head to head）之方式重疊，電子雲在兩核的連線（核間軸，或鍵結軸）成圓筒型對稱，共有 s 軌域+s 軌域，s 軌域+p 軌域和 p 軌域+p 軌域三種（圖 4-5）。其特性是電子雲均勻對稱地分布於

核間軸周圍，且繞軸旋轉不改變其重疊程度，故單鍵可旋轉。

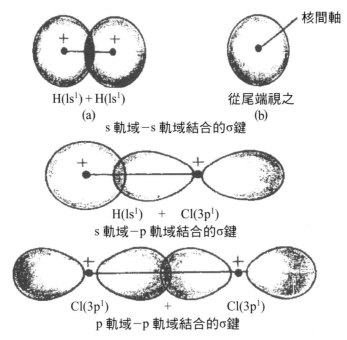

核間軸

H(ls^1) + H(ls^1)　　　　從尾端視之
(a)　　　　　　　　　　　(b)
s 軌域−s 軌域結合的σ鍵

H(ls^1)　　+　　Cl(3p^1)
s 軌域−p 軌域結合的σ鍵

Cl(3p^1)　　　　+　　　　Cl(3p^1)
p 軌域−p 軌域結合的σ鍵

圖 4-5　軌域以「頭對頭」（head to head）重疊之方式

π鍵：兩個平行 p 軌域以肩靠肩的方式重疊而形成，共有p_x和p_x，p_y和p_y，p_z和 p_z 三種（圖 4-6）。其特性為電子雲分別在核間軸上下方重疊，在核間軸上的電子密度為零，所以，π鍵無法繞軸旋轉，因為，一經旋轉後兩個 p 軌域不再平行。

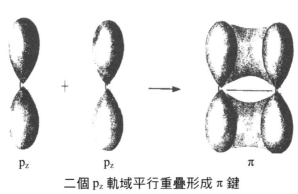

p_z　　　　　　p_z　　　　　　　　π
二個 p_z 軌域平行重疊形成 π 鍵
圖 4-6　軌域以平行重疊之方式

　　兩個原子間最多只能形成一個σ鍵，而π鍵是伴隨σ鍵的發生而形成，故多鍵（或稱「多重鍵」）雙鍵為一個σ鍵加一個π鍵，參鍵為一個σ鍵加二個π鍵，而單鍵必為σ鍵（表 4-4）。由軌域重疊面積觀之，σ鍵大於π鍵故鍵結強度σ鍵比π鍵強（表 4-5）。

表 4-4　各種混成軌域的特性

混成軌域的形式	鍵數	組成軌域	鍵角（理想）	幾何結構（形狀）	代表性例子
sp	2	1 個 s 與 1 個 p	180°	直線形	$BeCl_2$、BeH_2
sp^2	3	1 個 s 與 2 個 p	120°	平面三角形	BF_3、BCl_3
sp^3	4	1 個 s 與 3 個 p	109.5°	正四面體形	CH_4、CCl_4
sp^3d 或 dsp^3	5	1 個 s、3 個 p 與 1 個 d	120°、90°	雙三角錐形	PCl_5
sp^3d^2 或 d^2sp^3	6	1 個 s、3 個 p 與 2 個 d	90°	正八面體形	SF_6

表 4-5　σ鍵與π鍵之比較

	位置	鍵強度	化學活性	核間軸轉動	混成軌域
σ鍵	包圍兩原子核	強	安定	可以	參與
σ鍵+π鍵	在原子核間軸的兩側	安定	活潑	不可以	不參與

金屬鍵（Metallic bond）

　　當低游離能及空價軌域時，藉金屬陽離子與「電子海」間之靜電引力結合稱之金屬鍵。金屬鍵的特性為，鍵能約為共價鍵或離子鍵的 1/3，且無方向性，為有實驗式，但無分子式。

　　金屬陽離子與價電子形成的「電子雲層」間之引力，形成的化學鍵稱之金屬鍵，其形成條件是該原子之價電子或最外層電子容易游離形成陽離子及低電負度，空價軌域多，價電子數少，價電子可任意進出任一原子，故價電子可自由移動於全晶體之價軌域中移動，即各金屬原子共用他們所有之價電子（稱為自由電子），價電子可自由移動，因而形成一片「電子雲層」，各金屬陽離子

浸於「電子雲層」中，各陽離子對負電的電子海之吸引力促使各陽離子接近而形成金屬鍵。

金屬鍵沒有方向性，但它不同於離子鍵（因無陰離子存在），也不同於共價鍵（因金屬鍵所共用的電子非常自由即「電子雲層」），唯一具方向性之化學鍵為共價鍵。決定金屬鍵強弱的因素是價電子數愈多（原子序愈大），則受原子核引力愈大金屬鍵愈強，原子半徑愈小，金屬鍵愈強。金屬鍵愈強，熔點、沸點及莫耳汽化熱會愈高。同週期金屬鍵強度，由左至右漸增（因原子序、價電子數及核電荷數增加之故）。例如，$Na < Mg < Al$ 或 $K < Ca < Ga$，鹼金屬（Li、Na、K、Rb、Cs）因晶形皆為體心立方堆積，其金屬鍵強度隨原子序增加而降低（因離子半徑漸大之故）；ⅡA 族元素（鹼土族），因無一定之晶體之堆積形式，故金屬鍵強度不規則。

氫鍵（Hydrogen bond）

兩個分子與分子間之作用力稱為靜電吸引力。當氫原子與電負度大的原子（例如，F、O、N）以共用電子對形成極性共價鍵時，共用電子偏向電負度大的原子，使得氫原子近似 H^+ 而與另一分子或同一分子之 F、O、N 未共用電子產生強大靜電吸引力，此即為氫鍵。

當氫與 F、O、N 形成共價鍵時，鍵結電子被吸引偏向 F、O、N 原子而帶部分負電荷。此時，氫形成近似氫離子（H^+）的狀態，能吸引鄰近電負度較大之 F、O、N 原子上的孤對電子，氫原子介於兩分子的氮或氧或氟原子之間，有如鍵結，稱為氫鍵（圖 4-7）

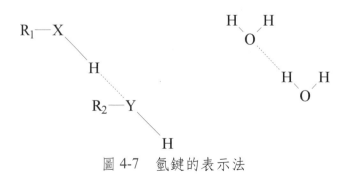

圖 4-7　氫鍵的表示法

　　圖中 X 屬於電負度大的原子，如 F、O、N（Cl 電負度和 N 相同，但 Cl 的體積較大不易生成氫鍵，故 HCl 無氫鍵），Y 必須具有未共用電子對。氫鍵兼具離子鍵，即氫核（正電）和未鍵結電子（負電）間之引力；共價鍵，即氫原子與另一分子十分接近，其方向乃孤對電子之混成軌域方向，幾近共用電子，此性質使氫鍵具有方向性及凡得瓦引力，即氫鍵被視為很強的偶極—偶極力共三種特性，其強度比為共價鍵：氫鍵：凡得瓦引力＝100：10：1。電負度大小分別為 F＞O＞N，故三種氫鍵強度 F—H……F＞O—H……O＞N—H……N。

　　氫鍵發生的種類有下列三種：

1. 分子間氫鍵：氫鍵發生在兩個分子之間

　　同類分子間氫鍵：例如，H_2O 與 H_2O，HF 與 HF，NH_3 與 NH_3……等異類分子間氫鍵：例如

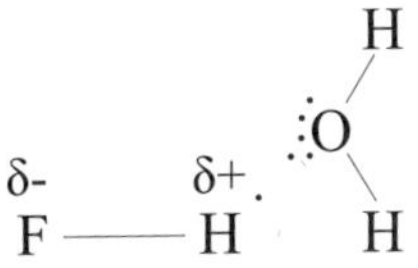

2. 分子內氫鍵：氫鍵發生在同一分子內者。必須於分子內部，可形成氫鍵的原子處於合適的位置方能形成。通常以六邊形或五邊形的生成最適合，且儘可能在同一平面上，通常分子內氫鍵發生在順式或鄰位（相鄰位置）中。

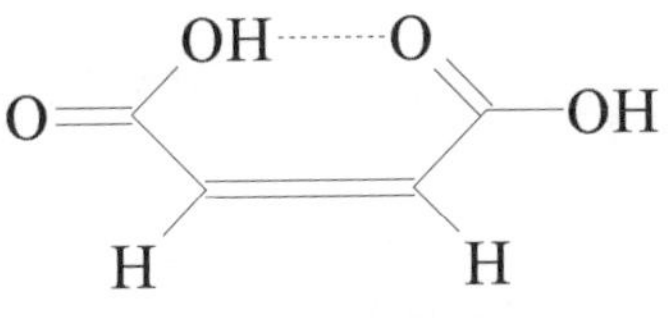

順—丁烯二酸 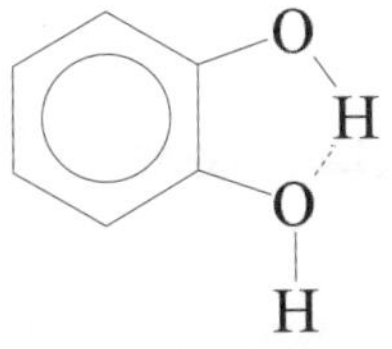　　　鄰—苯二酚 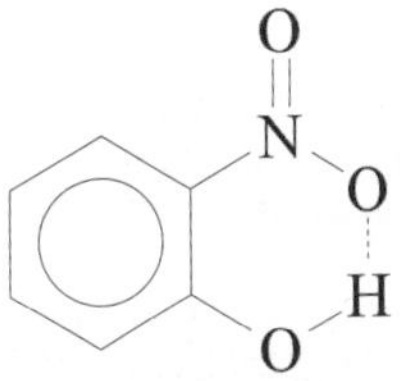　　　鄰—硝基苯酚

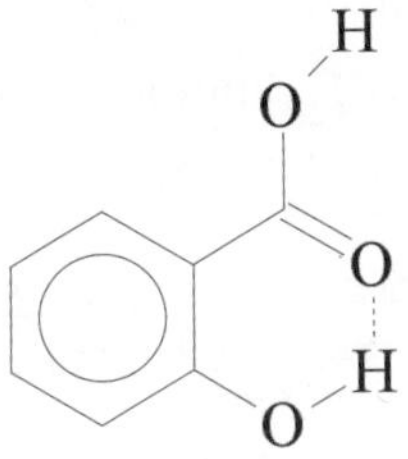

柳酸 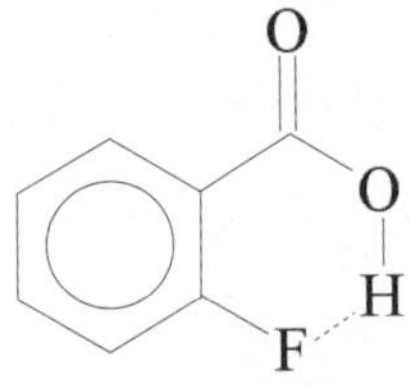　　　鄰—氟苯甲酸

3.特殊氫鍵

HCN與HCN間 $^{\delta+}$H-C≡N$^{\delta-}$……$^{\delta+}$H-C≡N$^{\delta-}$，例如，氯仿（$CHCl_3$）與丙酮（CH_3COCH_3）間。

$$Cl-\overset{\overset{\displaystyle Cl}{|}}{\underset{\underset{\displaystyle Cl}{|}}{C}}-H\cdots O=C\overset{\displaystyle CH_3}{\underset{\displaystyle CH_3}{}}$$

氫鍵的特性是具有方向性，分子物質中若能形成氫鍵者，其熔點、沸點高，且具有較大的熔化熱及汽化熱；溶質與溶劑間易形成氫鍵者，溶解度增大（同類互溶）。如丙酮、乙醇與水均可形成氫鍵，故丙酮、乙醇易溶於水。液體分子間若有氫鍵形成，則分子間引力增大，故黏滯性較大，例如，甘油（丙三醇）、硫酸的黏滯性大。

氫鍵會影響物質結構及分子形狀，例如，水結冰形成氫鍵而成為四面體之中空網狀結構，故體積膨脹，密度變小，硬度變大。氫鍵在生物體中的化學結構上扮演著極其重要的角色，蛋白質的單螺旋構造，及遺傳基因 DNA 的雙螺旋構造，均因氫鍵而形成，如果將蛋白質加熱或加入酒精，則氫鍵被破壞而螺旋狀規則結構性消失，此種規則性一經破壞即不能復原，而生物體的化性截然不同。

凡得瓦引力（Van der Waals force）

分子間之作用力統稱為凡得瓦引力，為一種微弱的靜電力，因凡得瓦（Van der Waals）研究而得名。分子中電子分布不均勻而產生靜電吸引力引力，共有偶極—偶極力（dipole-dipole force）、偶極—誘導偶極力（dipole-induced dipole force）和分散力三種類型，其作用力不具有方向性特性。

以上的鍵能及分子間作用力大小之比較為，離子鍵、共價鍵 > 金屬鍵 > 氫鍵 > 凡得瓦引力。

第 5 章

有機化合物(一)
烴類化合物

　　化妝品中的原料，主要有兩大類：一類是有機化合物，簡稱有機物，指的是含有碳元素的化合物。而把研究有機物的化學，叫做有機化學。組成有機物的元素，除了碳外，通常還有氫、氧、氮、硫、磷、鹵素等。另一類是無機化合物，簡稱無機物，一般指的是組成裡不含碳的物質，如水、食鹽、硫酸等都是無機物。而像一氧化碳、二氧化碳、碳酸鹽等少數物質，雖然含有碳元素，但它們的組成和性質跟無機物很相近，一向把它們作為無機物。

　　有機化合物種類繁多。目前天然和人工合成的化合物已超過一千萬種，其中絕大多數是有機化合物。這是由於碳原子含有四個價電子容易與其他原子形成共價鍵，而且碳原子與碳原子之間也能以共價鍵結合，形成長的碳鏈。有機物的這種結構特點，使它們的性質跟無機物不相同。一般來說，有機物有以下主要特點：

一、大多數的有機物難溶於水，易溶於汽油、酒精、苯等有機溶劑。

二、絕大多數有機物的熔點較低。

三、絕大多數有機物是非電解質，不易導電。

四、有機物發生的反應較慢，不易完成，並且常伴有副反應。因此許多有機反應需要加熱、加壓或應用催化劑等條件，來促使發生。

　　有機化合物在日常生活和工農業生產中占有重要地位，可用作化妝品的原料、乳化劑、保濕劑、柔軟劑和黏稠劑等。

第一節　烴類化合物

　　有機化合物裡，有一大類物質是僅有碳和氫兩種元素組成的，這類物質叫烴，也叫碳水化合物。根據分子中碳架不同，可將烴分為飽和鏈烴、不飽和鏈烴、環烴和芳香烴。

▋飽和鏈烴

1. 飽和鏈烴的定義、通式和同系物

　　飽和鏈烴又叫烷烴，在烷烴分子裡碳原子都以單鍵結合成鏈狀，碳原子的

剩餘價鍵都跟氫原子結合。這樣的結合使每個碳原子的化合價都充分利用，達到「飽和」。

甲烷是烷烴中最簡單的烴，也是烴類分子組成最簡單的物質。甲烷又叫「沼氣」。這是因為池沼的底部和煤礦的坑道所產生的氣體主要成分是甲烷的緣故。在地下深處藏著大量能作燃料的天然氣，它的主要成分也是甲烷。甲烷的分子式為 CH_4。

有機物可以用結構式表示，如乙烷的結構式是：$CH_3\text{-}CH_3$，丙烷的結構式是 $CH_3\text{-}CH_2\text{-}CH_3$，丁烷的結構式是 $CH_3\text{-}CH_2\text{-}CH_2\text{-}CH_3$ 等。從烷烴結構式可以看出，相鄰兩個烷烴在組成上都相差一個「CH_2」原子團。如果把碳原子數定為 n，氫原子數就是 $2n+2$。烷烴的分子式可用通式 C_nH_{2n+2} 來表示。通常把結構相似，在分子組成上相差一個或若干個 CH_2 原子團的物質互相稱為同系物。甲烷、乙烷、丙烷等等，都是烷烴的同系物。

2. 烷烴的同分異構體

在研究物質的分子組成和性質時，發現有很多物質的分子式組成是相同的，但性質卻有差異。例如，在研究丁烷（C_4H_{10}）的組成和性質時，發現有另一種組成和相對分子質量跟丁烷完全相同，但性質卻有差異的物質。為了區分起見，一種稱為正丁烷，另一種稱為異丁烷。造成這兩種物質性質差異的原因就在於正丁烷分子裡的碳原子鏈為直鏈，而異丁烷分子裡的碳鏈卻帶有支鏈，其結構式如下：

$$CH_3-CH_2-CH_2-CH_3 \qquad\qquad CH_3-\underset{\underset{CH_3}{|}}{CH}-CH_3$$

正丁烷（n-butane）   異丁烷（Isobutane）

由此可見，烴分子裡的碳原子既能形成直鏈的碳鏈，又能形成帶有支鏈的碳鏈。雖然這兩種丁烷的組成相同，但分子裡原子結合的順序不同，也就是說分子的結構不同，因此它們的性質就有差異。化合物的分子式相同，而結構不同，這種現象叫做同分異構現象。具有同分異構現象的化合物，互稱為同分異構體。

戊烷有三種同分異構體，己烷有五種同分異構體，庚烷有九種同分異構體。

在烷烴的同系物分子裡，隨著碳原子數的增多，碳分子的結合方式越複雜，同分異構體的數目就越多。

3.烷烴的命名

烷烴的命名國際上通常採用系統命名法（IUPAC system）。直鏈烷烴是根據它分子中所含碳原子的數目而稱為某烷。碳原子數在 10 個以內的直鏈烷烴，從 1 到 10 依次用甲、乙、丙、丁、戊、己、庚、辛、壬、癸來表示，碳原子數在 11 以上的用數字表示。例如，$C_{17}H_{36}$ 稱為十七烷。

烴分子失去一個或幾個氫原子後剩餘的部分叫做烴基。烴基一般用「R—」表示。如果它是烷烴，那麼烷烴失去一個氫原子後所剩餘的原子團叫做烷基。—CH_3，叫甲基，—CH_2CH_3 叫乙基等。

含有支鏈的烷烴的命名步驟如下：

(1)選定分子裡最長的碳鏈作主鏈，並按主鏈上碳原子的數目稱為「某烷」。

(2)把主鏈裡離支鏈較近的一端作為起點，用 1、2、3……等數字給主鏈的各個碳原子依次編號定位以確定支鏈的位置。

(3)把支鏈作為取代基。把取代基的名稱寫在烷烴名稱的前面，在取代基的前面用阿拉伯數字註明它在烷烴直鏈上的所在位置，並在號數後面連一短線，中間用「—」隔開。

(4)如果有相同的取代基，可以合併起來用二、三等數字表示，但表示相同取代基位置的阿拉伯數字要用「，」號隔開；如果幾個取代基不同，就把簡單的寫在前面，複雜的寫在後面。例如：

$$CH_3-\underset{\underset{\displaystyle CH_3}{|}}{CH}-CH_2-CH_3$$

2-甲基丁烷（Isopentane）

$$CH_3-\underset{\underset{\displaystyle CH_3}{|}}{\overset{\overset{\displaystyle CH_3}{|}}{C}}-CH_3$$

2, 2-二甲基丙烷（Neopentane）

$$CH_3-CH_2-CH_2-\underset{\underset{\displaystyle CH_2}{|}}{CH}-CH_2-\underset{\underset{\displaystyle CH_3}{|}}{\overset{\overset{\displaystyle CH_3}{|}}{CH}}-CH_3$$
$$CH_3$$

2-甲基-4-乙基庚烷（4-Ethyl-2-Methylheptane）

烷烴的性質

1.烷烴的物理性質

在常溫及常壓下，含 1 個到 4 個碳原子的直鏈烷烴是氣體，含 5 個到 16 個碳原子的是液體，含 16 個碳原子以上的是固體。烷烴隨著碳原子數的逐漸增加，它們的物理性質發生了規律性的變化。烷烴的沸點，隨著相對分子質量的增加而升高。其熔點基本上也隨著相對分子質量的增加而升高。它們的相對密度隨著相對分子質量的增加而逐漸加大，但都比水輕。

2.烷烴的化學性質

所有烷烴的化學性質都不活潑。它們在常溫下與強酸、強鹼、強氧化劑和強還原劑等都不發生反應。但在一定的條件下，烷烴也能發生一些反應。從結構上看，烷烴分子中的鍵都已飽和，不能加入任何原子。因此，烷烴所發生的化學反應主要是分子中的氫原子被其他的原子或原子團所取代，生成各種取代產物。

(1)取代反應：有機物分子裡的某些原子或原子團被其他原子或原子團取代，這類反應叫做取代反應。例如，甲烷在光照或加熱時與氯氣發生一系列反應，會依次生成一氯甲烷、二氯甲烷、三氯甲烷（又叫氯仿）、四氯甲烷（又叫四氯化碳）。其中，又以一氯甲烷為主要產物。

$$CH_4 + Cl_2 \xrightarrow{\text{光}} HCl + CH_3Cl（一氯甲烷）$$

(2)氧化反應：烷烴能在空氣中燃燒，完全燃燒後生成二氧化碳和水，同時放出大量的熱。例如，純淨的甲烷能在空氣中安靜地燃燒：

$$CH_4 + O_2 \xrightarrow{\text{燃燒}} CO_2 + 2H_2O（液體）+ 890kJ$$

所以，甲烷是一種很好的氣體燃料。但是，若點燃甲烷與氧氣或空氣的混合物，它就立即發生爆炸。因此，在煤礦的礦井裡，必須採取安全措施，如通風、嚴禁煙火等，以防止甲烷跟空氣的混合物發生爆炸。

第二節　不飽和鏈烴

在具有鏈狀分子結構的烴裡，除了飽和鏈烴外，還有許多烴，它們分子裡的碳原子所結合的氫原子數少於飽和鏈烴裡的氫原子數。如果這些化合物跟某些物質起反應，它們分子裡的這種碳原子還可以結合其他的原子或原子團。通常把這類烴叫做不飽和烴。不飽和烴包括烯烴和炔烴。

ⓐ 烯烴

1. 烯烴的定義與命名

鏈烴分子裡含有碳碳雙鍵的不飽和烴叫做烯烴。例如：

$$CH_2＝CH_2 \qquad\qquad CH_2＝CH—CH_3$$

乙烯（Ethene）　　　　　　　丙烯（Prpopylene）

烯烴的命名跟烷烴類似，不同的是要求表示出雙鍵的位置。命名的步驟是：

(1)確定包括雙鍵在內的碳原子數目最多的碳鏈為主鏈。

(2)主鏈裡碳原子的依次編號從離雙鍵較近的一端算起，如果雙鍵正好在主鏈的中央，則從靠近支鏈的一端編起。

(3)雙鍵的位置可以用阿拉伯數字標在某烯字樣的前面。如：

$$CH_2＝CH—CH_2—CH_3 \qquad 1\text{-丁烯（1-Butylene）}$$
$$CH_3—CH＝CH—CH_3 \qquad 2\text{-丁烯（2-Butylene）}$$
$$CH_3—CH＝CH—CH—CH_3 \qquad 4\text{-甲基-2-戊烯}$$
$$\qquad\qquad\qquad\quad | \qquad\qquad\qquad$$
$$\qquad\qquad\qquad CH_3 \qquad （4\text{-Methyl-2-Pentene}）$$

2.烯烴的性質

(1)烯烴的物理性質：

乙烯是分子組成最簡單的烯烴，與烷烴一樣，乙烯同系物也是依次相差一個CH_2原子團。烯烴的通式是C_nH_{2n}。它們的物理性質也隨著碳原子數的增加而遞增。在常溫下，乙烯、丙烯、和丁烯是氣體，從戊烯開始是液體，高級的烯烴是固體。烯烴的沸點也是隨著相對分子質量的增加而升高。

(2)烯烴的化學性質：

①加成反應：加成反應是破壞雙鍵的反應，也是烯烴的主要反應。在反應時，雙鍵中的一個鍵發生斷裂。雙鍵兩端的碳原子分別加上其他的原子或原子團，生成飽和的化合物。這種有機物分子裡不飽和的碳原子與其他原子或原子團直接結合生成新的物質的反應，稱之為加成反應。例如，把乙烯加入含有溴水的試管裡，可以觀察到溴水的紅棕色很快消失。此表示，乙烯能跟溴水中的溴發生反應，生成無色的 1, 2-二溴乙烷：

$$CH_2 = CH_2 + Br_2 \longrightarrow CH_2Br-CH_2Br$$

如果把乙烯加入含有高錳酸鉀酸性溶液的試管裡，可以觀察到溶液的紫色很快褪去。

可以用上述兩種方法來區別烯烴和烷烴。乙烯在其他適宜條件下還能跟氫氣、氯氣、氯化氫和水等進行加成反應。

②聚合反應：烯烴不僅能與其他的物質進行加成反應，還能通過加成的方式自相結合而生成高分子化合物：

$$n\,CH_2 = CH_2 \longrightarrow \left[CH_2 - CH_2 \right]_n$$

像這種由相對分子質量小的化合物分子互相結合成為相對分子質量很大的化合物分子的應叫做聚合反應。

③氧化反應：烯烴在空氣中燃燒時，生成二氧化碳和水，但烯烴分子中含碳量比較大，不能充分燃燒，所以有黑煙生成。烯烴在催化劑的存在下

可以被催化、氧化生成一系列的衍生物。例如，乙烯被氧化生成環氧乙
烷，它是界面活性劑、乳化劑的重要原料。

$$CH_2＝CH_2＋3O_2 \longrightarrow 2CO_2＋2H_2O$$

⑩ 炔烴

1. 炔烴的定義和命名

鏈烴分子裡含有碳碳三鍵的不飽和烴叫做炔烴。例如，乙炔（$CH \equiv CH$）、
丙炔（$CH_3 － C \equiv CH$）。炔烴比相應的烷烴少 4 個氫原子，比相應的烯烴少 2 個
氫原子，炔烴的通式是 C_nH_{2n-2}。炔烴的同分異構現象與烯烴相似，是由於碳
鏈的異構和三鍵位置不同所引起的。炔烴的命名也和烯烴相似，不過把「烯」
字改為「炔」字即可。

2. 炔烴的性質

炔烴的物理性質一般也是隨著分子裡的碳原子數增多而遞變的。乙炔是最
重要的炔烴，它是一種重要的基本有機原料，這裡主要討論乙炔的化學性質。

(1)氧化反應：乙炔的成分裡含碳量很大，所以燃燒時發出明亮而帶濃煙的火
焰，並產生大量的熱量。化學反應方程式如下：

$$2C_2H_2＋5O_2 \xrightarrow{\text{燃燒}} 4CO_2＋2H_2O（液體）＋2600KJ$$

乙炔在氧氣裡燃燒時，產生的氧炔焰的溫度很高，可達 3000℃ 以上，
可以用來切割和銲接金屬。乙炔也容易被氧化劑所氧化，能使高錳酸鉀溶
液的紫色褪去。

(2)加成反應：乙炔的加成反應基本上與烯烴相似。但是，乙炔能在三鍵兩端
的碳原子上加上兩分子的氫、鹵素等。反應是逐步進行的，先加上一分子
的試劑，生成乙烯或乙烯的衍生物。然後，再加上一分子試劑而生成飽和

化合物。例如，乙炔與氫氣的加成反應：

$$CH \equiv CH + H_2 \longrightarrow CH_2 = CH_2$$
$$CH_2 = CH_2 + H_2 \longrightarrow CH_3 - CH_3$$

如果把乙炔加入含有溴水的試管裡，可以觀察到溴水褪色。

環烴

有一種烴與鏈烴不同，在這種烴的分子裡，碳原子間相互連接成環狀，這種烴叫環烴。如，環丙烷或環戊烷。

環丙烷（Cyclopropane）　　　　環戊烷（Cyclopentylchloride）

在環烴分子裡，碳原子之間以單鍵相互結合的叫做環烷烴。如：

環戊烯　　　　　　環己烯　　　　　　1,3-環戊二烯

（cyclopentene）　　（Cyclohexene）　　（1,3-Cyclopentadiene）

芳香烴

芳香烴簡稱芳烴，芳烴的來源之一是煤。將煤乾餾，可以得到液體產物—煤焦油（coal tar）。從煤焦油中分餾可得芳烴。芳烴根據分子中所含苯環的數目和結構，可分為單環芳烴、多環芳烴和稠環芳烴等三類。化妝品中常用的芳

烴是單環芳烴。單環芳烴是指分子中含有一個苯環的芳香烴，如苯及其苯的同系物。

苯

苯是最簡單及最基本的芳烴。

苯（Benzene）　　　　　　甲苯（Toluene）

1. 苯的結構

苯分子中的 6 個碳原子和 6 個氫原子都在同一平面內，6 個碳原子組成一個正六邊形。苯不能使溴水褪色，也不能使酸性的高錳酸鉀溶液褪色。其表示苯環上的碳碳間的鍵結是介於單鍵及雙鍵之間的特殊鍵結（共軛雙鍵），通常以表示苯環。

2. 苯的性質

(1)物理性質：苯是沒有顏色及帶有特殊氣味的液體，比水輕，不溶於水。苯的沸點是 $80.1℃$，熔點是 $5.5℃$。如果用冰冷卻，苯可以凝結成無色晶體。

(2)化學性質：

　①苯在空氣中燃燒

$$C_6H_6 + \frac{15}{2}O_2 \longrightarrow 6CO_2 + 3H_2O$$

　②苯的取代反應

　　a. 鹵化反應：在鐵屑的催化作用下，苯與鹵素作用生成鹵苯，此反應稱為鹵化反應。

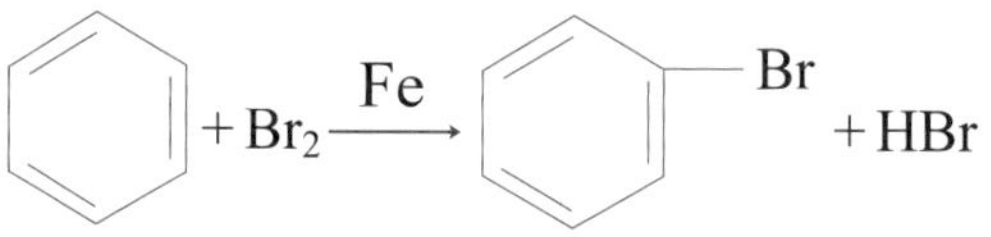

$$\text{（苯）} + Br_2 \xrightarrow{Fe} \text{（溴苯）} Br + HBr$$

溴苯

b. 硝化反應：苯與濃硝酸和濃硫酸的混合物在 $50 \sim 60°C$ 反應，在苯環上的一個氫原子會被硝基（—NO_2）所取代，生成硝基苯。這種反應稱為硝化反應。

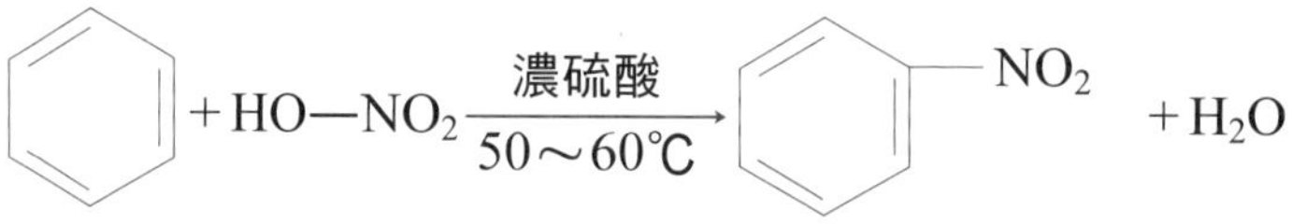

$$\text{（苯）} + HO—NO_2 \xrightarrow[50 \sim 60°C]{濃硫酸} \text{（硝基苯）} NO_2 + H_2O$$

硝基苯

c. 磺化反應：苯與發煙硫酸反應，苯環上的一個氫原子會被磺酸基（—SO_3H）所取代，生成苯磺酸。

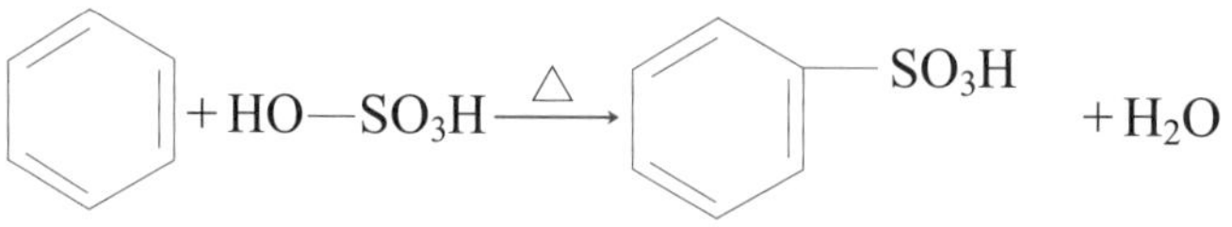

$$\text{（苯）} + HO—SO_3H \xrightarrow{\triangle} \text{（苯磺酸）} SO_3H + H_2O$$

苯磺酸

3.苯的加成反應

苯沒有典型的雙鍵所應有的加成反應性能。但在特殊的情況下，亦能發生加成反應。例如，在鎳為催化劑作用下，在一定溫度下，苯能與氫生發加成反應，生成環己烷。

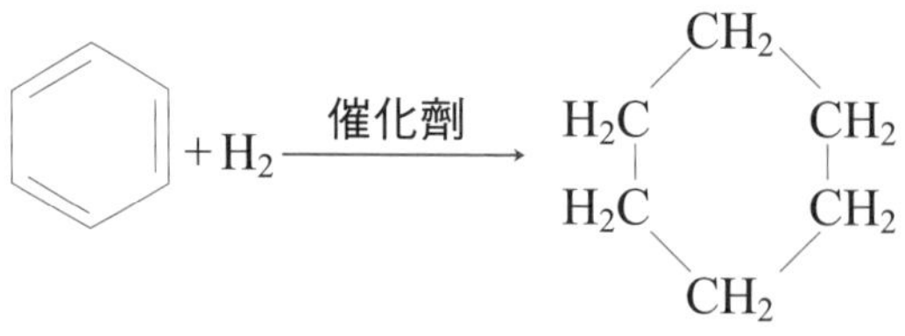

$$\text{（苯）} + H_2 \xrightarrow{催化劑} \begin{array}{c} CH_2 \\ H_2C \quad CH_2 \\ H_2C \quad CH_2 \\ CH_2 \end{array}$$

環己烷

◎苯的同系物

甲苯（C_7H_8）、二甲苯（C_8H_{10}）等化合物的分子都含有一個苯環結構，他們都是苯的同系物。苯的同系物通式是 C_nH_{2n-6}（$n \geq 6$）。他們都是芳香烴。苯分子中的一個氫原子被甲基（CH_3—）取代，生成甲苯。兩個氫原子被甲基取代，生成二甲苯。由於取代的位置不同，二甲苯又可分成三種異構體。

鄰二甲苯（o-Xylene）　　間二甲苯（m-Xylene）　　對二甲苯（p-Xylene）

苯的同系物在性質上與苯有許多相似之外，如燃燒時都產生帶有濃煙的火焰，也都能進行取代反應、硝化反應等。苯的同系物不能使溴水褪色，但能使酸性高錳酸鉀溶液褪色。

第 6 章
有機化合物㈡
烴類衍生物

　　烴分子中的氫原子被其他原子烴或原子團烴所取代就能生成一系列新的有機化合物。這些有機化合物從結構上說，都可以看作是由烴衍變而來，所以稱為烴的衍生物。例如，甲烷分子的氫原子被氯原子所取代而生成氯甲烷，苯分子的的氫原子被硝基或磺酸基所取代而生成硝基苯或苯磺酸。

　　烴的衍生物具有與相應的烴不同的化學特性，這是因為取代氫原子的原子或原子團對於烴的衍生物的性質有很重要的作用。這種決定化合物的化學特性的原子或原子團叫做官能基。官能基有鹵素原子（—X）、硝基（—NO_2）、磺酸基（—SO_3H）、碳碳雙鍵、碳碳三鍵等。烴的衍生物的種類很多。本章節主要介紹鹵化烴、醇、酚、醛、酮、羧酸和酯。

第一節　鹵化烴

　　烴分子中的氫原子被鹵素原子取代生成的化合物，稱為鹵化烴（halide）。例如，一氯甲烷（CH_3Cl）、溴乙烷（CH_3CH_2Br）、氯乙烯（$CH_2=CHCl$）等。鹵化烴的種類很多，根據分子裡所含鹵原子的多少，有一鹵化烴和多鹵化烴；根據被取代的烴的種類，有鏈烴的鹵化烴和芳香鹵化烴。其中鹵化烷的通式是$C_nH_{2n+1}X$ 或 RX，其中 R 代表烷基，X 代表鹵素原子。

▋鹵化烴的物理性質

　　鹵化烴不溶於水，易溶於有機溶劑，沸點和密度都大於相應的烴。密度隨著碳原子數目的增加而減小，沸點隨著碳原子數目的增加而升高。在室溫下，除了一氯甲烷、一氯乙烷等少數鹵化烴是氣體外，其餘常見的鹵化烴多數是液體。

▋鹵化烴的化學性質

1. 取代反應：鹵化烴分子裡的鹵原子能夠被多種原子或原子團所取代。例如，溴乙烷在氫氧化鈉存在下與水反應，生成乙醇。此反應也叫水解反應。

$$CH_3CH_2Br + NaOH \xrightarrow[\triangle]{NaOH} CH_3CH_2OH + HBr$$

2. 消除反應：有機化合物在適當條件下，從一個分子中脫去一個小分子，而生成不飽和化合物的反應，稱為消除反應。例如，鹵化烴跟強鹼反應（NaOH 或 KOH）的醇溶液共熱時，可以脫去鹵化氫而生成烯烴。

$$CH_3CH_2CH_2Br + NaOH \xrightarrow[\triangle]{乙醇} CH_3CH = CH_2 + NaBr + H_2O$$

第二節 醇

醇（alcohol）是分子中含有鏈烴基結合著的烴基的化合物。

醇的分類

醇分子裡只含有一個烴基的叫做一元醇。由烷烴所衍生的一元醇，叫做飽和一元醇，它的通式是 $C_nH_{2n+1}OH$，或簡稱為 ROH。乙醇是最常見和最重要的飽和一元醇。分子裡含有兩個或兩個以上烴基的醇，分別叫做二元醇和多元醇。較重要的多元醇為丙三醇。俗稱「甘油」，它是一種沒有顏色、黏稠有甜味的液體，並有很強的吸水性，所以常作為化妝品的保濕劑、潤滑劑和溶劑。

醇的命名

醇的命名一般用系統命名法。通常選擇帶有烴基的最長碳鏈為主鏈，以支鏈為取代基。主鏈碳原子的編號從離烴基最近的一端開始，按照主鏈碳原子的數目稱為某醇，取代基的位置用阿拉伯數字標在取代基名稱的前面，烴基的位置用阿拉伯數字標在醇名稱的前面。例如：

$$CH_3—CH_2—CH_2—OH \qquad \text{1-丙醇（1-Propanol）}$$

$$CH_3—CH—CH_3 \atop OH \qquad \text{2-丙醇（2-Propanol）}$$

▌醇的性質

醇的官能團是羥基，羥基比較活潑，它決定著醇的主要化學性質。羥基的反應主要有兩種類型：一種是羥基中的氫原子被取代，另一種是整個羥基被取代。在此，主要介紹乙醇的化學性質。

1. 乙醇與金屬鈉反應：乙醇與金屬鈉反應，生成乙醇鈉，並放出氫氣。

$$2CH_3CH_2OH + 2Na \longrightarrow 2CH_3CH_2ONa + H_2 \uparrow$$

乙醇與金屬鈉反應的速度要比水與金屬鈉反應的速度慢。

2. 乙醇與氫鹵酸反應：乙醇與氫溴酸反應，乙醇中的羥基被溴原子取代，得到油狀液體溴乙烷。

$$CH_3CH_2OH + HBr \xrightarrow{\triangle} CH_2H_5Br + H_2O$$

3. 乙醇的氧化反應

乙醇常用作燃料：

$$CH_3CH_2OH（液）+ 3O_2（氣）\xrightarrow[\text{加熱}]{\text{點燃}} 2CO_2（氣）+ 3H_2O（液）+ 1367KJ$$

工業上乙醇製造乙醛：

$$2CH_3CH_2OH + O_2 \xrightarrow{\text{催化劑}} 2CH_3CHO + 2H_2O$$

4. 乙醇的脫水反應：乙醇跟濃硫酸混合共熱，發生脫水反應。濃硫酸在這裡當

作催化劑和脫水劑的作用。加熱溫度不同，乙醇脫水的方式不同，生成的產物也不同。

乙醇和濃硫酸加熱到 170℃，發生分子內脫水。乙醇分子內脫水是屬於消除反應。

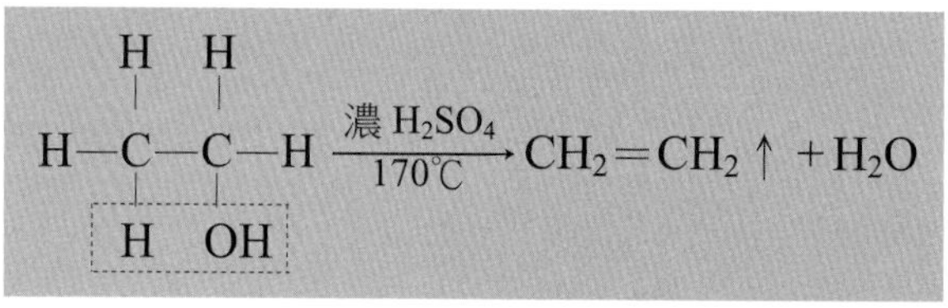

$$\underset{\substack{| \quad | \\ H \quad OH}}{H-\overset{\overset{H}{|}}{C}-\overset{\overset{H}{|}}{C}-H} \xrightarrow[170℃]{濃\ H_2SO_4} CH_2=CH_2 \uparrow\ +H_2O$$

當乙醇和濃硫酸加熱到 140℃時，乙醇發生分子間脫水。

$$C_2H_5-OH+H-O-C_2H_5 \xrightarrow[140℃]{濃\ H_2SO_4} C_2H_5-O-C_2H_5+H_2O$$

第三節　苯酚

羥基跟苯環直接相連的化合物叫做酚（phenol）。苯酚是酚類中最簡單、最重要的化合物。它的分子式為 C_6H_6O，結構式為 C_6H_5OH 或 ⬡—OH。

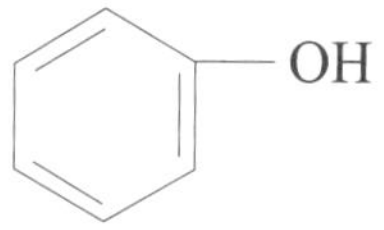

1.苯酚的物理性質

純淨的苯酚是一種沒有顏色，具有特殊氣味的晶體。它曝露在空氣中會因部分氧化而呈現粉紅色。在常溫下，苯酚在水裡溶解度不大，當溫度高於 70℃時，能跟水以任意比互溶。苯酚有毒，對皮膚有強烈的腐蝕性，若不慎沾到皮膚上，應立即用酒精洗滌。在化妝品中，苯酚被用作殺菌劑和防腐劑。

2.苯酚的化學性質

(1)苯酚與鹼反應：

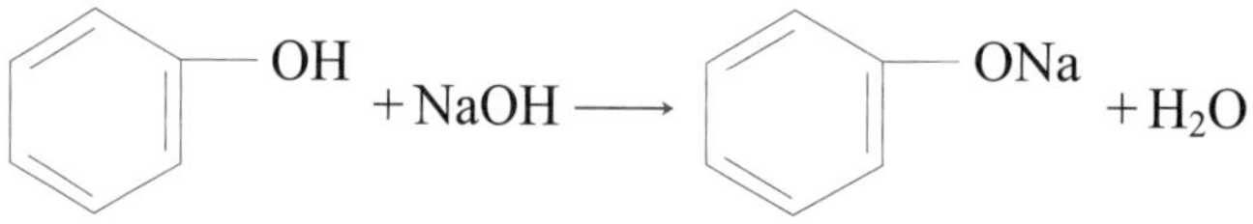

$$\text{⬡—OH} + NaOH \longrightarrow \text{⬡—ONa} + H_2O$$

在這個反應裡。苯酚顯示了酸性，所以苯酚又叫石炭酸。苯酚的酸性很弱，甚至不能使指示劑變色。

(2)苯環上的取代反應：苯酚能跟鹵素、硝酸、硫酸等發生苯環上的取代反應。例如，在苯酚溶液裡加入溴水，既不需要加熱，也不用催化劑，立刻生成白色的三溴苯酚沉澱。這個反應常用於苯酚的定性檢驗和定量測定。

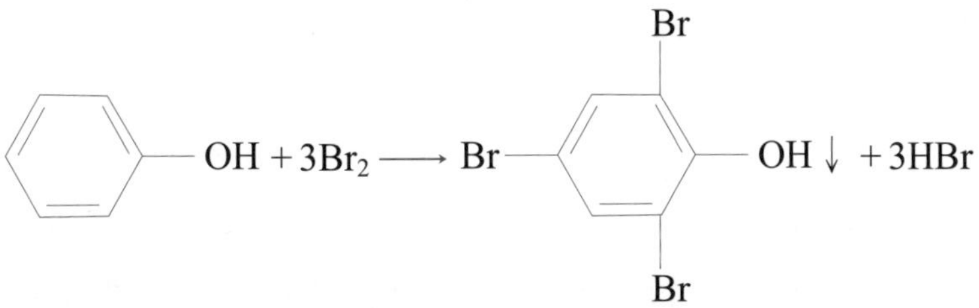

$$\bigcirc\!-OH + 3Br_2 \longrightarrow Br\!-\!\bigcirc\!-OH\downarrow + 3HBr$$

(3)苯酚的呈色反應：苯酚跟 $FeCl$，溶液作用能顯示紫色，利用這個反應也可以檢驗苯酚的存在。

第四節　醛

烴分子中的氫原子被醛基（$-\overset{O}{\underset{}{C}}-H$ 或 $-CHO$）取代後的化合物叫醛（aldehyde）。甲醛是氫原子和醛基結合的生成物，甲醛又叫蟻醛，是一種無色具有強烈刺激氣味的液體，易溶於水，35%～40%的甲醛水溶液叫做福馬林，該溶液可以用來製作生物標本。

1. 乙醛的物理性質

乙醛是一種無色、有刺激性氣味的液體，比水輕，沸點 20.8℃，易揮發，易燃燒，能跟水、乙醇、氯仿等互溶。分子式是 C_2H_4O，結構式是 $CH_3-\overset{O}{\underset{}{C}}-H$ 或 CH_3CHO。

2. 乙醛的化學性質

(1)加成反應：乙醛分子中，醛基官能團的碳氧雙鍵能夠發生加成反應。例如，乙醛蒸氣跟氫氣的混合物通過熱的鎳催化劑時，發生加成反應，乙醛被還

原為乙醇。

$$CH_3-\overset{\overset{\displaystyle O}{\|}}{C}-H+H_2 \xrightarrow[\triangle]{催化劑} CH_3CH_2OH$$

(2)氧化反應：

①銀鏡反應：在潔淨的試管裡加入 1 mL 12%的硝酸銀溶液，然後一邊搖動試管，一邊逐漸滴入 2%的稀氨水，直到最初產生的沉澱恰好溶解為止，該溶液通常叫做銀氨溶液。然後，再加入 3 滴乙醛，振盪後，把試管放在熱水浴裡溫熱。不久，可以觀察到試管內壁上附著一層光亮如鏡的金屬銀，該反應叫做銀鏡反應。銀鏡反應可用來檢驗醛基的存在。工業上利用這一反應的原理，用含有醛基的葡萄糖作還原劑，把銀均勻地鍍在玻璃上製鏡或鍍在保溫瓶上。

②新鮮配製的氫氧化銅反應：在試管裡加入 10% NaOH 溶液 2 mL，滴入 2% CuSO₄ 溶液 4～8 滴，振盪。然後，加入乙醛溶液 0.5 mL，加熱到沸騰，溶液中有紅色沉澱產生。這也是檢驗醛基的一種方法。

$$CuSO_4 + 2NaOH \rightarrow Cu(OH)_2 \downarrow + Na_2SO_4$$
$$CH_3CHO + 2Cu(OH)_2 \xrightarrow{\triangle} CH_3COOH + Cu_2O \downarrow + 2H_2O$$
乙酸　氧化亞銅（紅色）

第五節　羧酸

分子裡由烴基和羧基（$-\overset{\overset{\displaystyle O}{\|}}{C}-OH$）相連而構成的化合物稱羧酸（carboxylic acid）。根據羧基所連接的烴酸基不同和分子中含有羧基數目不同。羧酸可分為脂肪酸和芳香酸，一元羧酸和二元羧酸。重要的羧酸有甲酸（俗稱蟻酸），結構式為 HCOOH；乙二酸（俗稱草酸），結構簡式 HOOC—COOH；苯甲酸（俗稱安息香酸），結構式為 ⬡—COOH 等等。一般在化妝品中使用的多是含 12 個碳原子以上的飽和脂肪酸，其中硬脂酸占大部分，主要用於雪花膏、

冷霜等化妝品。

　　乙酸是由甲基和羧基相連的化合物，乙酸是食醋的主要成分，所以乙酸又叫醋酸。

1. 乙酸的物理性質

　　乙酸俗稱醋酸（CH_3COOH），是一種有強烈刺激性氣味的無色液體，沸點117.9℃，熔點16.6℃。無水醋酸在溫度低於16.6℃時凝結成冰狀晶體，故無水醋酸又稱冰醋酸。

2. 乙酸的化學性質

(1)酸性：乙酸是弱酸，具有酸的通性，但比碳酸的酸性強。

$$2CH_3COOH + Na_2CO_3 \longrightarrow 2CH_3COONa + H_2O + CO_2\uparrow$$

(2)酯化反應：在含有濃硫酸的存在及加熱條件下，乙酸能跟乙醇發生反應生成油狀液體乙酸乙酯。濃硫酸在此當作催化劑和脫水劑使用。

$$CH_3-\overset{O}{\overset{\|}{C}}-\boxed{OH} + \boxed{H}-O-C_2H_5 \xrightarrow[\triangle]{濃硫酸} CH_3-\overset{O}{\overset{\|}{C}}-O-C_2H_5 + H_2O$$

　　有機酸或無機酸跟醇作用而生成酯和水，這類反應叫做酯化反應。在酯化反應中，一般是羧酸分子裡的羥基跟醇分子烴基裡的氫原子結合成形成水分子。

第六節　脂

　　酸和醇脫水後的生成物叫做酯。飽和一元酸和飽和一元醇可生成酯（ester），通式是 $C_nH_{2n}O_2$ 或 $R-\overset{O}{\overset{\|}{C}}-OR'$（R 和 R'可以相同也可以不同）。酯類化合物是根據生成酯的酸和醇的名稱來命名的。例如：

$$CH_3-\overset{\overset{\text{O}}{\|}}{C}-O-C_2H_5 \qquad \text{乙酸乙酯（Ethyl Acetate）}$$

$$CH_3-\overset{\overset{\text{O}}{\|}}{C}-O-CH_3 \qquad \text{乙酸甲酯（Methyl Acetate）}$$

$$H-\overset{\overset{\text{O}}{\|}}{C}-O-C_2H_5 \qquad \text{甲酸乙酯（Ethyl Formate）}$$

　　酯可當作製備飲料和糖果的香料，也可用作溶劑。脂肪酸酯在化妝品中可以減輕產品的油膩感，保護皮膚的滋潤，防止皮膚粗糙，使用效果較好，被廣泛採用。酯的重要化學性質是能夠發生水解反應。例如，乙酸乙酯在無機酸（如稀硫酸）的存在下，可產生酸式水解。

$$CH_3COOC_2H_5 + H_2O \xrightarrow[\triangle]{\text{稀硫酸}} CH_3COOH + C_2H_5OH$$

　　乙酸乙酯在鹼（如氫氧化鈉）的存在下，也可產生鹼式水解。

$$CH_3COOC_2H_5 + NaOH \xrightarrow{\triangle} CH_3COONa + C_2H_5OH$$

　　酯的水解是酯化反應的逆反應。

第七節　油脂

1. 油脂的組成和結構

　　油脂（oil）是人類的主要食物之一，也是一種重要的工業原料。人們日常食用的豬油、牛油、花生油、大豆油等都是油脂。習慣上將在室溫下呈液態稱為油，呈固態或半固態叫脂肪。例如，植物油脂通常呈液態，叫做油。動物油脂通常呈固態，叫做脂肪。脂肪和油統稱油脂。它們都是高級脂肪酸跟甘油所生成的酯。高級脂肪酸主要指硬脂酸、軟脂酸、油酸、亞油酸等。

　　油脂的結構可以表示如下：

$$
\begin{array}{c}
\text{O} \\
\text{R}_1\!-\!\text{C}\!-\!\text{O}\!-\!\text{CH}_2 \\
\text{O} \\
\text{R}_2\!-\!\text{C}\!-\!\text{O}\!-\!\text{CH} \\
\text{O} \\
\text{R}_3\!-\!\text{C}\!-\!\text{O}\!-\!\text{CH}_2
\end{array}
$$

　　結構式裡 R_1、R_2、R_3 代表羥基。當 R_1、R_2、R_3 相同時，稱為單甘油酯，當 R_1、R_2、R_3 不相同時，就稱為混甘油酯。天然油脂大都為混甘油酯。

2.油脂的性質

(1)油脂的物理性質：

　　油脂比水輕、不溶於水易溶於苯、汽油、乙醚等有機溶劑。工業上根據這一性質，用有機溶劑來萃取植物種子裡的油脂。天然油脂是各種脂肪酸甘油酯的混合物，故沒有一定的熔點及沸點。由飽和的硬脂酸或軟脂酸生成的甘油酯熔點較高，由不飽和的油酸生成的甘油酯熔點較低。

(2)油脂的化學性質：

　　①油脂的氫化：在有催化劑（如鎳）存在及加熱、加壓情況下，不飽和的油脂（如很多植物油），可以跟氫氣加成，提高油脂的飽和程度，生成脂肪。例如：

$$
\begin{array}{l}
\text{C}_{17}\text{H}_{33}\text{COO}\!-\!\text{CH}_2 \\
\text{C}_{17}\text{H}_{33}\text{COO}\!-\!\text{CH} \\
\text{C}_{17}\text{H}_{33}\text{COO}\!-\!\text{CH}_2
\end{array}
\;+\; 3\text{H}_2 \;\xrightarrow[\triangle]{\text{Ni}}\;
\begin{array}{l}
\text{C}_{17}\text{H}_{35}\text{COO}\!-\!\text{CH}_2 \\
\text{C}_{17}\text{H}_{35}\text{COO}\!-\!\text{CH} \\
\text{C}_{17}\text{H}_{35}\text{COO}\!-\!\text{CH}_2
\end{array}
$$

　　以上加成反應叫做油脂的氫化，也叫油脂的硬化。此方式所製得的油脂稱為人造脂肪，通常又稱硬化油。硬化油性質穩定，不容易氧化變質，便於運輸。硬化油可以當作肥皂、人造奶油等的製作原料。

　　②油脂的水解：在酸（如稀硫酸）和高溫水蒸氣存在下，油脂進行酸式水解，生成高級脂肪酸和甘油。例如：

$$C_{17}H_{31}COO-CH_2$$
$$C_{17}H_{31}COO-CH \quad + \quad 3H-OH \quad \xrightarrow[\triangle]{稀硫酸} \quad 3C_{17}H_{31}COOH + \quad CH-OH$$
$$C_{17}H_{31}COO-CH_2$$

軟脂酸甘油脂　　　　　　　　　　　軟脂酸　　　甘油

工業上根據這一反應原理，可用油脂為原料來製作高級脂肪酸和甘油。

在鹼（如氫氧化鈉）和高溫水蒸氣存在下，油脂進行鹼式水解，生成高級脂肪酸鹽和甘油。例如：

$$C_{17}H_{35}COO-CH_2 \qquad\qquad\qquad\qquad\qquad\qquad CH_2-OH$$
$$C_{17}H_{35}COO-CH \quad + \quad 3NaOH \quad \xrightarrow{\triangle} \quad 3C_{17}H_{35}COONa \quad + \quad CH-OH$$
$$C_{17}H_{35}COO-CH_2 \qquad\qquad\qquad\qquad\qquad\qquad CH_2-OH$$

硬脂酸甘油酯　　　　　　　　　　　硬脂酸鈉　　　甘油

肥皂的主要成分是高級脂肪酸的鈉鹽（其他還有松香、硅酸鈉等填充劑），以上反應主要用於製皂工業。

普通肥皂是多種高級脂肪酸的鈉鹽的混合物，又叫鈉肥皂或硬肥皂。例如，用氫氧化鉀使油脂皂化，則得到高級脂肪酸的鉀鹽，稱為鉀肥皂或軟肥皂。油脂原料是很多化妝品的基礎原料，是製造多種化妝必不可少的重要成分。

第八節　糖類

糖類（sugar）是綠色植物通過光合作用吸收日光能的產物，是人類衣、食、住、行所必需的自然資源。如食用糖、糧食（澱粉）、棉花、木柴都屬於糖類。由於人們最初發現的這一化合物是由碳、氫、氧三種元素組成，而其分子中碳、氫和氧的比例恰好是 1：2：1，如葡萄糖（$C_6H_{12}O_6$）、蔗糖（$C_{12}H_{22}O_{11}$）。因此，人們稱其為碳水化合物。事實上，碳水化合物這個名稱並不能反映它們的結構特點。從化學結構看，糖類一般是多羥基醛或多羥基酮，水解後可以生成

多羥基醛或多羥基酮。根據分子的結構和水解情況，糖類可以分為單糖、雙糖和多糖。

1. 單糖（Monosaccharides）

單糖是不能再水解的最簡單的糖。單糖中最重要的是葡萄糖（glucose）和果糖（fructose）。它們是同分異構體，分子式都是 $C_6H_{12}O_6$。葡萄糖是有甜味的白色晶體，易溶於水，在人體組織中具有非常重要的作用。

```
        CHO                     CH2OH
    H—C—OH                   C=O
   HO—C—H                  HO—C—H
    H—C—OH                   H—C—OH
    H—C—OH                   H—C—OH
        CH2OH                   CH2OH
   葡萄糖直鏈式結構            果糖直鏈式結構
```

葡萄糖從結構上看，每個葡萄糖分子中有五個羥基和一個醛基，具有醛的特性，能和弱氧化劑如銀氨溶液、新鮮配製的氫氧化銅反應。葡萄糖在人體內代謝分解成二氧化碳和水，同時放出熱能，是身體能量的主要來源。

$$C_6H_{12}O_6 + 6H_2O \longrightarrow 6CO_2 + 6H_2O + 能量$$

除葡萄糖外，重要的單糖還有果糖（$CH_2OH—(CHOH)_3—CO—CH_2OH$）、核糖（$CH_2OH—(CHOH)_3CHO$）、去氧核糖（$CH_2OH—CHOH—CHOH—CH_2—CHO$）等，其中核糖和去氧核糖是構成大分子物質核糖核酸（RNA）和去氧核糖核酸（DNA）的基本成分。

2. 雙糖（Disaccharides）

水解後生成兩個分子單糖的叫做雙糖。蔗糖和麥芽糖都是雙糖，它們是同分異構體，分子式 $C_{12}H_{22}O_{11}$。

(1)蔗糖（sucrose）：蔗糖是無色晶體，溶於水。蔗糖是重要的甜味食物，存在於不少植物體內，以甘蔗（含糖11%～17%）和甜菜（含糖 14%～26%）的含量最多。蔗糖分子裡沒有醛基存在，故不會發生銀鏡反應，也不和新鮮配製的氫氧化銅反應，沒有還原性，是一種非還原糖。在硫酸的催化下，蔗糖水解生成一分子葡萄糖和一分子果糖，故水解後可以產生銀鏡反應及和新鮮配製的氫氧化銅反應。

$$C_{12}H_{22}O_{11} + H_2O \xrightarrow{\text{催化劑}} C_6H_{12}O_6 + C_6H_{12}O_6$$

(2)麥芽糖（maltose）：麥芽糖是白色晶體，易溶於水，甜味不如蔗糖。麥芽糖分子中含有醛基，能產生銀鏡反應，具有還原性，是一種還原糖。在硫酸等催化下，一分子麥芽糖發生水解反應，生成兩分子葡萄糖。

$$C_{12}H_{22}O_{11} + H_2O \xrightarrow{\text{催化劑}} 2C_6H_{12}O_6$$

3.多糖（Polysaccharides）

多糖是由很多個單糖分子按照一定的方式，通過在分子間脫去水分子結合而成的。多糖一般不溶於水，沒有甜味，沒有還原性。澱粉和纖維素是最重要的多糖，它們的通式$(C_6H_{10}O_5)_n$。澱粉和纖維素的分子裡所包含的單糖單元（$C_6H_{10}O_5$）的數目不同，即 n 值不同。澱粉和纖維素在結構上也有所不同。

(1)澱粉（starch）：澱粉和纖維素分子中大約含有幾百到幾千個單糖單元（$C_6H_{10}O_5$），相對分子質量是幾萬到幾十萬，所以都屬於高分子化合物。澱粉是綠色植物進行光合作用的產物，主要存在於植物的種子裡。例如，大米約含澱粉80%，小麥約含70%，馬鈴薯約含20%等。澱粉是白色粉末。澱粉在催化劑（如稀硫酸、澱粉酶）的作用下，最後可以得到葡萄糖。此外，澱粉可以與碘液作用而呈現藍色。

$$(C_6H_{10}O_5)_n + nH_2O \xrightarrow{\text{催化劑}} nC_6H_{12}O_6$$

(2)纖維素（cellulose）：纖維素是構成細胞壁的基本物質，例如木材約有一半是纖維素。纖維素是白色、無臭、無味的物質，不溶於水，也不溶於一般的有機溶劑。纖維素不具有還原性。纖維素的水解反應與澱粉水解反應式相同。纖維素在稀酸和一定壓強下長時間加熱，可發生水解。但是，水解纖維素比水解澱粉困難得多。

第九節　胺基酸與蛋白質

1. 胺基酸（Amino acid）

　　蛋白質廣泛存在於生物體內，是組成細胞的基礎物質。動物的肌肉、皮膚、血液、乳汁以及髮、毛、角等都是由蛋白質構成的。蛋白質是由大約 20 多種胺基酸縮合形成的多聚體，水解後生成各種胺基酸，所以首先應對胺基酸有所瞭解。

　　分子中含有胺基和羧基的化合物叫胺基酸。蛋白質可在酸、鹼中，將巨大分子逐漸水解成簡單的分子，最終變成各種不同的胺基酸，所以胺基酸是蛋白質的基本組成單位。下面是幾種胺基酸的名稱和結構式：

甘胺酸（胺基乙酸）（Glycine）	CH_2—COOH 　| 　NH_2
丙胺酸（α-胺基丙酸）（Alanine）	CH_3—CH—COOH 　　　| 　　NH_2
苯丙胺酸（α-胺基-β-苯基丙酸）（Phenylalanine）	（苯環）—CH_2—CH—COOH 　　　　　| 　　　NH_2
穀胺酸（α-胺基戊二酸）（Glutamic acid）	HOOC—CH_2—CH_2—CH—COOH 　　　　　　　　| 　　　　　NH_2

　　上述胺基酸都是α-胺基酸，即羧基分子裡的α-氫原子（即離羧基最近的碳原子上的氫原子）被胺基取代的生成物。

2. 多肽（polyerpeptide）

一分子胺基酸中的羧基與另一分子胺基酸中的胺基之間消去水分子，經縮合反應而生成的產物叫做肽，其中的—CO—NH—結構叫做肽鍵。由兩個胺基酸分子消去水分子而形成含有一個肽鍵的化合物是雙肽。由多個胺基酸分子消去水分子而形成含有多個肽鍵的化合物是多肽。蛋白質水解得到多肽，多肽進一步水解，最後得到α-胺基酸。多肽和蛋白質之間沒有嚴格的區別，一般常把相對分子質量小於 10,000 dalton 的叫做多肽。

3. 蛋白質（Protein）

蛋白質是由很多個α-胺基酸分子間失水及以氫鍵—CO—NH—形成的高分子化合物。蛋白質相對分子質量很大，約從一萬至數千萬。多肽鏈是蛋白質的基本結構。蛋白質的結構是非常複雜。多肽鏈內多種α-胺基酸以一定順序排列，多肽鏈跟多肽鏈之間也以不同方式（例如α-helix 或β-sheet）結合在一起，而呈現三級的空間結構。不同結構的蛋白質生理功能之間即使是化學組成不變，而只是空間結構發生了變化，它的生理功能也會發生變化。下面簡單介紹蛋白質的一些性質。

(1)兩性（Amphoteric）：

蛋白質雖是胺基酸通過氫鍵連接而成的大分子，但分子中仍含有一定數量游離的羧基和胺基。羧基呈現酸性，胺基呈現鹼性，所以蛋白質與胺基酸一樣具有兩性，可以與酸或鹼作用生成鹽。

(2)變性（Denature）：

蛋白質在某些理化因素作用下，其空間結構發生改變，使蛋白質的理化性質和生物活性發生變化，這種現象稱為蛋白質的變性。變性後的蛋白質稱為變性蛋白質。能使蛋白質變性的因素有強酸、強鹼、重金屬鹽、丙酮和酒精等化學因素，以及加熱、乾燥、高壓、震盪、紫外線等物理因素。蛋白質變性後，理化性質最明顯的改變是溶解度降低，變性後不再溶解而產生沉澱。

(3)鹽析（Salts out）：

在蛋白質溶液中加入電解質（氯化鈉、硫酸銨、硫酸鈉等中性鹽），

電解質會影響溶液的 pH 值。當加入量達到一定濃度時，溶液的 pH 值大於蛋白質本身的 pI 值，則帶相反電荷的電解質離子會中和了蛋白質的電荷，而使蛋白質沉澱析出。這種應用電解質鹽類使蛋白質析出沉澱的過程稱為鹽析。電解質中的陰離子為主要影響鹽析效果的離子，故陰離子的價數愈高，鹽析能力愈強。鹽析所得的蛋白質並不變性，失鹽後又能溶於水，因此可用於純化蛋白質使用。

習題

1. 什麼是有機化合物？他們具有哪些主要特徵？

2. 寫出下列化合物的名稱。

(1) $CH_3-CH_2-\underset{\underset{CH_3}{|}}{CH}-\underset{\underset{CH_3}{|}}{CH}-CH_3$

(2)

$CH_3-CH_2-CH_2-\underset{\underset{CH_3}{|}}{CH}-CH_2-\underset{\overset{\overset{CH_3}{|}}{}}{CH}-CH_3$

(3) $CH_2=CH-\underset{\underset{CH_3}{|}}{CH}-CH-CH_3$

3. 烴類化合物的特徵為何？有哪些種類？

4. 選擇正確答案填在括號裡。

(1)下列物質互為同系物的是（　　）。

　A. C_3H_8　　B. C_6H_{12}　　C.己烷　　D. C_6H_6。

(2)下列物質互為同分異構體的是（　　）。

　A.戊烷　　B. C_5H_{10}　　C.2-甲基丁烷　　D. C_5H_8。

(3)下列物質中，不能使溴水褪色的是（　　）。

　A.丁烷　　B.丙炔　　C.丙烯　　D.1,3-丁二烯。

(4)下列物質中，不能使酸性高錳酸鉀溶液褪色的是（　　）。

　A.丙炔　　B.甲苯　　C.苯　　D.丁烯。

4. 請說明烴的衍生物的種類包括哪些？其特色與烴化物的差異？

第二篇

化妝品原料

　　化妝品是一種由各類原料經過合理配方加工而成的複合物。化妝品的各種性能及質量好壞除了與配製技術及生產設備等有關之外，主要決定於所採用原料的好壞。化妝品原料來源廣泛，品種繁多，若從其來源分類，可分為人工合成和天然原料兩大類。但20世紀70年代後，化妝品工業出現了「回歸自然」的潮流，天然原料的開發和應用逐漸增加，並普遍受到消費者的喜愛。

　　化妝品原料根據其用途與性能來劃分，大致上可分為基質原料和輔助原料。基質原料是化妝品的主體，呈現了化妝品的性質和功用；輔助原料，又稱添加劑，則是對化妝品的成型、色澤、香型和某些特性發生作用。化妝品原料中常用的基質原料主要是油質原料、粉質原料、膠質原料和溶劑原料。化妝品添加劑主要有界面活性劑、香料與香精、色素、防腐劑、抗氧劑、保濕劑和其他特效添加劑。當然，基質原料和輔助原料之間沒有絕對的界限，比如月桂醇硫酸鈉在香皂中是作為洗滌作用的基質原料，但在膏霜類化妝品中僅作為乳化劑的輔助原料。本篇主要介紹基質原料及輔助原料的種類及其特徵。

第 7 章

化妝品基質原料

第一節　油質原料

　　油質原料是指油脂和蠟類原料，還有脂肪酸、脂肪醇和酯等，包括天然油質原料與合成油質原料，是化妝品的主要原料之一。天然動植物油脂、蠟的主要成分都是由各種脂肪酸以不同的比例構成脂肪酸甘油酯，其結構如下：

$$
\begin{array}{l}
CH_2-O-COR_1 \\
CH-O-COR_2 \quad (R_1 \cdot R_2 \cdot R_3 \text{ 為脂肪族烴基}) \\
CH_2-O-COR_3
\end{array}
$$

　　這些脂肪酸混合比例不同以及生成脂肪酸甘油酯結構的不同而構成了各種不同性質的天然油脂。它們在常溫下液體稱為油，固體稱為脂。天然油脂中存在的脂肪酸，幾乎全部是含有偶數碳原子的直鏈單羧基脂肪酸，如果碳氫鏈上沒有雙鍵，就稱為飽和脂肪酸，如硬脂酸、棕櫚酸等，一般呈固態；如果碳氫鏈上含雙鍵，就稱為不飽和脂肪酸，如油酸等，一般呈液態。常見的動植物油脂中的脂肪酸名稱及結構式如表 7-1 所示。

表 7-1　油脂中所含的主要脂肪酸

類別	名稱	結構式
飽和脂肪酸	月桂酸（十二碳酸）Lauric acid	$CH_3(CH_2)_{10}COOH$
	豆蔻酸（十四碳酸）Myistic acid	$CH_3(CH_2)_{12}COOH$
	棕櫚酸（十六碳酸）Palmitic acid	$CH_3(CH_2)_{14}COOH$
	硬脂酸（十八碳酸）Stearic acid	$CH_3(CH_2)_{16}COOH$
不飽和脂肪酸	棕櫚酸（9-十六烯酸）Palmitoleic acid	$CH_3(CH_2)_5CH=CH(CH_2)_7COOH$
	油酸（9-十八烯酸）Oleic acid	$CH_3(CH_2)_7CH=CH(CH_2)_7COOH$
	亞油酸（9,12-十八二烯酸）Linoleic acid	$CH_3(CH_2)_4CH=CHCH_2CH=H(CH_2)_7COOH$
	亞麻酸（9,12,15-十八三烯酸）Linolenic acid	$CH_3(CH_2CH=CH)_3(CH_2)_7COOH$
	蓖麻酸（12-羥基-9-十八烯酸）Ricinolenic	$CH_3(CH_2)_5CH(OH)CH_2CH=CH(CH_2)_7COOH$

油脂（Oil）和蠟類（Wax）應用於化妝品中的主要目的和作用如下：

1. 油脂類

(1)在皮膚表面形成疏水性薄膜，賦予皮膚柔軟、潤滑和光澤，同時防止外部有害物質的侵入和防禦來自自然界各種因素的侵襲。

(2)通過其油溶性溶劑的作用使皮膚表面清潔。

(3)寒冷時，抑制皮膚表面水分的蒸發，防止皮膚乾裂。

(4)作為特殊成分的溶劑，促進皮膚吸收藥物或有效活性成分。

(5)作為富脂劑補充皮膚必要的脂肪，從而起到保護皮膚的作用，而按摩皮膚時起潤滑作用，減少摩擦。

(6)賦予毛髮具有柔軟和光澤感。

2. 蠟類

(1)作為固化劑提高製品的性能和穩定性。

(2)賦予產品搖變性，改善使用感覺。

(3)提高液態油的熔點，賦予產品觸變性，改善皮膚，使其柔軟。

(4)由於分子中具有疏水性較強的長鏈烴，可在皮膚表面形成疏水薄膜。

(5)賦予產品光澤。

(6)利於產品成形，便於加工操作。

3. 油脂或蠟類衍生物

(1)高級脂肪酸：乳化輔助劑、抑制油膩感和增加潤滑。

(2)脂肪酸：具有乳化作用（與鹼或有機胺反應生成界面活性劑）和溶劑作用。

(3)酯類：是舒展性改良劑、混合劑、溶劑、增塑劑、定香劑、潤滑劑和通氣性的賦予劑。

(4)磷脂：具有界面活性劑作用（乳化、分散和濕潤），傳輸藥物的有效成分，促進皮膚對營養成分的吸收。

油質原料包括以下幾類

植物油脂、蠟

植物油脂、蠟主要來自植物種子和果實，也有部分來自植物的葉、皮、根、花瓣和花蕊等。

1. 植物油

(1)橄欖油（Olive oil）

橄欖油是由橄欖油樹的果實經壓榨製取的脂肪油。主要產地是西班牙和義大利等地中海沿岸地區。外觀為淡黃色或黃綠色透明液體，有特殊的香味和滋味。主要成分為油酸甘油酯（約占 80%）和棕櫚酸甘油酯（約占 10%）及少量的角鯊烯。它不同於其他植物油，具有較低的碘價和當溫度低於0℃時還能保持液體狀態。此外，由於橄欖油中含亞油酸較少（約 70%）。所以，較其他液體油脂不易氧化。

橄欖油用於化妝品中，具有優良的潤膚養膚作用，能夠抑制皮膚表面的水分蒸發。對於皮膚的滲透性與一般植物油相同，但比羊毛脂、鱈魚油和油醇差，而比礦物油好。它對皮膚無害，是很有用的潤膚劑，不易引起急性皮膚刺激和過敏。在化妝品中，橄欖油是製造按摩油、髮油、防曬油、健膚油、潤膚霜、抗皺霜及口紅和 W/O 型香脂的重要原料。

(2)蓖麻油（Castor oil）

蓖麻油是蓖麻種子經壓榨製得的脂肪油。主要產地為巴西、印度和俄羅斯。外觀為無色或淡黃色透明黏性油狀液體，主要成分為蓖麻酸酯（其甘油酯中脂肪酸主要成分為蓖麻油酸，即12-羥基-9-十八烯酸），故蓖麻油比其他油脂親水性大。蓖麻油對皮膚的滲透性與其他植物油相似，但比羊毛脂、鱈魚肝油和油醇差，比礦物油好。

蓖麻油的比重大，黏度高，凝固點低以及它的黏度和軟硬度受溫度的影響很小，故很適合當作化妝品的原料。例如，當作口紅的主要基質，可以使口紅外觀更鮮豔；也可應用於髮膏、髮蠟條、透明香皂、含酒精髮油、燙髮水和指甲油的增塑劑以及指甲油的去光劑等。蓖麻油的主要問題是含有令人不舒服的特殊氣味，不過蓖麻油經過精煉後，可消除這個不舒服的氣味。

(3)椰子油（Coconut oil）

　　椰子油是從椰子的果肉製得的，具有椰子特殊的芬芳，為白色或淡黃色油脂狀的半固體，暴露於空氣中極易被氧化。椰子油的成分主要以月桂酸為主，其次是肉豆蔻酸和棕櫚酸。此外，還有少量的己酸、辛酸、癸酸、油酸和亞油酸。椰子油具有較好的去污能力及泡沫豐富，是製皂不可缺少的油脂原料。但由於其含有己酸、辛酸、癸酸，故它對皮膚、頭髮略有刺激性，不能直接當作化妝品的油質原料，故無法應用於膏霜類等化妝品中。但是，椰子油是合成界面活性劑的重要原料。所以，也算是化妝品工業中很重要的間接原料。

(4)花生油（Peanut oil）

　　花生油取自花生仁，主要產地為非洲、印度和中國。外觀為淡黃色油狀液體，具有特殊芬芳的氣味。其中，甘油酯中脂肪酸的主要成分為油酸（57%）和亞油酸（26%），故較容易氧化。花生油對皮膚的滲透性與一般植物油相近，對皮膚無害，是十分有用的潤膚劑。在化妝品中，主要代替橄欖油和杏仁油應用於膏霜、乳液、髮油、按摩油和防曬油等。

(5)棉籽油（Cotton seed oil）

　　棉籽油是由棉花種子經壓榨、溶劑萃取精製得到的半乾性油，為淡黃色或黃色油狀液體，精製的棉籽油幾乎無味。甘油酯中脂肪酸的主要成分是棕櫚酸（21%）、油酸（33%）和亞油酸（43%）。棉籽油對皮膚無害，有潤膚作用。精製的棉籽油可代替杏仁油和橄欖油應用於化妝品中，作為製作香脂、髮油、香皂等的原料。但是，棉籽油含有較多的不飽和酸，容易氧化變質，故在化妝品中的應用上有所限制。

(6)杏仁油（Almond oil）

　　杏仁油亦稱甜杏仁油，取自甜杏仁的乾果仁，具有特殊的芬芳氣味，為無色或淡黃色透明油狀液體。杏仁油的主要成分為油酸酯，其脂肪酸組成中以油酸為主（約77%），其次為亞油酸（約17%）、棕櫚酸（約4%）和肉豆蔻酸（約1%）。杏仁油對於皮膚無害，且具有潤膚作用，其性能與橄欖油極為相似，常當作橄欖油的代用品。在化妝品中，可當作為按摩油、潤膚油、髮油、潤膚膏霜等產品的油性成分，歐美國家特別喜歡將其添加在乳液製品中。

(7)杏核油（Apricot kernel oil）

　　杏核油亦稱桃仁油，取自杏樹的乾果仁。外觀為淡黃色油狀液體，類似於

杏仁油，其脂肪酸組成中以油酸為主（約60%～79%），其次為亞油酸（18%～32%）。杏核油對於皮膚無毒性及無刺激性，它的熔點低，寒冷氣候下穩定性好，故製品能保持透明。杏核油是優質的潤膚劑，在使用上沒有油膩感，感覺比較乾及潤滑，可以阻止水分通過表皮及減緩水分的損失，故廣泛地應用在護膚的製品，以賦予皮膚彈性和柔軟度。此外，其維生素 E 的含量較高，具有保護細胞膜及延長循環系統中血液紅血球細胞生存等功能。有助於人體充分利用維生素 A，這對皮膚保持潔淨、健康和抵抗疾病傳染等作用。

(8)棕櫚油（Palm oil）

　　油棕果實中含有兩種不同的油脂，從棕櫚仁中得到棕櫚仁油，從棕櫚果肉中得到棕櫚油，兩者的組成有較大的差別。棕櫚油的外觀是紅黃色至暗深紅色油脂狀物塊，有一種令人感覺愉快的氣味（類似紫羅蘭香），其脂肪酸組成中以棕櫚酸（約 42%）和油酸（約 43%）為主。棕櫚油易於皂化，故主要應用在製皂的產品。棕櫚油對皮膚無不良作用，故經精煉後的棕櫚油也可以添加至塗抹油和油膏等製品。

(9)棕櫚仁油（Plam kernel oil）

　　棕櫚仁油是從油棕櫚果仁中提取的，為白色或黃色的油狀液體，帶有果仁芳香。由於中、南美洲盛產油棕，故棕櫚仁油亦常稱為巴巴蘇油或美洲棕櫚仁油。棕櫚仁油的脂肪酸組成中以月桂酸為主（40%～50%），性能較類似於椰子油，同屬月桂酸類油脂，在油脂配方中可相互替代，是製皂用的主要原料，其可增加肥皂的泡沫及溶解度。棕櫚仁油對皮膚略有刺激，所以在化妝品上的使用較少。

(10)豆油（Soyabean oil）

　　豆油亦稱大豆油，是大豆的種子製得的。豆油是目前世界上產量最高的油種，外觀為淡黃色至棕黃色油狀液體，略帶特有的氣味，其甘油酯中脂肪酸的組成以亞油酸（43%～56%）和油酸（15%～33%）為主。豆油除作為食用外，主要是作為肥皂製備的原料。由於對皮膚無不良作用，在化妝品中也可作為橄欖油的代用品，但穩定性較橄欖油差。

(11)小麥胚芽油（Wheat germ oil）

　　小麥胚芽油取自小麥胚芽，略有特殊氣味，為淺黃色透明的油狀液體。其脂肪酸組成中以油酸（8%～30%）和亞油酸（44%～65%）為主。小麥胚芽油

對皮膚無不良作用，主要應用於護膚類的化妝品中。它是優質的潤膚劑，可以保護細胞膜，具有延長循環系統中血液紅血球細胞生存的功能，有助於人體充分地利用維生素 A，對於保護皮膚潔淨、健康和抵禦疾病感染有幫助。

⑿玉米油（Sweet corn oil）

玉米油是玉米加工的副產品，為淡黃色透明油狀液體，略有氣味，其脂肪酸組成中以油酸（17%～49%）為主，其次為棕櫚酸和硬脂酸。玉米油對皮膚無不良作用，是較好的潤滑劑，可以代替橄欖油使用。

⒀芝麻油（Sesame oil）

芝麻油取自芝麻的種子，主要產於中國、印度、緬甸、墨西哥和蘇丹。外觀為無色或淡黃色透明油狀液體，帶有特殊的芝麻香氣味。芝麻油冷卻至 0℃仍不會凝固，其脂肪酸組成中以油酸（37%～49%）、亞油酸（35%～47%）和棕櫚酸（7%～9%）為主。此外，一部分不皂化物（例如，如芝麻明、芝麻酚、等成分）是其他油脂中沒有的，此些成分（尤其是芝麻酚）影響著芝麻油的抗氧化穩定性的好壞。芝麻油對皮膚無不良作用，可代替橄欖油應用於膏霜類、乳液類及製作按摩油等。

2.植物油脂

⑴可哥脂（Cocoa fat）

可哥脂是從熱帶地區可哥樹種子（可哥豆）中經壓榨或溶劑提取製得，主要產於美洲。外觀為白色或淡黃色固態脂，具有可哥的芬芳，其脂肪酸的主要成分為棕櫚酸（24%～27%）、硬脂酸（32%～35%）和油酸（33%～37%）。可哥脂對皮膚無不良作用，具有滋潤皮膚的作用。但是，可哥脂也被列為可能引起粉刺的油脂。在化妝品中可作為口紅及其他膏霜類製品的油質原料。

⑵婆羅脂（Borno tallow）和霧冰梨脂

婆羅脂是取自東印度及馬來西亞種植的婆羅雙樹的果仁。霧冰梨脂取自霧冰梨的果仁，兩者的果仁相像，兩者的脂肪也相似，有時兩者的名稱也混用。它們的外觀均呈帶綠色的油脂，經過精煉、漂白、除臭、中和後可製得純的白色固態油脂。精製後的乳液穩定性及抗氧化性較好，可用於護膚製品、防曬製品、按摩油和唇膏等。

3. 植物蠟

(1)巴西棕櫚蠟（Carnauba wax）

　　巴西棕櫚蠟又稱加洛巴蠟或卡哪巴蠟。它多在南美洲特別是在巴西北部自生或經栽培的，是從高約 10 公尺的巴西卡哪巴棕櫚樹的葉和葉柄中所萃取的硬蠟。精製後的巴西棕櫚蠟為白色或淡黃色脆硬蠟狀固體，而粗製品則呈現黃色或灰褐色。巴西棕櫚蠟質硬，具有韌性和光澤，有光滑的斷面和愉快氣味。其主要成分為蠟酸蜂花醇酯（$C_{26}H_{53}COOC_{30}H_{61}$）和蠟酸蠟酯（$C_{26}H_{53}COOC_{26}H_{53}$）。除了小冠巴西棕蠟外，巴西棕櫚蠟是最硬、熔點最高的天然蠟，可與所有植物蠟、動物蠟和礦物蠟相匹配，也可以與大量的各種天然和合成的樹脂、脂肪酸、甘油酯和碳氫化合物相匹配。添加到其他蠟類中，可提高蠟質的熔點，增加硬度、韌性和光澤，也可降低黏性、塑性和結晶等特性。對於皮膚無不良作用，主要用於口紅以增加其耐熱性，並賦予光澤。在化妝品中，可用於睫毛膏、脫毛蠟等需要較好成型的製品。

(2)小燭樹蠟（Candelilla wax）

　　小燭樹蠟是從生長在墨西哥和美國加利福尼亞、德克薩斯州南部等溫差變化較大，少雨乾燥的高原地帶生長的小燭樹的莖中萃取的一種淡黃色半透明或不透明的固體蠟。精製後的小燭樹蠟有光澤和芳香氣味，略有黏性。主要成分是碳氫化合物、高級脂肪酸和高級烴基醇的蠟酯、高級脂肪酸、高級醇等組成。在化妝品中的應用與巴西棕櫚蠟相同，主要作為口紅等錠狀化妝品的固化（硬化）劑和光澤劑。

◙ 動物油脂、蠟

1. 動物油

(1)水貂油（Marten oil）

　　水貂油是從水貂（一種珍貴的毛皮動物）背部的皮下脂肪中所獲得的脂肪粗油，經由加工精製後得到的一種動物油，為一種很理想的化妝品原料。外觀為無色或淡黃色透明油狀液體，無腥臭及其他異味，無毒，對人體肌膚及眼睛無刺激作用。水貂油脂肪酸的主要成分是棕櫚酸（16%）、棕櫚油酸（18%）、

油酸（42%）和亞油酸（18%）。水貂油有多種營養成分，其理化特性與人體脂肪極為相似，與其他作為化妝品的天然油脂原料相比，其最大的特點是含有約20%左右的棕櫚油酸（十六碳單烯酸），它對人體皮膚有很好的親和力和滲透性，易於被皮膚吸收，使用後滑潤而感覺不膩，並使皮膚柔軟和有彈性（對乾燥皮膚尤為適合），對預防皮膚皺裂和衰老具有明顯的效果。此外，它對黃褐斑、單純糠疹、瘦瘡、乾性脂溢性皮炎、凍瘡、防裂和防皺均有一定療效。水貂油的擴展性比白油高三倍以上，表面張力小，易於在皮膚、毛髮上擴展。在毛髮上有良好的附著性，並能形成具有光澤的薄膜，改善毛髮的梳理性，調節頭髮生長，使頭髮柔軟、有光澤和彈性。另外，水貂油有較好的吸收紫外線的性能，抗氧化性比豬油和棉籽油要高 8～10 倍。對於熱和氧都很穩定，故貯存時不易變質。由於水貂油的性能優良，故在化妝品中廣泛應用，例如營養霜、潤膚脂、髮油、髮露、唇膏以及防曬化妝品等。

(2)羊毛脂油（Lanolin oil）

羊毛脂油是從無水羊毛脂經過分級蒸餾製得的，外觀為黃色至淡黃色略帶特殊氣味的黏稠油狀液體。羊毛脂油對皮膚的親和性、滲透性、擴散性、潤滑和柔軟作用較好，易被皮膚吸收，對皮膚安全無刺激，且易與其他油類混合，能保持製品流動性和透明。在化妝品中主要用於無水油膏、乳液、卸妝油、沐浴油和髮油等。

(3)蛇油（Snake oil）

蛇油是從蝶蛇的脂肪經由精製而得到的。在室溫下，外觀為淡黃色油狀液體，略帶異味。蛇油對防止皮膚皺裂具有良好的效果，且使用後皮膚感覺涼爽及潤滑。主要應用於護膚製品和藥用油膏。

(4)鱉魚肝油（Turtle oil）

鱉魚肝油取自鱉魚肝臟，超精煉的鱉魚肝油幾乎為無色、無味的透明油狀液體。其脂肪酸的主要成分為棕櫚酸、棕櫚油酸、油酸、二十二碳六烯酸。此外，還含有豐富的角鯊烯、維生素 A、維生素 D 等。角鯊烯是皮脂和皮膚天然脂質體的組分，有益於皮膚表面保濕和保持皮膚光滑。因此，鱉魚肝油用於化妝品可模仿天然護膚脂質體的功能，藉由所含的角鯊烯能保持皮脂流動性以作為表皮的潤滑劑。此外，還具有抑制黴菌的生長，阻止因過度日照引起的皮膚癌等效果。對於眼睛的刺激性極微小，對皮膚略有刺激，在化妝品中主要用於

護膚和護髮類化妝品。

2. 動物蠟

(1)鯨蠟（Spermaceti）

鯨蠟又稱鯨腦油，是從抹香鯨的頭蓋骨腔內提取的一種具有珍珠光澤的結晶狀蠟狀固體，呈白色透明狀，其精製品幾乎無臭味，質脆易成粉末。長期暴露於空氣中容易氧化酸敗變黃。主要成分為鯨蠟酸月桂酸、豆蔻酸、棕櫚酸、硬脂酸等。對皮膚無不良作用，在化妝品中主要用於製造冷霜和需要較好光澤及稠度的乳液，也用於唇膏和固體油膏狀製品。

(2)蜂蠟（Bee wax）

蜂蠟也稱「蜜蠟」，是從約兩同年齡的工蜂前腹部蠟腺體分泌出來的蠟質，是蜜蜂構巢的主要成分，即從蜜蜂的蜂房中所取得的蠟。天然蜂蠟是黃色至棕褐色無定形蠟狀固體，其顏色隨蜂種、加工技術、蜜來源及巢的新舊而有所不同，有類似蜂蜜的香味，稍硬。主要成分為棕櫚酸、蜂蠟酸（$C_{15}H_{31}COOC_{31}H_{63}$）和固體的蟲蠟酸（$C_{25}H_{31}COOH$）與碳氫化合物。蜂蠟無毒，對皮膚無不良反應，主要用於膏霜、乳液等化妝品，但由於其熔點較高，也可用於胭脂、眼影膏、睫毛膏、髮蠟條、唇膏等化妝品。

3. 蟲蠟（Chinese insect wax）

蟲蠟又稱白蠟，盛產於中國四川，故又名川蠟或中國蟲蠟。蟲蠟是白蠟蟲分泌在所寄生的女貞樹或白蠟樹樹枝上的蠟質，將這種分泌物從樹上刮下來後，用熱水熔化，取出蠟，再熔化並經過濾精製而得。蟲蠟外觀為白色至淡黃色，質硬而脆，熔點高，有光澤，在化妝品中可用於製造眉筆等美容類化妝品。

4. 羊毛脂（Lanolin）

羊毛脂是一種複雜的混合物，主要由高分子脂肪酸和脂肪醇化合而生成的酯類，還含有少量游離脂肪酸和醇。羊毛脂是毛紡行業從洗滌羊毛的廢水中萃取出來的一種帶有強烈臭味的黑褐色膏狀黏稠物，經過脫色、脫臭精製後，可製成色澤較淺的黃色半透明軟膏狀半固體。精製羊毛脂有特殊氣味，可溶於苯、乙醚中，但不溶於水。羊毛脂可使皮膚柔軟、潤滑，並能防止皮膚脫脂，可廣

泛應用於化妝品中，是膏霜類化妝品的主要成分。

礦物油脂、蠟

1. 液體石蠟（Liquid petrolatum）

液體石蠟又稱白油或石蠟油，是從石油分餾並經脫蠟、碳化等處理後得到的一種無色、無味、透明的黏稠狀液體，主要成分為 16 到 21 個碳原子的正異構烷烴的混合物。對於皮膚無不良作用，在化妝品中主要用於髮油、髮乳、髮蠟等各種膏霜類、乳液製品。

2. 石蠟（Paraffin）

石蠟是從石油中提取出來的礦物蠟，是目前生產最大、應用最為廣泛的一種工業蠟。石蠟是從石油分餾後，包含在潤滑油分餾的各種高分子飽和烴類的混合物，是白色至黃色，略帶透明，無臭無味的結晶狀固體，熔點 50～70℃。石蠟有優良的物理性能和很好的化學穩定性，可用於膏霜類等多種化妝品中。

3. 凡士林（Vaseline, petrolatum）

凡士林是礦脂（petrolatum）和白油（white oil）以適當比例組成的混合物。它是白色或淡黃色的半透明油膏，能溶於氯仿和油類，主要成分為碳鏈範圍 34～60 碳的烷烴和烯烴的混合物，可用於膏霜類產品及髮蠟、唇膏等化妝品中。

合成油脂、蠟（Synthetic oil and wax）

合成油脂、蠟一般是從各種油脂或原料經過加工合成的改進油脂和蠟，不僅組成和原料油脂相似，且保持其優點。通過改進性能後，功能較突出，已廣泛應用於各類化妝品中。主要有角鯊烷、羊毛脂的衍生物等產品。

1. 角鯊烷（Squalane）

角鯊烷是由深海的角鯊魚肝油中取得的角鯊烯加氫反應製得的，為無色透明、無味、無臭和無毒的油狀液體。主要成分為肉豆蔻酸、肉豆蔻脂、角鯊烯

和角鯊烷。根據研究顯示，人體皮膚分泌的皮脂中約含有 10% 的角鯊烯、2.4% 的角鯊烷。所以，角鯊烷對皮膚的刺激性相當低，不會引起刺激和過敏，能使皮膚柔軟，加速其他活性物質向皮膚中滲透。與礦物油相比，其滲透性、潤滑性和透氣性較其他油脂好，能與大多數化妝品原料匹配，可當作高級化妝品的油性原料，例如各類膏霜、乳液、化妝水、口紅、眼線膏、眼影膏和護髮素等。

2. 羊毛脂衍生物（Lanolin derivatives）

精製羊毛脂經分餾、氫化、乙醯化、乙氧基化、烷氧基化和分子蒸餾等加工方法，可產生一系列羊毛脂的衍生物。它們的特性均較羊毛脂優良。如羊毛醇，其色澤潔白，沒有氣味，比羊毛脂吸水性強，更易被皮膚吸收。

第二節　粉質原料

粉類是組成香粉、爽身粉、胭脂和牙膏、牙粉等化妝品的基質原料。一般是不溶於水的固體，經研磨成細粉狀，主要進行遮蓋、滑爽、吸收、吸附及增加摩擦等作用。化妝品中常用的粉質原料主要有無機粉質原料和有機粉質原料，包括天然產的滑石粉、高嶺土等粉類原料；鈦白粉、氧化鋅等氧化物；碳酸鈣、碳酸鎂等不溶性鹽，以及硬脂酸的鎂、鋅鹽等。

▋ 無機粉質原料

1. 滑石粉（Talc, Talcum powder, $3MgO \cdot 4SiO_2 \cdot H_2O$）

滑石粉是粉類製品的主要原料，是白色結晶狀細粉末。優質的滑石粉具有薄層結構，並有和雲母相似的定向分裂的性質，這種結構使滑石粉具有光澤和滑爽的特性。滑石粉的色澤有從潔白到灰色。不溶於水、酸或鹼。滑石粉是天然的矽酸鎂化合物，有時含有少量矽酸鋁。優質滑石粉具有滑爽和略有黏附於皮膚的性質，幫助遮蓋皮膚上的小疤。

2. 高嶺土（Kaolin, $Al_2O_3 \cdot 2SiO_2 \cdot 2H_2O$）

高嶺土也是香粉的主要原料之一。它是白色或接近白色的粉狀物質。它有良好的吸收性能，黏附於皮膚的性能好，有抑制皮脂及吸收汗液的性質，與滑石粉配合使用，能消除滑石粉的閃光性。主要成分是天然的矽酸鋁。化妝品香粉用的高嶺土應該色澤潔白，細緻均勻及不含水溶性的酸或鹼性物質。

3. 膨潤土（Bentonite）

膨潤土又稱皂土，其主要成分為 Al_2O_3 與 SiO_2，為膠體性矽酸鋁，是具有代表性的無機水溶性高分子化合物，不溶於水，但與水有較強的親和力，遇水膨脹到原體積的 8～10 倍。其懸浮液很穩定，尤其 pH 值在 7 以上時，加熱後會失去吸收的水分。易受到電解質影響，在酸、鹼過強時，則產生凝膠。在化妝品中主要用於乳液製品的懸浮劑和粉餅等。

4. 碳酸鈣（Calcium carbonate, $CaCO_3$）

沉澱碳酸鈣是化妝品香粉中應用很廣的一種原料。它不溶於水，可溶於酸。具有吸收汗液和皮脂的性質。碳酸鈣是一種白色無光澤的細粉，有除去滑石粉閃光的功效。碳酸鈣在高溫 825℃ 時分解成氧化鈣和二氧化碳。碳酸鈣有良好的吸收性，製造粉類製品時用它作為香精混合劑。

5. 碳酸鎂（Magium carbonate, $MgCO_3$）

碳酸鎂為無臭、無味白色輕柔粉末，它有很好的吸收性（比碳酸鈣高 3～4 倍）。在化妝品中主要用於香粉、水粉等製品中作為吸收劑。生產粉類化妝品時，常常先用碳酸鎂和香精混合均勻吸收後，再與其他原料混合。因它吸收性強，用量過多會吸收皮脂而引起皮膚乾燥，故一般用量不宜超過 15%。

6. 氧化鋅（Znic oxide, ZnO）和鈦白粉（Titanium dioxide, TiO_2）

它們在化妝品香粉中的作用主要是遮蓋力。氧化鋅對皮膚有緩和的乾燥和殺菌作用。15%～25%的用量能具有足夠的遮蓋力而皮膚又不致太乾燥；鈦白粉的遮蓋力極強，但不易與其他粉料混合均勻，最好與氧化鋅混合使用，可免

此問題，其使用量約在 10%以內。鈦白粉對某些香料的氧化變質有催化作用，選用時必須注意。

7.矽藻土（Diatomite）

矽藻土的化學組成是水合二氧化矽，由天然矽藻加工而成。它是單細胞水生植物矽藻的化石殘留骨架，具有多孔的結構，吸油量高，是廉價的粉體填充劑。在化妝品中主要用於各類粉劑和粉餅，也可用於面膜。

有機粉質原料

1.硬脂酸鋅（Znic stearate, $C_{36}H_{70}O_4Zn$）和硬脂酸鎂（Magnesium stearate, $C_{36}H_{70}O_4Mg$）

這類物質對於皮膚有良好的黏附性能，用於化妝品香粉中可增強黏附性。這兩種硬脂酸鹽色澤潔白、質地細膩，具有油脂般感覺，均勻塗敷於皮膚上可形成薄膜。用量一般為 5%～15%。這類粉劑對皮膚具有潤滑、柔軟及附著性，在化妝品中主要用作香粉、粉餅、爽身粉等粉類製品的黏附劑，以增加產品在皮膚上的附著力和潤滑性，也可作 W/O 型乳狀液的穩定劑。選用硬脂酸鹽時必須注意不能帶有油脂的酸敗臭味，否則會嚴重破壞產品的香氣。

2.聚乙烯粉（Polyethylene）

聚乙烯粉種類較多，有粗粉和微米級的細粉。微米級的細粉很軟，加入化妝品製劑中有光澤、遮蓋力好，呈乳白色。在化妝品中主要用於各類含粉化妝製品。粗粒聚乙烯粉主要用作磨砂粉。

3.纖維素微珠（Cellulose powder）

纖維素微珠組成為三醋酸纖維素或纖維素，是高度微孔化的球狀粉末，類似於海綿球。其質地很軟，手感平滑，吸油性和吸水性很好，化學穩定性極好，可與其他化妝品原料配伍，賦予產品很平滑的感覺。可作為香粉、粉餅、濕粉等粉類化妝品的填充劑，也可作為磨砂洗面乳的摩擦劑，其清潔作用優良，質軟平滑。

4.聚苯乙烯粉（Polystyrene）

聚苯乙烯粉是由純的交聯苯乙烯構成的球形粉末，主要用於粉類和乳液類化妝品。用於粉餅具有很好的壓縮性，可以改善粉類黏著性，且賦予光澤和潤滑感，是代替滑石粉和二氧化矽的高級填充劑。

5.合成蠟微粉（Synthetic wax powder）

合成蠟微粉是合成蠟或合成蠟與玉米穀蛋白用噴霧法製得的微末級微粉，為乳白色可自由流動的粉末，形狀均勻，壓縮性好，對皮膚的附著性好，主要在粉餅、胭脂等產品中用作黏結劑。

第三節　膠質原料

膠質原料大都是水溶性的高分子化合物，它在水中能膨脹成凝膠，應用在化妝品中會產生多種功能作用：如使固體粉質原料黏結成形而用作黏合劑；可對乳狀液或懸浮液起穩定作用而作為乳化劑、分散劑或懸浮劑；此外，還具有增稠或凝膠化作用及成膜性、保濕性和穩泡性等，因而成為化妝品的重要原料之一。

化妝品中所用的水溶性高分子化合物主要分為天然的和合成的兩大類。天然水溶性高分子化合物（澱粉、植物樹膠、動物的明膠等）的質量不穩定，易受到氣候、地理環境的影響，還易受細菌、黴菌的作用而變質，且產量也有限。合成的水溶性高分子化合物（聚乙烯醇、聚乙烯吡咯烷酮等）性質穩定，對皮膚刺激性低，且價格低廉，所以逐漸取代了天然水溶性高分子化合物而成為膠質原料的主要來源。但由於天然水溶性高分子化合物獨有的「純天然」特性，故在化妝品中仍占有相當重要的地位。

◎天然水溶性高分子化合物

1. 澱粉（starch）

　　澱粉是碳水化合物，為白色無味細粉，是從植物的種子或塊莖經過磨細、過篩、乾燥等程式製成的。不溶於冷水，但在熱水中能形成凝膠。在化妝品中可作為香粉類產品中的一部分粉劑原料及胭脂中的膠合劑和增稠劑。其結構式為：

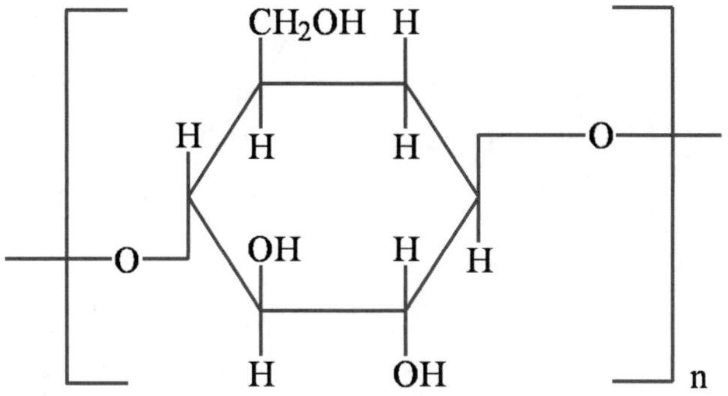

2. 果膠（Petcin）

　　果膠廣泛存在於水果中，是一種多糖類膠，一般為白色粉末或糖漿狀的濃縮物，在適當的條件下能凝結成膠凍狀。在化妝品中可用作乳化製品的穩定劑，也可作為化妝水、面膜、酸性牙膏的黏膠劑。其結構式為：

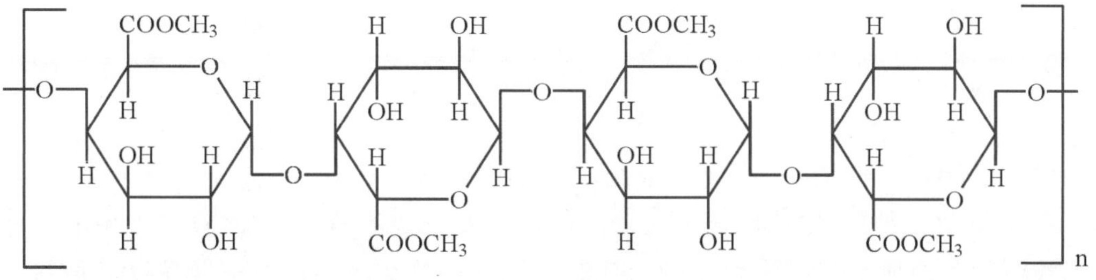

3. 黃原膠（Xanthan Gum）

　　黃原膠又名漢生膠，是從一種稱為黃單胞桿菌屬的微生物經人工培養發酵而製得的。是一種相對分子質量較高（超過 100 萬 datlon）的天然碳水化合物，

為乳白色粉末。黃原膠具有良好的假塑性（水溶液很像塑膠）、流變性及配伍性質，故在化妝品中多當作髮乳的原料，或適合於作為酸性或鹼性製品的膠合劑或增稠劑。

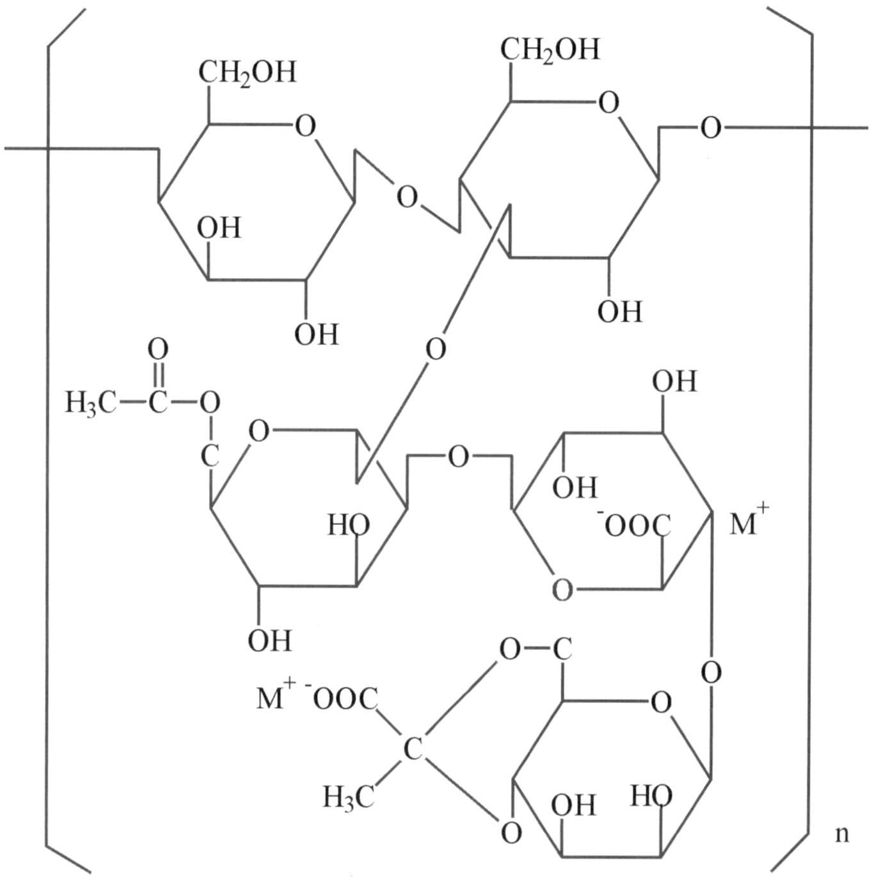

$$M^+ = \text{Na, K, or } 1/2\text{Ca}$$

4.瓊脂（Agarose）

瓊脂是一種複雜的水溶性多糖化合物，是從紅海藻的某些海藻中萃取的親水性膠體，為無氣味或稍有特徵氣味的半透明白色至淺黃色的薄膜帶狀或碎片，也可呈顆粒及粉。其口感黏滑，不溶於冷水，但可溶於沸水，慢慢地溶於熱水。質量分數為 1.5%的瓊脂溶液在 32～39℃溫度之間可凝結成堅實而有彈性的凝膠，生成的凝膠在85℃以下不溶化。此外，瓊脂能吸收大量的水並發生溶脹，

當濃度百分比為 5%～10% 時就具有高的黏度。瓊脂主要用作膠凝劑、乳化劑、分散劑、膠體穩定劑和絮凝劑。在化妝品中用於製備防止皮膚乾裂和凝膠類製品，也可用作增稠劑。在化妝品的微生物檢驗中，瓊脂用以製備培養基。

5.鹿角菜膠（Carrageenin）

鹿角菜膠是從鹿角菜或愛爾蘭苔等海藻中萃取製得的膠類，為黃色或棕色粉末，無臭、有膠水味。在化妝品中，作為粉餅的黏膠劑，也可在乳液製品中當作增稠劑和懸浮劑。

6.海藻酸鈉（Sodium alginate）

海藻酸鈉存在於海帶和裙帶菜等褐藻類中，由這類海藻可與鹼共煮後分離難溶性的鈉鹽而得。其結構式為：

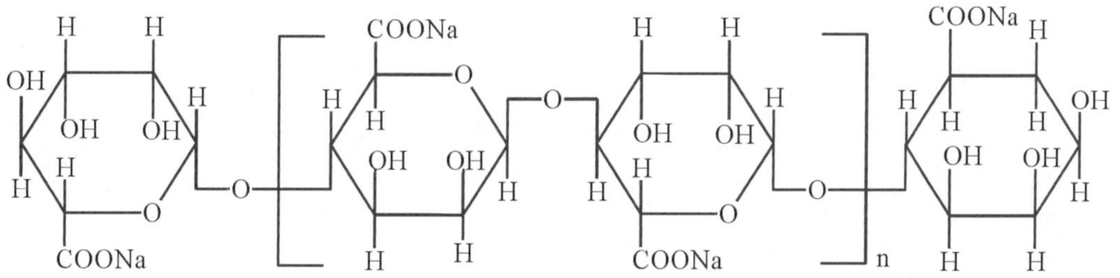

它是天然水溶性高分子化合物用途較為廣泛的一種褐藻膠，為白色、淡黃色的無味、無廷粉末。水溶液為無色、無味、無臭透明黏稠液體，黏度較高，當褐藻酸鈉溶液乾燥，就形成透明的薄膜。褐藻酸鈉用於食品工業中，可製造果凍製品。在化妝品中，主要用作增稠劑、穩定劑、成膜劑。

7.刺梧桐樹膠（Karaya gum）

刺梧桐樹膠是從產自印度、菲律賓的一種樹汁中提取得到的，為白色或微棕色粉末，在水中膨脹成凝膠，可作黃耆膠的代用品，在化妝品中可用作髮乳、指甲油等的原料。

8.黃耆膠（Tragacanth gum）

黃耆膠是從豆科膠黃耆及其同屬類植物的皮部裂口中分泌黏液的凝聚物。為白色至淺黃色半透明角質薄片，無臭、無味，是一種很好的膠合劑及增稠劑。一般常與阿拉伯樹膠合併使用，在化妝品中可用作粉底製品的黏合劑，也用於乳髮等製品。

9.阿拉伯樹膠（Arabic gum）

阿拉伯樹膠是最早應用於化妝品的一種黏膠劑，是從非洲、阿拉伯等地的膠樹上得到的一種樹膠，為淡黃色、無色或不透明的琥珀色。有各種形狀的樹脂狀固體，在化妝品中可作為助乳化劑和增稠劑。在指甲油中常作為成膜劑，在髮用製品中作為固髮劑，在面膜中作為膠黏劑。

10.明膠（Gelatin）

明膠又稱白明膠，是由牛皮或豬皮等經去脂而製得的動物膠，是一種蛋白質的聚合體。這種呈黃色、無臭、無味的膠體可製成片狀或粉狀，在化妝品中主要用作護膚膏霜、乳液、護髮製品、刮鬍慕絲等製品的增稠劑、成膜劑、乳化劑和乳液穩定劑。

▌半合成水溶性高分子化合物

1. 甲基纖維素（Methyl cellulose, MC）

甲基纖維素簡稱 MC，是一種纖維素醚，主要成分是纖維素的甲醚，是由纖維素的烴基衍生得到的，其結構式為：

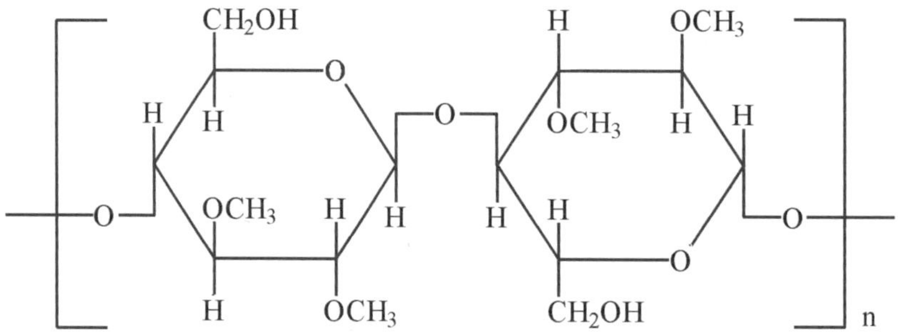

甲基纖維素為白色、無味、無臭纖維狀固體（粉末），它可溶於冷水，但不溶於熱水，在溫水中僅呈膨脹，其水溶液黏度及其溶解度則隨甲基化聚合度大小而不同。MC 能在水中膨脹成透明、黏稠的膠性溶液，其石蕊試紙反應呈中性。水溶液若加熱至 60～70℃，則黏度增加而凝膠，因此凝膠化溫度（稱為凝膠溫度）常隨 MC 濃度及其平均相對分子質量增大而降低。在化妝品中主要作為黏膠劑、增稠劑、成膜劑等。

2.乙基纖維素（Ethyl cellulose, EC）

乙基纖維素簡稱EC，是甲基纖維素的同系物，為白色、無味、無臭的微細粉末，化學性質穩定，不溶於水，但可溶於各種有機溶劑，成膜堅韌。在化妝品中主要作為增稠劑、成膜劑。

3.羧甲基纖維素鈉（Sodium carboxy methyl cellulose, CMC）

羧甲基纖維素鈉簡稱CMC，主要成分是纖維素的多羧甲基醚的鈉鹽。其結構式如下：

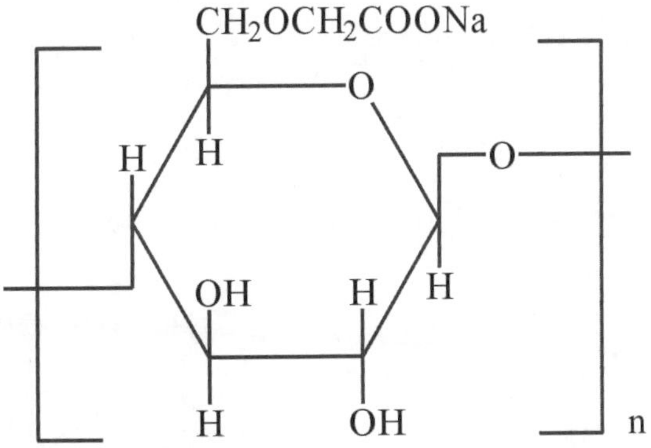

$$CH_2OCH_2COONa$$

CMC 為白色、無味、無臭的粉末或顆粒，容易分散於熱水及冷水中成凝膠狀，在溶液 pH 值介於 2～10 之間穩定，當 pH<2 時會產生沉澱，當 pH>10 時則黏度顯著降低。在化妝品中可當作膠合劑、增稠劑、乳化穩定劑、分散劑等，是應用較廣的水溶性高分子化合物。

4.烴乙基纖維素（Hdroxyethylcellulose, HEC）

烴乙基纖維素簡稱HEC，是由纖維素中的烴基與環氧乙烷進行加成反應所製得：

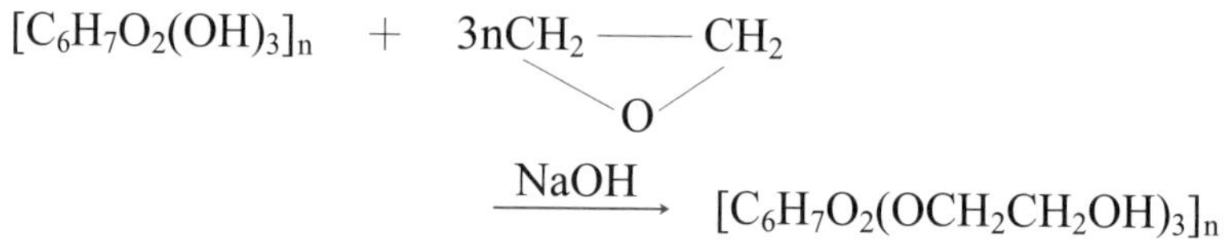

$$[C_6H_7O_2(OH)_3]_n + 3nCH_2 \underset{O}{\overset{}{\text{——}}} CH_2$$

$$\xrightarrow{NaOH} [C_6H_7O_2(OCH_2CH_2OH)_3]_n$$

它是一種非離子的水溶性高分子化合物，為淡黃色、無臭的顆粒狀粉末。對皮膚和眼睛幾乎無毒性、無刺激性，是一種水溶性高效增稠劑和性能優良的膠合劑。由於它是一種非離子聚合物，因此能與各種界面活性劑、溶劑相溶。在化妝品中有著極其廣泛的應用，例如，在護髮乳、香皂中用作增稠劑，可使產品的黏度從液態到凝膠狀；在護膚產品中作為乳液的穩定劑，由於它具有良好的成膜性，在清洗後皮膚表面可形成一種薄膜狀的保護層；在水劑型的化妝品中，HEC 也可用作懸浮劑；在粉劑化妝品中可用它作為黏合劑，如添加了HEC而製得的睫毛油和眼影劑，在卸妝時能很容易地用清水洗掉。此外，在剃鬍膏產品中，又可用它作為泡沫穩定劑。

5.烴丙基纖維素（Hydroxypropyl cellulose, HPC）

烴丙基纖維素簡稱 HPC，是一種非離子纖維素醚，結構式為：

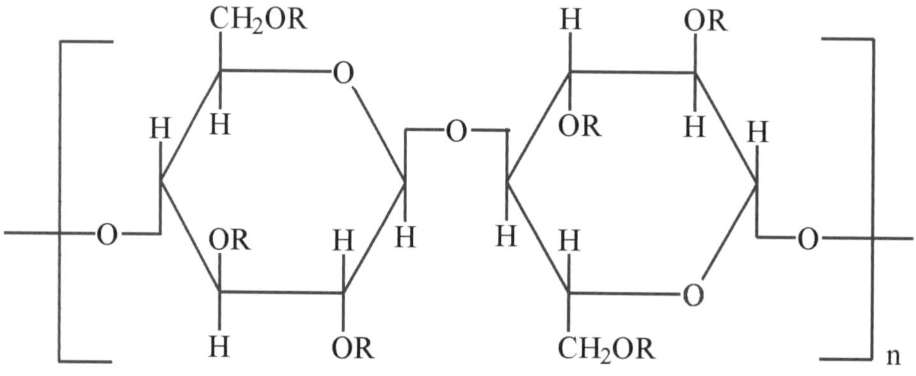

（R＝H 或 $\left[\text{CH}_2-\text{CH}(\text{CH}_2)-\text{O}\right]$ H；n 為大於 1 的整數）

HPC 為無味、無臭的白色粉末，其熱塑性、成膜性好。在化妝品中，主要用作香皂、浴液、乳液和護髮劑等製品的分散劑、穩定劑和成膜劑等。

6.陽離子纖維素聚合物（Cationic cellulose polymer）

陽離子纖維素聚合物又稱聚纖維素醚四級銨鹽，是由纖維素或其衍生物進行四級銨化後得到的產物。實際上是一類陽離子界面活性劑，對蛋白質有牢固的附著力，其代表性結構式為：

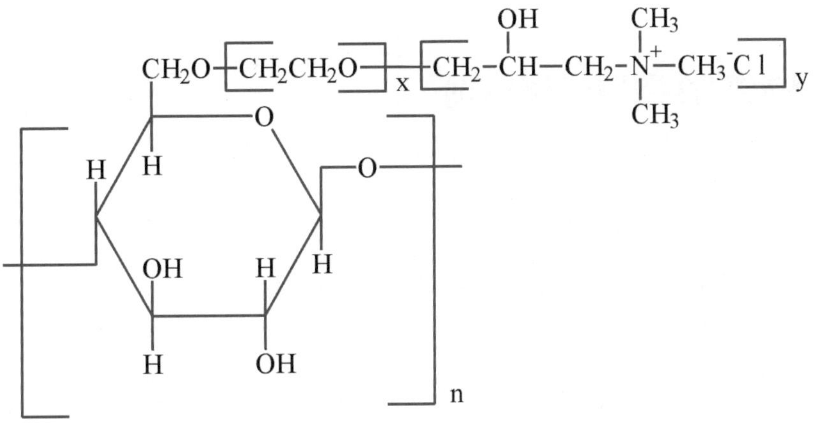

由於它具有從自然、再生資源衍生出來的纖維素為主要成分，因此具有很多優良性質，例如對頭髮和皮膚具有很好的護理調節作用，使頭髮保持光澤，使皮膚表面有一種如絲一般平滑的舒適感，富有彈性，對頭髮的末梢分叉具有修補作用等。此外，陽離子纖維素聚合物與陰離子、兩性和非離子界面活性劑都具有良好的配伍性和相溶性，對人體的皮膚和眼睛無刺激、無過敏性，是安全的。因此，在化妝品中聚纖維素醚四級銨鹽原料廣泛用於護膚和護髮製品，如三合一香皂、護髮素、潤膚乳等。

7.瓜兒膠及其衍生物（Guar gum）

瓜兒膠是一種天然膠，它來自瓜兒樹的瓜豆，其結構為天然聚糖，類似於纖維素膠，可溶於水。若對瓜兒膠分子鏈進行變性，可以產生一系列的衍生物，主要有兩類。

(1)陰離子瓜兒膠：例如，烴丙基瓜兒膠，主要成分是烴丙基半乳甘露聚糖，

外觀為略帶有特徵氣味的淡黃色粉末，具有增稠、穩泡作用，可以與其他界面活性劑配伍，也可與電解質氯化鈉（鈣）配伍，可作O/W型乳狀液的穩定劑。在化妝品中，常用於香皂、潤膚露、護髮乳、霜乳等製品。

(2)陽離子瓜兒膠：它是將瓜兒膠四級銨化後得到的產品，其主要成分為瓜兒膠烴丙基三甲基氯化銨，外觀為淺黃色粉末，具有增稠、調理、抗靜電作用，可與陰離子、兩性和非離子界面活性劑配伍。它無毒、無刺激、無副作用，對頭髮具有良好的調理性，使頭髮柔軟具有光澤。在化妝品中，多用於三合一香皂、護髮乳、護手霜等產品中。

合成水溶性高分子化合物

1. 聚乙烯醇（Polyvinyl alcohol, PVA）

聚乙烯醇簡稱 PVA，其結構式為：

$$\left[\!-CH_2-\underset{\underset{OH}{|}}{CH}-\!\right]_n$$

是將聚酯酚二烯酯經皂化而製得的。產品為白色或淡黃色粉末，化妝品用 PVA 均為其水溶液，PVA 對水溶解性及溶液黏度與其聚合度有很大關係。利用 PVA 的成膜性，在化妝品中可用它當作潤膚劑面膜和噴髮膠等的原料，也可以當作為乳液的穩定劑。

2. 聚乙烯吡咯烷酮（Polyvinyl pyrrolidone, PVP）

聚乙烯吡咯烷酮簡稱 PVP，其結構式為：

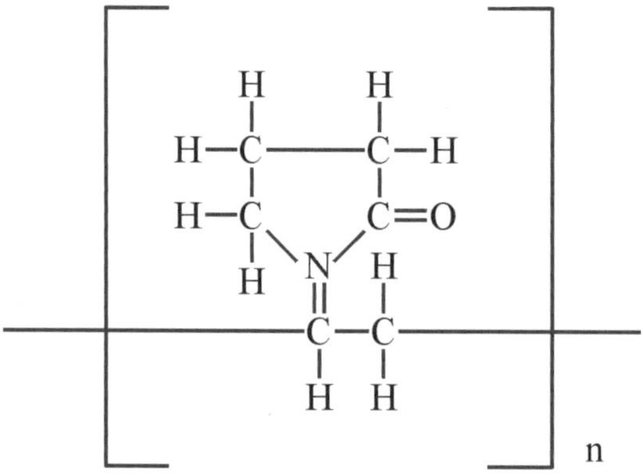

產品為白色或淡黃色無臭、無味粉末或透明溶液,具有良好的成膜性,其薄膜是無色透明的,硬且光亮。PVP 有多種黏度級別,以粉末或水溶液形式供應市場,在化妝品中的應用很廣。例如,在固定髮型產品(慕絲、噴髮膠等)中作成膜劑,在膏霜及乳液製品中作穩定劑。此外,還可作為分散劑、泡沫穩定劑等。

3.丙烯酸聚合物(Polyacrylate polymer)

丙烯酸聚合物是由丙烯酸聚合得到的一種水溶性樹脂,結構式為:

$$\left[CH_2-CH \right]_n$$
$$\overset{|}{COONa}$$

一般為白色無臭粉末,易溶於水,溶液為無色、無臭黏液。溶液若乾燥後,則呈透明韌硬薄膜。在化妝品中有著廣泛的應用,主要用作膏霜、面膜、防曬化妝品、刮鬍膏、護髮染髮等製品的增稠劑、固著劑、分散劑、乳化穩定劑等。

4.聚氧乙烯(Polyoxyethylene oxide, PEO)

聚氧乙烯又稱為聚環氧乙烷,其結構式為 $\left[O-CH_2-CH_2 \right]_n$,當 n=1 時,稱環氧乙烷;n = 200～300 時,稱為聚乙二醇;當 n>300 時,才稱為聚氧乙烯,是一種白色、無臭、穩定的化合物。聚氧乙烯粉末或水溶液對皮膚和眼睛都無刺激。在化妝品中,當作膠合劑、增稠劑和成膜劑使用,可應用於乳霜、刮鬍膏等製品。

■膠性矽酸鎂鋁(Colloid magnesium aluminum silicate)

膠性矽酸鎂鋁是一種天然的無機黏劑,由含有矽酸鎂鋁的礦石精製而得。膠性矽酸鎂鋁是無臭、無味、柔軟的白色薄片或細粉。這類礦物凝膠具有高度的親水性、觸變性和成膠性,還具有較好的增稠性、擴散性、懸浮性和持水保濕性。在化妝品中,可用於香皂、乳液等製品,可以作為羧甲基纖維素鈉的替代品,且價格比羧甲基纖維素鈉低,因此在應用上有較好的經濟效益。

第四節　溶劑原料

　　溶劑是膏狀、漿狀及液體化妝品（如雪花膏、牙膏、冷霜、洗面乳、唇膏、指甲油、香水、花露水等）配方中不可缺少的一類重要組成部分。它在製品中主要是當作溶解作用，與配方中的其他成分互相配合，使製品保持一定的物理性能和劑型。許多固體型化妝品的成分中雖不含有溶劑，但在生產過程中，有時也常需要一些溶劑的配合，如製品中的香料、顏料需藉助溶劑進行均勻分散，粉餅類產品需用些溶劑以幫助膠黏。溶劑除了主要的溶解性能以外，在化妝品中，這類原料還有揮發、潤濕、潤滑、增塑、保香、收斂等作用。

▌水（water）

　　水是化妝品的重要原料，是一種優良的溶劑，水的質量對化妝品產品的質量有重要影響。化妝品所用的水，要求水質純淨、無色、無味，且不含鈣、鎂等金屬離子，無雜質。一般天然水中都含有一定量的雜質，通常把溶有較多鈣離子和鎂離子的水叫做硬水；只溶有少量或不含鈣離子和鎂離子的水叫做軟水。如果水的硬度是由碳酸氫鈣或碳酸氫鎂所引起的，這種硬度叫做暫時硬度。具有暫時硬度的水經過煮沸後，水裡所含的碳酸氫鈣和碳酸氫鎂就會分解為難溶物質沉澱析出，水的硬度可以降低。如果水的硬度是由鈣和鎂的硫酸鹽或氯化物所引起的，這種硬度叫做永久硬度。永久硬度不能用加熱的方法軟化。天然水大多同時具有暫時硬度和永久硬度。使用離子交換樹脂進行離子交換，是使硬水軟化的一種較好的方法。離子交換樹脂是一種人工合成的高分子聚合物，分子中具有酸性或鹼性化學活性基團，在活性基團上的離子能夠與水溶液中的同性離子發生交換作用。離子交換樹脂可分為陰離子交換樹脂和陽離子交換樹脂，在製作去離子水時，必須將水中的陽離子、陰離子都去除，因此要同時使用陰、陽離子交換樹脂。

醇類

1. 乙醇（alcohol）

乙醇又稱酒精，分子式為 C_2H_5OH，是無色、易揮發、易燃的透明液體，有酒的香味，沸點 78.3℃。乙醇是一種性能優良的溶劑，還具有滅菌、收斂等作用，70%酒精溶液可作消毒劑。在化妝品生產中，利用其溶解、揮發、滅菌和收斂等特性，廣泛用於製造香水、花露水、髮露等的主要原料。

2. 異丙醇（isopropanol）

異丙醇的分子式$(CH_3)_2CHOH$，為無色、可燃、具有丙酮芳香的透明液體，沸點 82.4℃，稍有殺菌作用。可替代酒精用於化妝品中，當作溶劑和指甲油中的偶聯劑。

3. 正丁醇（butanol）

正丁醇的分子式 $CH_3(CH_2)_3OH$，為無色透明、具有芳香味的揮發性液體，易燃，沸點 117～118℃。在化妝品中，是製造指甲油等的原料。

4. 戊醇（Pentanol）

戊醇的分子式 $CH_3(CH_2)_4OH$，為無色液體，沸點。在化妝品中，當作指甲油的偶聯劑。

酮類

1. 丙酮（Acetone）

丙酮分子式為 CH_3COCH_3，為無色、有特殊氣味的透明液體，易揮發、易燃，沸點 56.5℃，是一種很重要的有機溶劑。但它有毒（毒性中等），在化妝品當作指甲油去除劑的原料，亦為油脂、蠟等的溶劑。

2. 丁酮（Methyl ethyl ketone）

　　丁酮又稱甲基乙基甲酮，分子式為 $CH_3COCH_2CH_3$，為無色透明液體，具有丙酮氣味，易揮發。易燃，沸點 79.6℃，可與丙酮合並使用。在化妝品中，可當作油脂、蠟等的溶劑，用在指甲油等製品中。

◎醚、酯類

1. 二乙二醇單乙醚（Ethylene glycol monoethyl ether）

　　二乙二醇單乙醚分子式為 $HOC_2H_4OC_2H_4OC_2H_5$，為無色透明、具有芳香氣味的液體，沸點 195℃，可作為染料、樹脂的溶劑。在化妝品中，用於指甲油等製品。

2. 乙酸乙酯（Ethyl acetate）

　　乙酸乙酯又稱醋酸乙酯，分子式為 $CH_3COOC_2H_5$，具有香蕉芳香，故俗稱香蕉水。為無色、無毒液體，易揮發，易燃，沸點 77.06℃，在水中分解呈醋酸氣味，能溶解多種有機物。其蒸氣對皮膚黏膜具有刺激性，它的最大容許濃度（Maximum Allowable Concentration，簡稱 MAC）為 4×10^{-4}。在化妝品中，是製造指甲油的重要溶劑。

3. 乙酸丁酯（Butyl acetate）

　　乙酸丁酯分子式為 $CH_3COOC_4H_9$，為無色透明、具有果實芳香的液體，易燃，沸點 126.6℃。其蒸氣對皮膚具有刺激性，最大容許濃度 MAC 為 2×10^{-4}。在化妝品中，主要用於指甲油，作為調節指甲油揮發速度的溶劑，亦是油脂、蠟等的溶劑。

4. 乙酸戊酯（Amyl acetate）

　　乙酸戊酯分子式為 $CH_3COOC_5H_{11}$，為無色、透明中性油狀液體，具有梨和香蕉芬芳氣味，沸點 148℃，與丙酮混合有適當揮發速度，作為硝化纖維溶劑。在化妝品中，應用於指甲油等製品。

芳香族溶劑

1. 甲苯（methylbenzene）

甲苯分子式為 $CH_3C_6H_5$，為無色液體，易揮發，易燃，有臭味，沸點 110.7℃，能溶解多種有機物及油脂，有毒（毒性小於苯）。在化妝品中，可當作指甲油的溶劑。

2. 二甲苯（xylene）

二甲苯分子式為$(CH_3)_2C_6H_5$，為無色透明液體，易燃性能同甲苯，揮發性較甲苯差，有毒，沸點 137～143℃。在化妝品中，當作指甲油的溶劑。芳香族類溶劑（甲苯、二甲苯等），其毒性較高（MAC 為 35×10^{-6}）。在化妝品應用中，嚴禁在皮膚上使用，僅允許用於非皮膚上使用的化妝品中，如指甲油。

3. 鄰苯二甲酸二乙酯（Diethyl phthalate）

鄰苯二甲酸二乙酯及其同系物鄰苯二甲酸二丁酯，在化妝品中主要當作指甲油等增溶劑及香料保留劑。

習題

1. 化妝品原料可分為哪幾類？
2. 什麼是基質原料？
3. 油質原料可分為哪幾類？常用約有哪些？
4. 何謂粉質原料？請舉例數種粉質原料應用在化妝品中的實例及成分？
5. 膠質原料可以分成幾類？在化妝品中扮演什麼角色？
6. 溶劑原料在化妝品中的作用為何？可以區分成哪些種類？

第 8 章

化妝品添加劑㈠
膠體和界面
活性劑

第一節　體膠
第二節　界面活性劑

第一節　膠體

在工農業生產和日常生活中遇到的物質往往並非純淨物，而是一種或幾種物質分散在另一種物質裡形成的混合物。這種混合物叫做分散系。其中分散成微粒的物質叫做分散質；微粒分布在其中的物質叫做分散劑。對溶液來說，溶質是分散質，溶劑是分散劑，溶液是一種分散系。還有一種分散系與溶液在性質上有很大的差異，如水滴分散在空氣中形成雲霧，某些金屬氧化物分散在玻璃態物質裡形成有色玻璃等，人們稱這些體系為膠體體系。本節主要介紹膠體和膠體的重要性質。

膠體

膠體（gel）也是一種分散系，在這種分散系裡，分散質微粒直徑的大小介於溶質分子或離子的直徑（一般小於 10^{-9} 米）和懸濁液或乳濁液微粒的直徑（一般大於 10^{-7} 米）之間。一般地說，分散質微粒的直徑大小在 $10^{-9} \sim 10^{-7}$ 米之間的分散系叫做膠體。人們常根據膠體粒子大小介於 $10^{-9} \sim 10^{-7}$ 米之間這一特點，把混有離子或分子雜質的膠體溶液放進用半透膜製成的容器內，並把這個容器放在溶劑中，讓分子或離子等較小的微粒透過半透膜，使離子或分子從膠體溶液裡分離出來，以淨化膠體。這樣的操作叫透析。應用透析的方法可精煉某些膠體。

膠體的種類很多，按照分散劑的不同，可分為液溶膠、氣溶膠和固溶膠。分散劑是液體的叫做液溶膠（也叫溶膠），例如，實驗室裡製備的 $Fe(OH)_3$ 和 AgI 膠體都是液溶膠。分散劑的氣體形態，叫做氣溶膠，例如，霧、雲、煙等都是氣溶膠；分散劑是固體形態的，叫做固溶膠，例如煙水晶、有色玻璃等都是固溶膠。

日常生活裡經常接觸和應用的膠體，有食品中的牛奶、豆漿、粥，用品中的塑膠、橡膠製品，建築材料中的水泥等。化妝品 90% 以上均為膠體分散系。

• 雪花膏是一種以油脂、蠟分散於水中的分散系。

- 冷霜是將水分散於油脂、蠟中的分散系。
- 牙膏是以固體細粉為主懸浮於膠性凝膠中的一種複雜分散系。
- 水溶性香水是採取增溶方法將芳香油分散於水中的透明液體。
- 香粉蜜是利用保護膠體的作用使細粉懸浮在水溶液中的分散系。
- 香皂和刮鬍膏實質上是肥皂或各種洗滌劑溶解於水的膠體溶液或膠性凝膠。
- 唇膏、胭脂膏和指甲油是將顏料分散於液體或半固體蠟類的分散系。
- 香粉可以說是細粉中含有大量空氣或固體細粉。
  此外，化妝品的許多原料都是以膠體形態存在的。

膠體的性質

1. 丁達爾現象（Tyndall J Phenomenon）

如果讓光束透過膠體，從側面可看到膠體內形成一條明亮的光帶。這是由於膠體微粒對光線的散射而形成的，這種現象叫做丁達爾現象。當光束照到一般溶液時，由於溶液中粒子的直徑小於 10^{-9} 米，光在粒子上的散射太弱，就不容易看到光束通過溶液的途徑，但可以用這種方法鑑別膠體和溶液。

2. 布朗運動（Brownian Movement）

1827 年，英國植物學家布朗把花粉懸浮在水裡，用顯微鏡觀察，發現花粉的小顆粒做不停的、無秩序的運動，這種現象叫做布朗運動。用超顯微鏡觀察溶膠，可見膠體微粒也在進行布朗運動。因為水分子（或分散劑分子）從各方面撞擊膠體微粒，而每一瞬間膠體微粒在不同方向受的力不同，所以膠體微粒運動的方向每一瞬間都在改變，因而形成不停的無秩序的運動。

3. 電泳現象（Electrophoresis）

在一個 U 形管裡裝有紅褐色 $Fe(OH)_3$ 膠體（如右圖），從 U 形管的兩個管口各插入一個電極。通直流電後，發現陰極附近的顏色逐漸變深，陽極附近的顏色逐漸變淺。

這表明 $Fe(OH)_3$ 膠體帶正電荷，在電場的影響下，

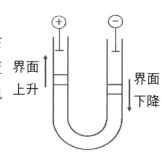

向陰極移動。如果 U 形管裡裝放硫化砷膠體溶液，通電後陽極一端顏色變深。這表明硫化砷膠體微粒帶負電荷，因受電場的影響而向陽極移動。

電泳現象證明了膠體的微粒是帶有電荷的。由於膠體的微粒有很大的表面積，所以具有較強的吸附能力。不同的膠體微粒吸附不同電荷的離子。有些膠體的微粒吸附陽離子；有些膠體吸附陰離子。一般說來，金屬氫氧化物、金屬氧化物的膠體微粒吸附陽離子，膠體微粒帶正電荷；非金屬氧化物、金屬的硫化物的膠體微粒吸附陰離子，膠體微粒帶負電荷。因為膠體的微粒是帶電的粒子，所以，在電場的作用下，發生了定向運動，產生了電泳現象。

4.膠體的凝聚（Agglomerate of gel）

影響膠體凝聚的因素很多，如電解質的作用，溫度的變化，帶相反電荷膠體的作用。在這些因素中，最重要的是電解質的作用。

(1)電解質的凝聚作用：由於同一種膠體微粒帶有相同的電荷，膠體的微粒相互排斥。在一般情況下，膠體的微粒不容易聚集，因而膠體是比較穩定的分散系，可以保存較長的時間。但是，如果往某些膠體裡加入少量的電解質，由於電解質解離生成的陽離子或陰離子中和了膠體微粒所帶電荷，使膠體的微粒聚集成較大的顆粒，形成沉澱，從分散系裡析出，這個過程叫做凝聚。例如，在 $Fe(OH)_3$ 膠體裡加入 $MgSO_4$ 溶液後膠體變成渾濁狀態，這說明膠體微粒發生了凝聚作用。因為 $MgSO_4$ 溶液中的 SO_4^{2-} 離子跟 $Fe(OH)_3$ 膠體裡的微粒所帶電荷發生了電中和，而使膠體的微粒聚集成為沉澱析出。

(2)膠體的相互凝聚作用：將兩種電性相反的膠體以適當的量相互混合時，由於電性相互中和，即能發生凝聚作用，這種凝聚稱為膠體的相互凝聚。實際上要達到完全凝聚，必須使其中一種膠體微粒的電荷總量要正好中和另一種膠體的異電荷總量，否則可能不發生凝聚或凝聚不完全。在日常生活中經常看到膠體的相互凝聚。例如，明礬的淨水作用就是利用明礬 $KAl(SO_4)_2 \cdot 12H_2O$，在水中水解成帶正電荷的 $Al(OH)_3$ 溶膠使帶負電荷的膠體污物凝聚，在凝聚時生成絮狀沉澱物又能夾帶一些機械雜質，達到淨水的目的。

(3)溫度的作用：將膠體加熱，也可使膠體發生凝聚作用。溫度升高，分子的布朗運動加劇，膠體之間碰撞次數也增加，加速它的自動聚沉作用，而使膠體的穩定性降低，發生凝聚。

第二節 界面活性劑

◢ 界面活性劑的概念與定義

　　隨著社會與科學的進步，人們對健康美麗的嚮往更為顯著。化妝品已成為日常生活的必需品，它的社會地位也越來越重要。如今，化妝品的種類形態不勝枚舉，但均是利用界面活性劑的性能製造而成的。例如，利用界面活性劑的乳化性能乳化製取霜膏、露液；利用其增溶性能對化妝水的香料、油分、藥劑等進行增溶；利用其分散性能對口紅等美容化妝品的顏料進行分散。此外，界面活性劑還有清潔洗滌、柔軟去靜電、潤濕滲透等性能。因此，界面活性劑是化妝品不可缺少的原料，廣泛地應用於化妝品生產中。表 8-1 為化妝品中界面活性劑的作用。

表 8-1　化妝品中界面活性劑的作用

化妝品	乳化	增溶	分散	洗滌	起泡	潤滑	柔軟	抗靜電
膏霜（Cream）	○	○	○			○	○	
乳液（Emulsion）	○	○	○					
香皂（Soap）	○	○		○	○		○	○
護髮劑（Haircare agent）	○	○				○	○	○
化妝水（Lotion）	○	○						
香水（perfume）	○	○						
香粉、粉底（Facepowder and Foundation cream）	○		○					
牙膏（Toothpaste）	○		○	○	○			
慕絲（Mousse）	○	○			○	○	○	

界面活性劑（surfactant）是一種具有特殊結構的化學分子，它的一端具有相對的親水性基（hydroplilic group），另一端則具有相對的疏水性基（親油性基，hydrophobic group），而且其親水性的極性基和親油性的非極性基的強度必須有一適當的平衡。由於這樣子的結構，它在水中或油中的溶解度都不會很大。因此容易在溶液的表面或水相油相的界面做較大密度的吸附，造成表面張力的顯著減少，使溶液的表面或界面活性化，而擁有濕潤性、滲透性、乳化性、起泡性、消泡性、洗滌性等等不同特性。

HLB 值（Hydrophilic lipophilic balance）的定義

界面活性劑分子結構中具有親水性及親油性基，可利用親水性的極性基和親油性的非極性基的強度之間的平衡，進行化妝品中的乳化作用。通常，親水性和親油性的平衡值是以 HLB 值來表示。HLB 值是由分子的化學結構、極性強弱或分子中的水合作用所決定。

HLB 值計算上，為 HLB $= 20 \times (MH/(MH+ML))$，其中 MH 為親水基的重量，ML 為親油基的重量。以界面活性劑作為乳化劑時，HLB 值表示該乳化劑同時對於水和油相對吸引作用強弱。HLB 值愈高表示它的親水性強；反之，HLB 值愈低，表示它的親油性強。根據 HLB 值的作用可以預測乳化劑的性能。圖 8-1 顯示了不同的 HLB 值對界面活性劑的狀態、用途的影響。常用乳化劑的 HLB 值如表 8-2 所示。

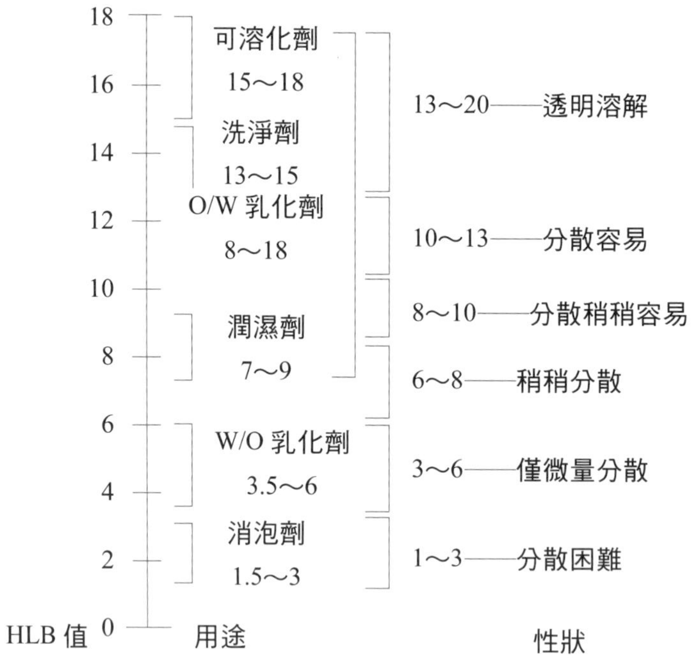

圖 8-1　界面活性劑的 HLB 值對其性狀、用途的影響

表 8-2　常用乳化劑的 HLB 值

化學名稱	商品名	HLB 值
失水山梨醇三油酸酯（Sorbitan Trioleate）	Span 85	1.8
失水山梨醇三硬脂酸酯（Sorbitan Tristearate）	Span 65	2.1
聚氧乙烯山梨醇蜂蠟衍生物 （Polyoxyethylene Sorbitol derivatives）	Atlas G-1704	3.0
失水山梨醇單油酸酯（Sorbitan Monooleate）	Span 80	4.3
失水山梨醇單硬脂酸酯（Sorbitan Monostearate）	Span 60	4.7
單硬脂酸甘油酯（Monostearate Glyceride）	Aldo 28	3.8～5.5
失水山梨醇單棕櫚酸酯（Sorbitan Monopalmitate）	Span 40	6.7
失水山梨醇單月桂酸酯（Sorbitan Monolaurate）	Span 20	8.6
聚氧乙烯失水山梨醇單硬脂酸酯 （Polyoxyethylene Sorbitan Monostearate）	Tween 61	9.6
聚氧乙烯羊毛脂衍生物 （Polyoxyethylene Lanolin derivatives）	Atlas G-1790	11.0
聚氧乙烯月桂醇醚（Polyoxyethylene Lauryl Ether）	Atlas G-2133	13.1

化學名稱	商品名	HLB 值
聚氧乙烯失水山梨醇單硬脂酸酯 （Polyoxyethylene Sorbitan Monostearate）	Tween 60	14.9
羊毛醇酯衍生物（Lanolin Alcohol derivatives）	Atlas G-1441	14.0
聚氧乙烯失水山梨醇單油酸酯 （Polyoxyethylene Sorbitan Monooleate）	Tween 80	15.0
聚氧乙烯單硬脂酸酯 （Polyoxyethylene Monostearate）	Myri 49	15.0
聚氧乙烯十八醇醚（Polyoxyethylene Stearyl Ether）	Atlas G-3720	15.3
聚氧乙烯油醇醚（Polyoxyethylene Oleyl Ether）	Atlas G-3920	15.4
聚氧乙烯失水山梨醇單棕櫚酸酯 （Polyoxyethylene Sorbitan Monopalmitate）	Tween 40	15.6
聚氧乙烯氧丙烯硬脂酸酯 （Polyoxyethylene Oxypropylene Stearate）	Atlas G-2162	15.7
聚氧乙烯單硬脂酸酯 （Polyoxyethylene Monostearate）	Myri 51	16.0
聚氧乙烯單月桂酸酯 （Polyoxyethylene Monolaurate）	Atlas G-2129	16.3
聚氧乙烯醚（Polyoxyethylene Ether）	Atlas G-3930	16.6
聚氧乙烯失水山梨醇單月桂酸酯 （Polyoxyethylene Sorbitan Monolaurate）	Tween 20	16.7
聚氧乙烯月桂醚（Polyoxyethylene Lauryl Ether）	Brij 35	16.9
＊油酸鈉（油酸的 HLB ＝ 1）　（Sodium Oleate）		18.0
聚氧乙烯單硬脂酸酯 （Polyoxyethylene Monostearate）	Atlas G-2159	18.8
＊油酸鉀（Potassium Oleate）		20.0
＊月桂醇硫酸鈉（Sodium Lauryl Sulfate）	K_{12}	40.0

＊為陽離子界面活性劑，其餘全部為非離子型界面活性劑；Span 為失水山梨醇脂肪酯類型乳化劑；Tween 是聚氧乙烯失水山梨醇脂肪酸酯類型乳化劑；Atlas 是聚氧乙烯脂肪醇醚類型乳化劑。

● 臨界膠體濃度（Critical micelle concentration, CMC）

當表面活性劑在溶液中達到某一個濃度以上時，即形成微胞構造的集中體大量的分散在水中（或油中），這稱為臨界膠體濃度（CMC值），一般來說，親油性的烷基愈長時，其CMC值愈小。在水溶液中，界面活性劑形成的微胞會將極性基朝外（因水本身具有極性），而將非極性基集中於內部，因此微胞的內部即具有可溶解油類的作用（溶化作用）。上述吸附現象所引起的洗淨係將油類乳化而洗淨，微胞現象所引起的洗淨則是將油類溶化而洗淨，兩者的洗淨機構不太一樣。同樣的，吸附結果所造成的粉體分散現象，是靠界面活性劑將粉體表面改質而改善其分散性，但由微胞所引起的分散性，則是將非極性物質溶化於水中的微胞內部，使其分散穩定，所以分散機構不同。

一般而言，界面活性劑的效果在CMC值以上的濃度時表現要好很多。如圖8-2所示，陽離子界面活性劑十二醇硫酸鈉（$C_{12}H_{25}OSO_3Na$）水溶液的一些物理化學性質，如去污能力、增溶能力、溶解度、表面張力、滲透壓、導電的當量與油相的界面張力等物理化學性質會隨濃度的變化而有一個轉折點，大約為0.008 mol/L 左右的範圍，此為十二醇硫酸鈉的 CMC。當濃度大於此 CMC 時，

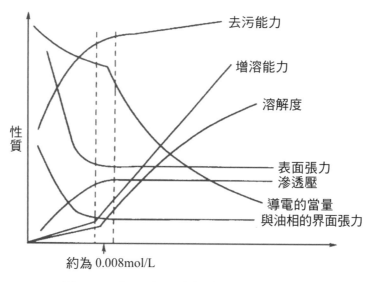

約為 0.008mol/L

圖 8-2　十二醇硫醇鈉的 CMC 濃度值

界面活性劑的效果較佳。故掌握界面活性劑的CMC值對於正確使用界面活性劑很有幫助。

界面活性劑的結構及分類

　　界面活性劑是一種有機化合物。其分子結構具有兩種不同性質的基團：一種是不溶於水的長碳鏈烷基，稱為親油基（hydrophobic group）；一種是可溶於水的基團，稱為親水基（hydroplilic group）。因此，表面活性劑對水油都有親和性，能吸附在水油界面上，降低二相間的表面張力。

　　界面活性劑大多兼有保護膠體和電解質的性質，例如肥皂在水溶液中具有保護膠體和電解質的雙重性質。我們知道，酸、鹼、鹽類電解質溶解在水裡，解離成等價的陰離子及陽離子兩種離子。酸根，如硫酸根 SO_4^-，鹼根，如氫氧根 OH^- 都是陰離子；氫離子 H^+，重金屬離子，如鉀離子 K^+ 都是陽離子。界面活性劑也是電解質，在水中同樣離解成陰、陽兩種離子。其中能夠產生界面活性（就是發生作用的部分）的官能基是陰離子時叫做「陰荷劑」；是陽離子時叫做「陽荷劑」。此外，還有不起離解作用的助劑，它的水溶性由分子中的環氧乙烷基—$CH_3 \cdot O \cdot CH_2$—所產生，這一類界面活性劑叫做「非電離劑」。

　　界面活性劑按其是否在水中離解以及離解的親油基團所帶的電荷可分為陽離子型界面活性劑、陰離子型界面活性劑、兩性型界面活性劑及非離子型界面活性劑等類型，詳細分類情況如表 8-3 所示，以下針對此四類型進行介紹：

(1)陽離子型界面活性劑（Cationic surfactant）：例如，高碳烷基的一級、二級、三級和四級銨鹽等，陽離子活性劑在水中離解後，它的親水性部分（hydroplilic group）帶有正電荷，例如：陽離子界面活性劑烷基三甲基氫化銨溶於水時的圖解（圖 8-3 所示）。其特點是具有較好的殺菌性與抗靜電性，在化妝品中的應用是柔軟去靜電。

(2)陰離子型界面活性劑（Anionic surfactant）：例如，脂肪酸皂、十二烷基硫酸鈉等，陰離子活性劑在水中離解後，它的親水性部分（hydroplilic group）帶有負電荷，例如，陰離子界面活性劑烷基磺酸鈉溶於水時的圖解（圖 8-4 所示）。其特點是洗淨去污能力強，在化妝品中的應用主要是清潔洗滌作用。

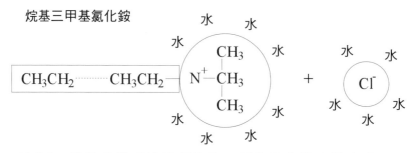

圖 8-3　陽離子界面活性劑烷基三甲基氯化銨溶於水時

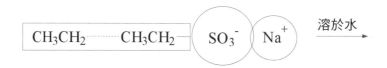

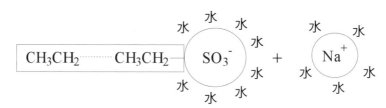

圖 8-4　陰離子界面活性劑烷基磺酸鈉溶於水時

(3)兩性型界面活性劑（Amphoteric surfactant）：例如，椰油醯胺丙基甜菜鹼、咪唑啉等，其特點是具有良好的洗滌作用且比較溫和，常與陰離子型或陽離子型界面活性劑搭配使用。大多用於嬰兒清潔用品、洗髮劑。

(4)非離子型界面活性劑（Nonionic surfactant）：包括失水山梨醇脂肪酸酯（Span）及環氧乙烷加成物（Tween）。例如，失水山梨醇單硬脂酸酯（Sorbitan Monostearate, Span 60）和聚氧乙烯失水山梨醇單硬脂酸酯（Polyoxyethylene Sorbitan Monostearate, Tween 60），其特點是安全溫和，無刺激性，具有良好的乳化、增溶等作用，在化妝品中應用最廣。

　　除了上面幾種按離子形式分類的界面活性劑外，還有天然的界面活性劑，如羊毛脂、卵磷脂以及近年來迅速發展的生物界面活性劑，如槐糖脂等。

表 8-3　界面活性劑按離子類型的分類

類型	種類	分子式	代表物質
陰離子界面活性劑	脂肪酸鹽	RCOOM	月桂酸鈉 $C_{12}H_{23}COONa$
	烴基硫酸鹽	$ROSO_3M$	月桂醇硫酸鈉 $C_{12}H_{23}OSO_3Na$
	烴基磺酸鹽	RSO_3M	α-烯基磺酸鹽 $RCH = CHCH_2SO_3H$
	烴基磷酸鹽	$ROPO_3M$	單十二烷基磷酸三乙醇胺 $C_{12}H_{25}PO_3NH(CH_2CH_2OH)_3$
陽離子界面活性劑	四級銨鹽	$R4N^+X^-$	十二烷基二甲基苄基氯化銨 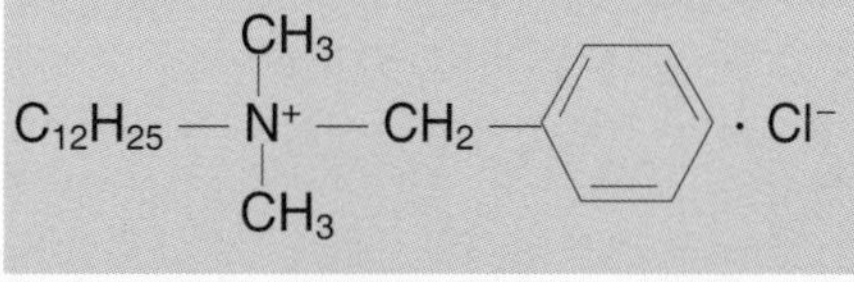
	吡啶鹵化物	$RC_5H_5N^+X^-$	十二烷基吡啶氯化銨 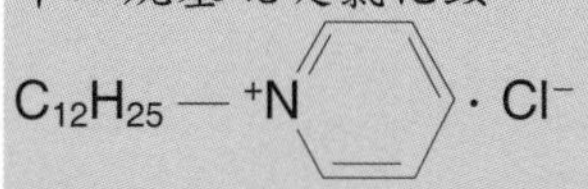
	陽離子咪唑啉	$RC_3H_4N_2R^1R^2X$	2-十二烷基-N-甲基-N-醯胺乙基咪唑啉 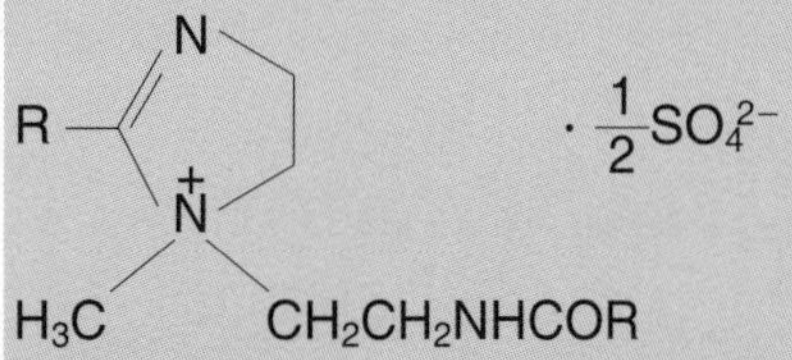
	聚氧乙烯吡啶線型聚合物		聚溴化甲基吡啶 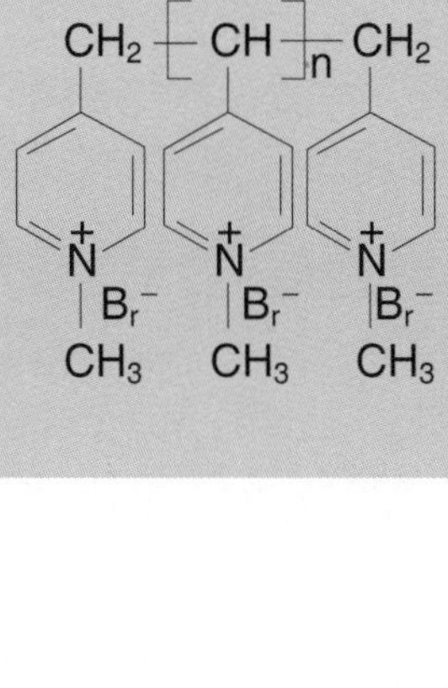

類型	種類	分子式	代表物質
非離子界面活性劑	脂肪醇聚氧乙烯醚	$RO(CH_2CH_2)_nH$ $n=3\sim20$	硬脂醇聚氧乙烯醚-15 $C_{18}H_{37}O(CH_2CH_2O)_{15}H$
	烷基酚聚氧乙烯醚	RC_6H_4O- $(CH_2CH_2O)_nH$ $n=3\sim20$	壬基酚聚氧乙烯(10)醚 $C_7H_{15}CH$—(苯環)—$O(CH_2CH_2O)_{10}H$ $\quad\ \ CH_2H_5$
	多元醇聚氧乙烯醚脂肪酸酯	$C_nH_{2n}COOC_xH_yO_z$ $(CH_2CH_2O)_nH$ $n=3\sim20$	失水山梨醇聚氧乙烯單硬脂酸酯 $C_{17}H_{35}COOC_6H_{11}O_4(CH_2CH_2O)_n$
	烷基醯醇胺	$RCON-$ $(CH_2CH_2OH)_n$	月桂醯二乙醇胺 $C_{11}H_{23}CON(CH_2CH_2OH)_2$
	多元醇單脂肪酸酯	$C_nH_{2n}COOC_xH_yO_z$	失水山梨醇單硬脂酸酯 $C_{17}H_{35}COOC_6H_{11}O_4$
	氧化胺	R_3NO	十二烷基二甲基氧化胺 $\qquad\qquad\quad CH_3$ $C_{12}H_{25}-N\to O$ $\qquad\qquad\quad CH_3$
兩性離子界面活性劑	咪唑啉衍生物	$RC_3H_4NH^+-$ $R^1R^2COO^-$	2-十二烷基-N-烴乙基-N-羧甲基咪唑啉 (結構式) $\cdot\frac{1}{2}SO_4^{2-}$
	甜菜鹼	$R^1R^2R^3N^+-$ CH_2COO^-	十二烷基甜菜鹼 $\qquad\qquad\quad CH_3$ $C_{12}H_{25}-N^+-CH_2COO^-$ $\qquad\qquad\quad CH_3$
	胺基酸衍生物	$RNHCH_2-$ CH_2COONa	N-月桂醯基谷氨酸鹽 $NaOOCCH_2CH_2CHCOONa$ $\qquad\qquad\qquad C_{11}H_{23}CONH$

界面活性劑的性質

界面活性劑其功能在於使兩種以上之物體型態共存，界面即為該兩種型態區隔之處。例如，肥皂水的許多泡沫，即為液態與氣態共存之情況。化妝品的附著（面霜、口紅）及脫著（洗劑）兩大功能都與表面化學相關，因此化妝品的製造與界面活性劑息息相關。依乳化、分散、可溶化、可滲透、洗淨、發泡等目的而用於所有的製品，但化妝品所使用的界面活性劑都為非離子及陰離子界面活性劑，至於陽離子界面活性劑因會刺激皮膚、有毒性，一般只作工業用，兩性離子界面活性劑則只用於特殊用途。

由於界面活性劑有上述的特殊效果，在各種工業上幾乎都可以找到它的用途，圖 8-1 列出界面活性劑的 HLB 值對其性狀、用途的影響。表 8-4 列出它的主要功能和不同工業用途之間的關係。

表 8-4　界面活性劑的主要功能及其用途

功用	用途
1.潤濕、滲透	絲光處理用滲透劑、皮革用滲透劑、農藥用展布劑（Spreading agent）、煮解（digestion）助劑、照相用潤濕滲透劑、脫漿助劑、防沫用滲透劑
2.乳化、分散、增溶溶解	染料分散劑、載體分散劑、農藥用乳化分散劑、乳化聚合用乳化劑、乳膠塗料用乳化劑、顏料分散劑、瀝青乳化劑、水泥分散劑、鞋油用乳化劑、食品用乳化劑、醫藥品基劑、化妝品用增溶溶解劑
3.起泡作用、防沫作用	染色用防沫劑、橡膠／塑膠用防沫劑、浮選劑、鑄砂用起泡劑、醱酵用防沫劑、滅火器用發泡劑
4.洗淨作用	家庭用合成洗潔劑、肥皂、纖維用脫膠—洗滌—洗絨—洗毛劑、紙—紙漿洗滌劑、牙膏、洗髮精、洗衣店用洗潔劑、乾洗劑、洗碗劑、金屬洗潔劑、車輛洗潔劑、建築物洗潔劑
5.乳化破壞作用	石油用乳膠分解劑、油水分離劑
6.吸附、凝聚作用	凝聚劑、土壤安定劑、金屬提取
7.平滑潤滑作用	coning oil、毛紡油（woolen oil）、梳毛油、紡織油劑、編織用油劑、平滑劑、柔軟加工劑、滑劑、金屬加工油

功用	用途
8. 帶電防止作用	紡織用帶電防止劑、加工處理用帶電防止劑、照相用帶電防止劑、有機溶劑用帶電防止劑
9. 殺菌作用	醫藥用殺菌洗滌劑、潤絲精、醱酵用殺菌消毒劑
10. 均染作用—染料固定作用	均染劑、緩染劑、移染劑、染料固定劑
11. 防銹作用	金屬用防銹劑
12. 其他：如撥水作用、可塑作用、上光作用	

界面活性劑在化妝品中的各種應用

1. 乳化作用（Emulsion）

　　使非水溶性物質在水中呈均勻乳化形成乳狀液的現象稱為乳化作用。乳化過程中，界面活性劑分子的親油基一端溶入油相，親水基一端溶入水相，活性劑的分子吸附在油與水的界面間，從而降低油與水的界面張力，使之能充分乳化。乳化按連續相是水相還是油相可分為水包油型（O/W）與油包水型（W/O）二種基本形式。如圖 8-5 所示。

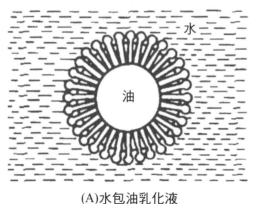
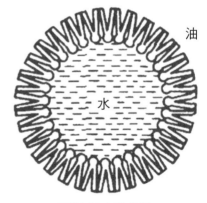

(A)水包油乳化液　　　　　　　　　　(B)油包水乳化液
（W/O 型乳化劑）　　　　　　　　　（O/W 型乳化劑）

圖 8-5　乳狀液示意圖

選擇化妝品乳化劑時一般可從親水親油平衡角度考慮如下：W/O型乳化常用油溶性大、HLB 值（親水親油平衡值）為4～7的乳化劑；O/W 型乳化常用水溶性大、HLB 值為9～16的乳化劑；油溶性與水溶性乳化劑的混合物產生的乳狀液的品質及穩定性優於單一乳化劑產生的乳狀液；油相極性愈大，乳化劑應是更親水的；被乳化的油類越是非極性的，乳化劑應是更親油的。實際應用還必須經過實驗測試，結合化妝品的安全性、商品性方可確定。

乳化劑在化妝品中的應用，主要是以膏霜、露液為對象。常見的粉質雪花膏、中性雪花膏都是O/W型乳狀液，可用陰離子型乳化劑脂肪酸皂（肥皂）乳化，用肥皂乳化製取油分少的乳狀液較容易，而且肥皂有膠凝作用可達較大黏度。對於含大量油相的冷霜，乳狀液多屬W/O型，可選用吸水量大、黏性大的天然羊毛脂乳化。目前應用最廣的是非離子型乳化劑，其原因是非離子型乳化劑安全、刺激性低。有名的失水山梨醇脂肪酸酯（Span）和其環氧乙烷加成物（Tween）便是良好的複合非離子型乳化劑，Span親油，Tween親水，兩者混合應用於 O/W 型露液中，可形成穩定性好、親膚性高的乳狀液。

2.增溶作用

使微溶性或不溶性物質增大溶解度的現象稱為增溶作用。將界面活性劑加於水中時，水的界面張力初則急劇下降，繼而形成活性劑分子聚集的膠束。形成膠束時的界面活性劑濃度稱為臨界膠束濃度。當界面活性劑的濃度達到臨界膠束濃度時，膠束能把油或固體微粒吸聚在親油基的一端，因此增大微溶物或不溶物的溶解度。溶質與界面活性劑膠團結合的方式如圖8-6所示。

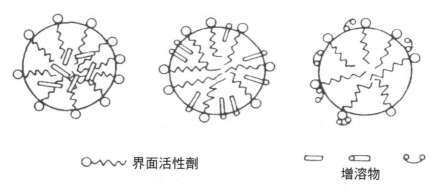

圖 8-6　溶質與界面活性劑膠團結合的方式意示圖

　　選擇界面活性劑作為增溶劑時可考慮如下；活性劑的親油基愈長，增溶量愈大；被增溶物則是同系物中分子愈大的增溶量愈小；對於烷基鏈長度相同的，極性的化合物比非極性的化合物增溶量大。

　　化妝水通常要用水與醇的混合液製取，根據水與醇混合比的變化則產品基質所使用的增溶劑也各異，但增溶時都是用親水性強、HLB > 15 的界面活性劑，多數用到非離子型的乙氧基化物（EO）。如化妝水的增溶對象是香料、油分和藥劑等，可用烷基聚氧乙烯醚增溶。而聚氧乙烯的烷基芳基醚雖然增溶能力強，但對眼睛有害，一般不使用。此外，蓖麻油基的兩性衍生物具有優良的香料油、植物油溶解性，且這種活性劑對眼睛無刺激，適用於製備無刺激香皂等化妝品。

3.分散作用（Dispersion）

　　使非水溶性物質在水中成微粒均勻分散狀態的現象稱為分散作用。分散過程中，界面活性劑分子的親水基一端伸在水中，親油基一端吸附在固體粒子表面，在固體的表面形成了親水性吸附層。活性劑的潤濕作用破壞了固體微粒間的內聚力，使活性劑分子進入固體微粒中，變成小質點分散於水中。

　　化妝品的分散系統包括粉體、溶劑及分散劑三部分。粉體可分為無機顏料、有機顏料兩類；溶劑則分為水系、非水系兩類；作為媒介的分散劑又有親水性（適用於水系）與親油性（適用於非水系）兩類。因此系統有多種組合方式，實際生產上它們混在複雜的系統中加以利用的情況較多。

　　用於分散顏料的界面活性劑很多既是乳化劑又是分散劑，如烷基醚羧酸鹽、烷基磺酸鹽等，它們都有很好的分散性能。但口紅等化妝品常會因汗和皮脂的破壞而影響化妝效果，近年來出現的矽酮酸則不會產生此類問題。矽酮酸是以矽油為基質，以耐油性、耐水性好的非離子型聚醚變性矽酮為活性劑，能使顏料不被破壞，是適用於各種皮膚的化妝佳品。

4.清潔洗滌（Cleansing）、柔軟去靜電（Emollient and atistat）、潤濕滲透（Osmosis）作用

　　界面活性劑在化妝品上的應用除了乳化、增溶、分散等主要用途外，還有清潔洗滌、柔軟去靜電和潤濕滲透等作用。

　　陰離子型活性劑用於清潔洗滌上已有很久的歷史。在洗滌中污垢從界面活性劑上脫離的過程，如圖 8-7 所示。肥皂的去污能力是其他洗滌劑難以比擬的。十二烷基硫酸鈉是清潔系列化妝品中常用的原料，能使皮膚達到良好的去污效果。兩性型界面活性劑咪唑啉是溫和的清潔用的界面活性劑，是配製高檔洗臉產品、護髮香皂及嬰兒洗髮精等不可缺少的組分。

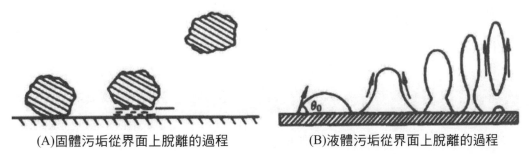

(A)固體污垢從界面上脫離的過程　　　　(B)液體污垢從界面上脫離的過程

圖 8-7　污垢從界面脫離的過程

　　陽離子型活性劑雖然較其他類型的界面活性劑使用得少，但卻有很好的柔軟去靜電能力，在毛髮柔軟整理劑中有著獨特的作用。最近引人注目的是從羊毛脂肪酸中衍生出來的四級銨鹽類。它的刺激性小，並兼具了羊毛脂的保水性能、潤濕性能及陽離子型活性劑的特點，能賦予頭髮濕潤、柔軟等獨特的感觸。

　　作為化妝品，不僅要有美容功效，使用起來還應有舒適柔和的感覺，這些都離不開界面活性劑的潤濕作用。生物界面活性劑在這方面取得了顯著的成果。磷脂作為生物細胞的重要成分在細胞代謝和細胞膜滲透性調節中具有重要的作用，對人體的肌膚有很好的保濕性和滲透性。槐糖脂類生物界面活性劑對皮膚有奇特的親和性，可讓皮膚具有柔軟與濕潤之感。

▋界面活性劑在化妝品中的應用發展動向

　　隨著世界經濟的快速發展和科學技術的不斷更新，界面活性劑的發展更加迅猛，其應用領域也越來越廣。就化妝品工業而言，不是僅為了某一方面的用途加入界面活性劑，而是傾向於選擇出安全性高、品質優異、功能齊全的界面活性劑用於生產。

　　近年來迅速發展的生物界面活性劑因具有合成界面活性劑沒有的結構特徵，不但可以生物降解，還具有環境安全性、低毒性、生理活性及優良的界面活性，所以在化妝品上的應用也日益增多。磷脂在化妝品中可作保濕劑、乳化劑、分散劑、抗氧化劑、脂質的包裹劑和營養滋補劑等；利用昆蟲生物球擬酵母菌製得的槐糖脂可用作化妝品的抗氧劑。

　　由於人們對天然原料的重新認識和保健意識的不斷加強，生物界面活性劑在化妝品中的應用越來越受重視。預計未來將是生物化妝品的時代，高品質、多功能的新型結構表面活性劑將會開發得更多。

習題

1. 什麼是膠體？它的重要性質有哪些？
2. 乳化劑為什麼能使乳化體系穩定？
3. 界面活性劑有哪些重要性質？
4. 如何增強泡沫的穩定性？

第 9 章

化妝品添加劑㈡
香料、香精
和色素

　　化妝品如香水、香粉等都具有一定的優雅、宜人的香氣，古人有「香妝品」之稱。同樣，化妝品與顏色有密切關係，人們選擇化妝品往往憑藉視、觸、嗅三方面的感覺，而顏色則為視覺方面重要一環。

第一節　香料

香料的定義

　　一些物質具有一定的揮發性並能散發出芳香氣味，這些芳香物質分子刺激嗅覺神經而感覺到有香氣，這些能夠使人感覺到愉快舒適的氣味稱為香味。具有香味的物質總稱有香物質或香物質。因此，能夠散發出香氣、並有實用性的香物質稱為香料（perfume）。

　　香料所具有的香氣與香料物質的化學結構及物理性質，例如相對分子量、揮發性、溶解性等有密切關係。它們的相對分子量一般為 $26 \sim 300$ datlon 之間，可以溶於水、乙醇或其他有機溶劑。其分子中通常含有醇、酮、胺、硫醇、醛、羧酸酯等官能基，這些官能基在香料化學中稱為發香基團（osmophore group）。香料分子具有這些發香基團並對嗅覺產生不同的刺激，才使人感到有不同香氣的存在。主要的發香基團如表 9-1 所示。

表 9-1　香料主要發香基團

有香物質	發香基團	有香物質	發香基團
醇（Alcohol）	—OH	硫醚（Sulfur ether）	—S—
酚（Phenol）	—OH	硫醇（Thiol）	—SH
醚（Ether）	—O—	硝基化合物（Nitro compound）	—NO$_2$
醛（Aldehyde）	—CHO	腈（Nitrile）	—CN
酮（Ketone）	—C=O	異腈（Isonitrile）	—NC
羧酸（Carboxylic acid）	—COOH	硫氰化合物（Thiocyanate）	—SCN
羧酸酯（Carboxylic acid ether）	—COOR	異硫氰化合物（Isothiocyanate）	—NCS
內酯（Lactone）	—CO—O—	胺（Amine）	—NH$_2$

▌香料的分類

香料是一種使人感到愉快香氣的物質，按其來源，大致可分為天然香料和合成香料兩大類。具體情況如下：

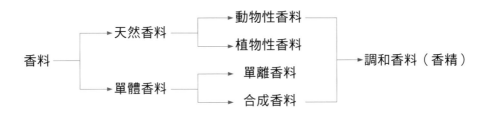

天然香料又可分為動物香料和植物香料。而香精是由數種、數十種香料按一定比例調配混合而成的。

▌天然香料

*1.*動物性香料

⑴麝香（Musk）

麝香取自雄麝的麝香腺，是一種極名貴的香料，具有特殊的芳香，香氣持久，主要成分是麝香酮（musk ketone），其結構式為：

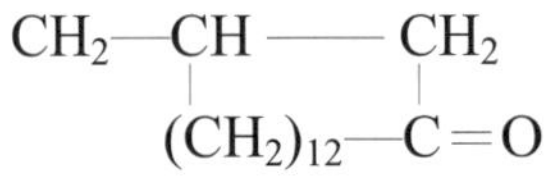

$$CH_2—CH —— CH_2$$
$$(CH_2)_{12}—C=O$$

化學名稱：3-甲基環十五酮（3-methylcyclopentadecanone）。另外，還有麝香吡啶、膽固醇、酚類、脂肪醇類等。一般用乙醇浸取製成酊劑使用，可廣泛應用於化妝品中。

⑵靈貓香（Civet）

靈貓香取自大靈貓的生殖器處的囊狀芳香腺，呈暗黑色樹脂狀，有不愉快的惡臭，但經高度稀釋後，具有極強的麝香香氣，主要成分是靈貓酮

（civetone），化學式為：

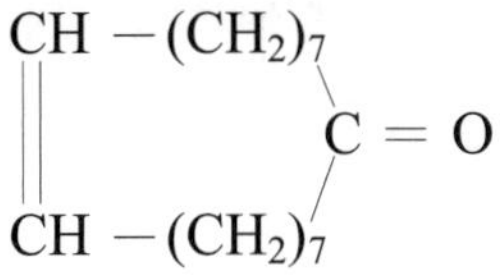

$$CH-(CH_2)_7$$
$$C=O$$
$$CH-(CH_2)_7$$

　　化學名稱：9-環十七烯酮（9-cycloheptadecenone）。另外，還有吲哚、3-甲基吲哚、乙基苄酯、四氫喹啉等成分。其香氣比麝香更為優雅，它是名貴的定香劑，常用於配製高級化妝品的香精。

　　(3)龍涎香（Ambergris）

　　龍涎香是抹香鯨腸道內特有的分泌物，可從其體內或在海上漂浮時獲得。為無色或褐色蠟狀碎塊或塊狀固體。龍涎香主要成分為龍涎香醇（Ambvein）和甾醇（糞甾烷-3α-醇）（Coprostane-3α-ol），其化學結構式如下：

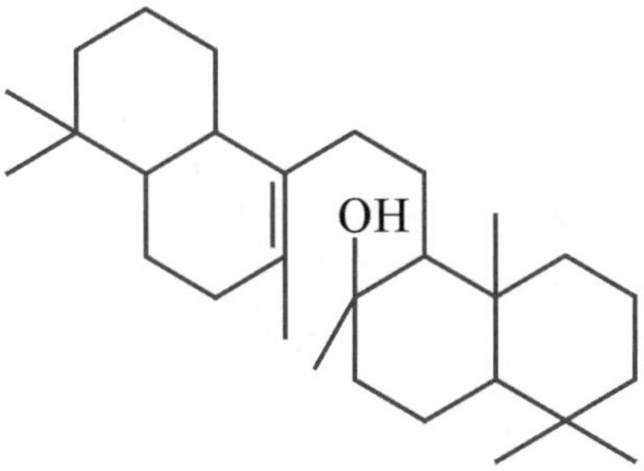

龍涎香醇（Ambvein） 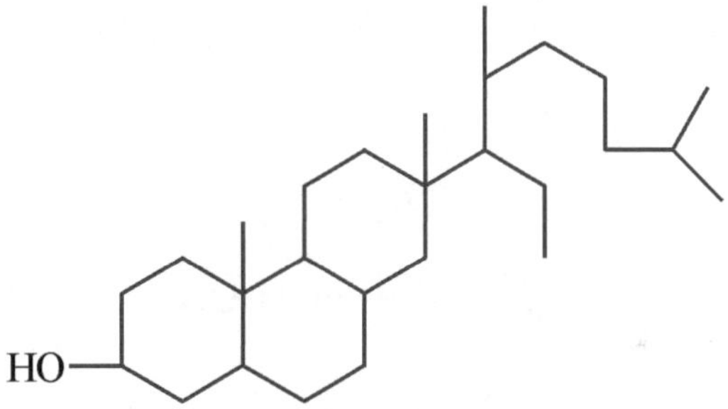　　　　　糞甾烷-3α-醇（Coprostane-3α-ol）

　　龍涎香醇本身並不香，經放置自然氧化後，其分解產物龍涎香醚（Grisalva）及γ-紫羅蘭酮（γ-Ionone）為主要香氣物質，其化學結構式如下：

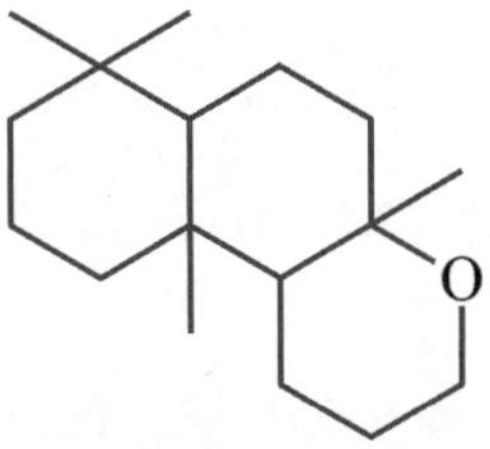

龍涎香醚（Grisalva） 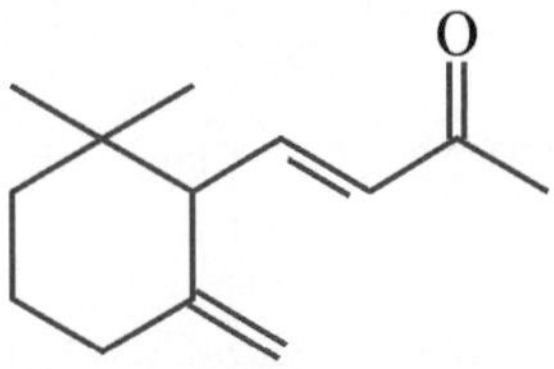　　　　　γ-紫羅蘭酮（γ-Ionone）

　　龍涎香是一種極為名貴的定香劑，目前還不能人工合成，所以更顯珍貴。龍涎香燃燒時香氣四溢，類似麝香，被薰之物，芳香之氣能較長時間不散。在香精中加入少量龍涎香後，不但能使香氣變得柔和，且留香特別持久，顯得格外迷人。一般製成乙醇酊劑，經過 1～3 年成熟後使用，其特徵香氣才能充分發揮。常用於配製高級化妝品的香精。

(4)海狸香（Castoreum）

　　由棲息於西伯利亞、加拿大及歐洲北部等地雌雄海狸生殖器旁的兩個梨狀囊腺中取得的分泌物，呈乳白色黏液狀，久置會變褐色樹脂狀，具有不太令人愉快的動物氣味。經高度稀釋後，香氣怡人，是一種名貴的動物香料，用於配製化妝品香精。主要作用為定香劑，加入花精油中能提高其芳香性，增加留香時間。海狸香的成分比較複雜，其主要香成分是由生物鹼和吡嗪等含氮化合物構成，其中四種主要成分是，海狸胺（Castoramine）、異喹啉酮（Isoquinolone）、四甲基吡嗪（2,3,5,6-tetramethylpyrazine）及三甲基吡嗪（2,3,5-trimethylpyrazine）。

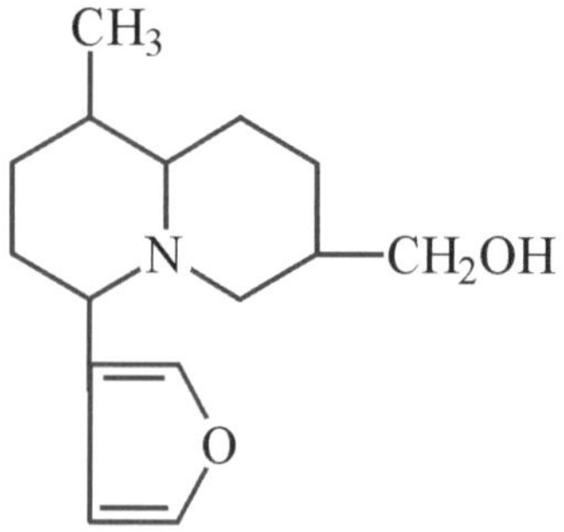

海狸胺（Castoramine）

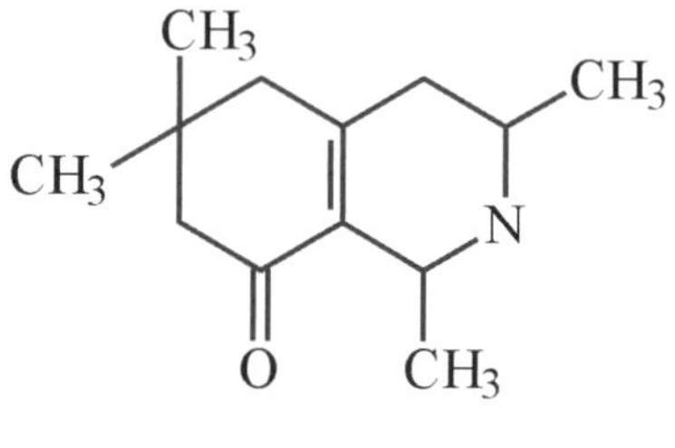

異喹啉酮（Isoquinolone）

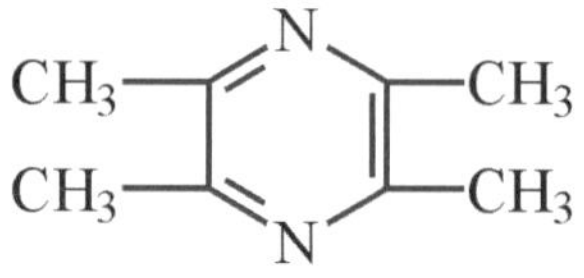

四甲基吡嗪（2,3,5,6-tetramethylpyrazine）

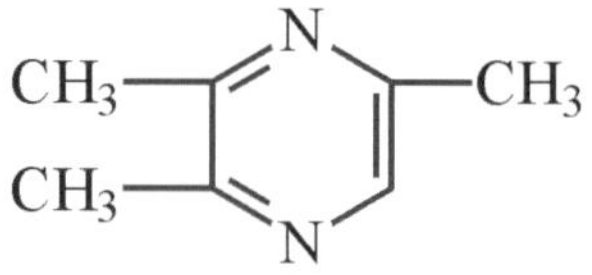

三甲基吡嗪（2,3,5-trimethylpyrazine）

　　另外，還有 40%～70% 樹脂狀物質及水揚酸內酯、苯甲醇、對乙基苯酚和酮類等。

2.植物性香料

　　植物香料是人類最早發現和使用最多的香料，其用途極廣。這類香料是由植物的花、葉、枝幹、皮、果皮、種子、樹脂、草類、苔衣等提取而得到，其提取物為具有芳香性的油類物質，稱為「精油」（essential oil）。植物性精油絕大多數是供調配香精使用。精油存在各種植物不同部位，如表 9-2 所示。

表 9-2　精油存在植物部位

部位	代表性植物
香花	玫瑰、茉莉、橙花、水仙、丁香、衣蘭、合歡、香石竹、薰衣草
葉子	枝葉、香茅葉、月桂葉、香葉、冬青葉、楓葉、檸檬葉、香紫蘇葉
枝幹	檀香木、玫瑰木、柏木、香樟木
樹皮	桂皮、肉桂
果皮	檸檬皮、柑橘皮、佛手皮
種子	茴香、肉豆蔻
樹脂	安息香香樹脂、吐魯香膏
草類	薰衣草、薄荷、留蘭香、百里香

　　植物香料的含香成分，由上述表 9-2 所示，從含香植物的不同含香部分分離萃取的芳香成分，常代表該香料植物部分的香氣。無論是用何種方法萃取的精油，都是多種成分構成的混合物。例如，玫瑰油是由 275 種芳香成分構成；從草莓果中可萃取出 160 餘種芳香成分。這些眾多的芳香成分，從化學結構上大體可以分成四大類。

⑴萜類化合物：植物香料中大部分有香成分是萜類化合物（terpenoid）。萜類化合物可看做是由若干個異戊二烯結構單位以頭尾相結合而成的低聚體。萜類化合物碳骨架結構的這種點，稱為異戊二烯規律。

$$CH_2 = \overset{\overset{\displaystyle CH_3}{|}}{C} - CH = CH_2$$

異戊二烯（polyisoprene）

$$（頭）C - \overset{\overset{\displaystyle C}{|}}{C} - C - C（尾）$$

異戊二烯單位

根據分子內的異戊二烯單位的數目可分為單萜、倍半萜、二萜、三萜、四萜等。此外，萜類分子還常有碳碳雙鍵、烴基、醛基、酮基或羧基等官能基團。所以，按官能基團又可以分成萜烴類、萜醇類、萜醛類、萜酮類等。在一些精油中，某些萜類化合物含量特別高，例如表 9-3 所示。

表 9-3　某些精油中萜類化合物及含量

精油	萜類化合物	含量（%）
松節油（Turpentine oil）	蒎烯（Pinene）	80～90
黃柏果油（Huangbai oil）	月桂烯（Myrcene）	＞90
甜橙油（Sweet Orange oil）	檸檬烯（Limonene）	＞90
芳樟油（Ho camphor oil）	芳樟醇（Natural linalool）	70～80
山蒼子油（Litsea cubeba oil）	檸檬醛（Citral）	60～80
香茅油（Citronella oil）	香茅醛（Citronellal）	＞35
薰衣草油（Lavender oil）	乙酸芳樟（Linalylacetate）	35～60

(2)芳香族化合物：在植物香料中，芳香族化合物的含量又次於萜類，例如表 9-4 所示。

表 9-4　某些香料中芳香族化合物及含量

香料	芳香族化合物	含量（%）
玫瑰油（Rose oil）	苯乙醇（Phenylethanol）	15
香莢藍豆油（Vanilla oil）	香藍素（Vanillin）	1～3
苦杏仁油（Bitter almond oil）	苯甲醛（Benzaldehyde）	85～95
肉桂油（Cassia oil）	肉桂醛（Cinnamaldehyde）	95
茴香油（Aniseed oil）	茴香腦（Anethol）	＞85
丁香油（Clove oil）	丁子香酚（Eugenol）	95
百里香油（Thyme oil）	百里香酚（Thymol）	40～60
黃樟油（Yellow camphor oil）	黃樟油素（Safrol）	＞95

(3)脂肪族化合物：包含脂肪醇、醛、酮、酸、醚、酯、內酯類化合物，它們雖廣泛存在於植物香料中，但其含量和作用不及萜類及芳香族化合物。存

在於植物香料中的代表性脂肪族化合物，如表 9-5 所示。

表 9-5　植物香料中脂肪族化合物及含量

植物香料	脂肪族化合物	含量（%）
茶葉及其他綠葉植物 （Tea and other green plant）	順式-3-己烯醇（cis-3- Hexenol）	少量
黃瓜汁（Cucumber juice）	2-己烯醛（2-Hexenal）	少量
紫羅蘭葉（Violet Leaf）	2,6-壬二烯醛（2,6- Nonadienal）	少量
蕓香油（Rue oil）	甲基壬基甲酮（Methylnonylketone）	70
茉莉油（Jasmin oil）	乙酸苄酯（Benzyl acetate）	20
鳶尾油（Iris oil）	十四碳酸（肉豆蔻酸）（Myristic acid）	84
玫瑰油（Rose oil）	玫瑰醚（Rose ester）	少量

(4)含氮和含硫化合物：含氮和含硫化合物在植物香料中存在及含量很少，但由於氣味極強，所以不可忽視。如表 9-6 所示。

表 9-6　植物香料中含氮及含硫化合物及含量

植物香料	含氮及含硫化合物	含量（%）
橙花油（Neroli oil）	鄰氨基苯甲酸甲酯（Methyl anthranilate）	少量
茉莉花油（Jasmine oil）	吲哚（Indole）	2.5
花生油（Peanut oil）	2-甲基吡嗪（2-Methyl pyrazine）	少量
	2,3-二甲基吡嗪（2,3-Dimethyl pyrazine）	少量
薑油（Ginger oil）	二甲基硫醚（Dimethyl sulfide）	少量
大蒜油（Garlic oil）	氧化二烯丙基二硫化物 （Oxidated Diallyl disulfide）	少量
芥子油（Canola oil）	異硫氰基丙烯酸酯（Allyl Isothiocyanate）	少量

單體香料

單體香料是指具有一定化學結構的單一香料化合物，它包括單離香料和合成香料兩類。

1. 單離香料

單離香料一般是指從天然香料中，用物理化學的方法分離出的一種或數種化合物，其往往是該精油的主要成分，且具有所代表的香味，此類化合物稱為單離香料。

2. 合成香料

合成香料是指利用各種化工原料或從天然香料中分離出來的單離香料為原料，透過有機合成化學反應（例如，加成、氧化、還原、水解、酯化、縮合、鹵化、硝化、重排等反應）的方法而製備的化學結構明確的單體香料。合成香料不僅彌補了天然香料的許多不足，且品種不斷增加，已成為香料工業的主導。屬於這一類的包括：香葉醇、β-苯乙醇、檸檬醛、香蘭素、香芹酮、α-紫羅蘭酮、丁子香酚及二甲苯麝香等。

合成香料若以起始原料分類，可以區分成單離香料、煤炭化工原料及石油化工原料等三類。

(1)單離香料：是以物理化學的方法從天然香精分離出的單體物質。若針對單離香料進行結構改變或修飾，可製得價值更高或更新穎的香料化合物。例如，芳樟油中單離芳樟醇，經修飾可得乙酸芳樟酯。

(2)煤炭化工原料：由煤焦油等得到的苯、甲苯、二甲苯、苯酚、萘等煤化工基本原料，經有機反應製得香精化合物。例如，以苯為原料製得香蘭素；以二甲苯為原料製得二甲苯麝香等。

(3)石油化工原料：由石油化工得到大量有機化工原料，如乙烯、丙烯、異戊二烯、乙醇、丙酮、環氧乙烷等為原料，可以合成脂肪醇、醛、酮、酸、酯等一般原料，還可以合成芳香族、萜類族等結構複雜的香料。

若以香型分類可以分成玫瑰香型、茉莉香型、鈴蘭香型、木香型、動物香型、百花型、酯類等七大類。若以化學結構來分類，可以區分成醇類、苯酚類、醛類、酮類、酯類、硝基化合物類、合成麝香等等。按官能基團分類，將具有代表性的合成香料列於表 9-7 所示。

表 9-7 有代表性的合成香料

化學結構分類		有代表性的合成香料及香氣		
		香料名	化學式結構	香氣
烴類		檸檬烯 （Limonene）		具有類似檸檬或甜橙的香氣
醇類	脂肪族醇	1-壬醇 （1-Nonanol）	$CH_3(CH_2)_7CH_2OH$	具有玫瑰似的香氣
	萜類醇	薄荷腦 （Menthol）	OH	具有強的薄荷香氣和涼爽的味道
	芳香族醇	β-苯乙醇 （β- Phenylethanol）	CH_2CH_2OH	具有玫瑰似的香氣
醚類	芳香醚	茴香腦 （Anethol）	$CH_3CH=CHO$ — — CH_3	具有茴香氣
	萜類醚	芳樟醇甲基醚 （Linalool methylether）	OCH_3	具有香檸檬香氣
酯類	脂肪酸酯	乙酸芳樟脂 （Linalylacetate）	CH_3COO	具有香檸檬、薰衣草似的香氣
	芳香酸酯	苯甲酸丁酯 （Butylbenzoate）	$COO(CH_2)_3CH_3$	具有水果香氣
內酯類	脂肪族烴基酸內酯	γ-十一內酯 （γ-Undecalactone）	$CH_3(CH_2)_6$　O	具有桃子似的香氣
	芳香族烴基酸內酯	香豆素 （Coumarin）	O　O	具有新鮮甘草香氣
	大環內酯	十五內酯 （Unpentalactone）	$(CH_2)_n$　$C=O$　O	具有強烈的天然麝香的香氣
	含氧內酯	12-氧雜十六內酯 （12-Oxahexadecalactone）	$(CH_2)O(CH_2)_{10}C=O$ $(CH_2)_2$　O	具有強烈的麝香香氣

化學結構分類	有代表性的合成香料及香氣		
	香料名	化學式結構	香氣
醛類 — 脂肪族醛	月桂醛（Lauraldehyde）	$CH_3(CH_2)_{10}CHO$	具有類似紫羅蘭樣的強烈而又持久的香氣
醛類 — 萜類醛	檸檬醛（Citral）	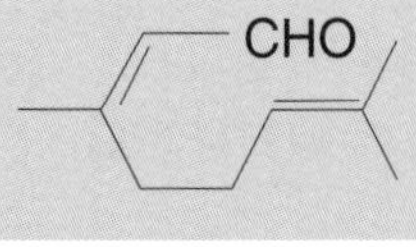 CHO	具有檸檬似的香氣
醛類 — 芳香族醛	香蘭素（Vanillin）	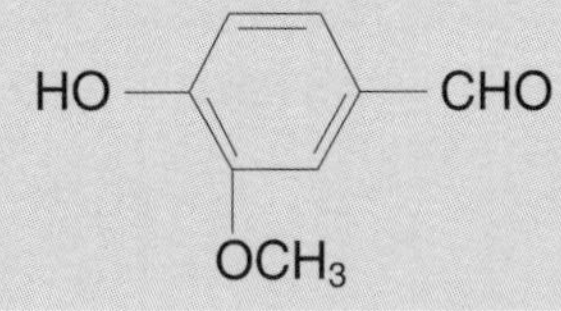 HO—CHO、OCH₃	具有獨特的香英藍豆香氣
醛類 — 縮醛	檸檬醛二乙縮醛（Citral Diethyl Acetal）	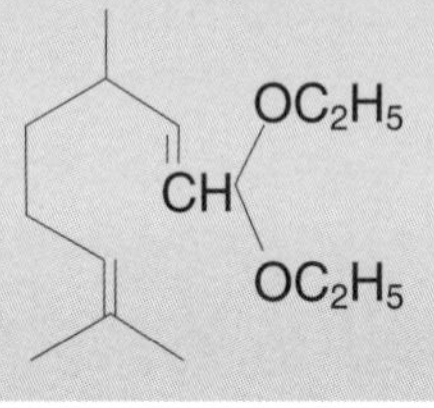 CH OC₂H₅ OC₂H₅	具有檸檬型香氣
酮類 — 脂環族酮	α-紫羅蘭酮（α-Lonone）	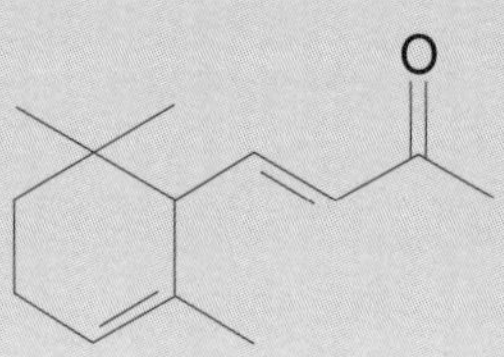	具有強烈的花香，稀釋時有類似紫羅蘭的香氣
酮類 — 萜類酮	香芹酮（Carvone）	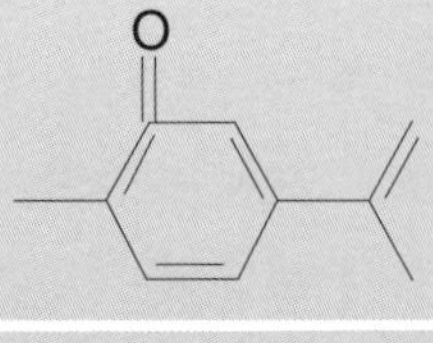	具有留蘭香似的香氣
酮類 — 芳香族酮	甲基β-萘甲基酮（Methyl β- Naphthyl Methylketone）	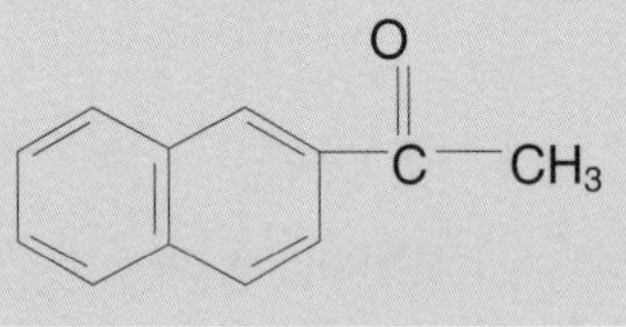 $C-CH_3$	具有微弱的橙花香氣
酮類 — 大環酮	環十五酮（Cyclopentadecanone）	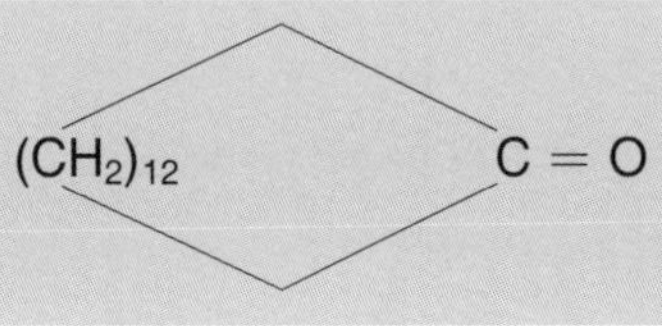 $(CH_2)_{12}$ C＝O	具有強烈的麝香香氣

化學結構分類	有代表性的合成香料及香氣		
	香料名	化學式結構	香氣
硝基衍生物類	葵子麝香（Musk ambrette）	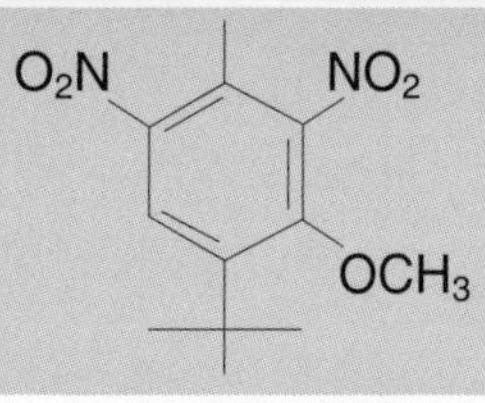 O₂N／NO₂／OCH₃ 結構圖	具有類似天然麝香的香氣
雜環類	吲哚（Indole）	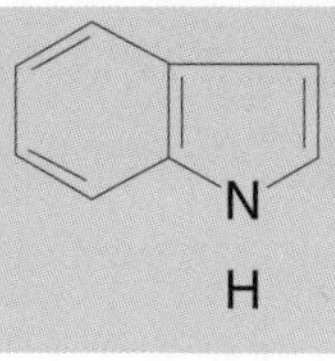 吲哚 結構圖	在極度稀釋時，具有茉莉花樣的香氣

第二節　香精

　　將數種或幾十種香料（包括動植物香料、合成香料和單離香料）。按一定的配比和加入順序調和成具有某種香氣或香型及一定用途的調和香料的過程稱為調香，得到的調和香料稱為香精。可見，香精是典型的混合物。香精不僅應用於化妝品也廣泛應用於食品、藥物、煙酒等。

香精的分類

　　化妝品用香精根據其香氣或香型、用途及形態的不同，可以有如下幾種分類方法：

1. 根據香型分類：經調配而製得的香精所具有的香型是其整體的香氣綜合的結果，因此香精也依據其香型分類，主要分為：

(1)花香型香精：是模擬天然鮮花的香味，酷似自然界的各種花香而調合成的香精。如玫瑰、茉莉、桂花、橙花、合歡、康乃馨、紫羅蘭、丁香、水仙、玉蘭、鈴蘭等花香型香精。

(2)水果型香精：是模仿水果的香味而調合成的香精。如香蕉、檸檬、蘋果、

菠蘿、楊梅、橘子、櫻桃、梨等水果型香精。

(3)創意型香精：這類香精既不是花香，也不是果香。它可能是模仿某一種芳香物質的香氣而調配成的香精，如琥珀香、草香、木香、青滋香等香型香精。另一種可能是想像或幻想中的香味而調合成的香精，如用東方、國際、幻想、少女、巴黎之春等命名的香精。這些香型的香精主要用於香水類化妝品。

2. 根據用途分類：根據香精添加於不同用途化妝品來分類，通常分為營霜類化妝品用香精、油蠟類化妝品用香精、粉類化妝品用香精、洗滌化妝品用香精、牙膏用香精等。

3. 根據形態分類：為了能使添加的香精與化妝品的形態保持一致性，將香精也調配成不同的形態。因此根據香精的形態可分為：

(1)乳化體香精：在界面活性劑的作用下使香精和水形成乳化體型香精，使其更容易添加於膏霜、乳蜜類等乳化體化妝品中。

(2)水溶性香精：採用水溶性的香料調合成水溶性香精，其水溶性溶劑一般為40%～60%的乙醇水溶液或易溶於水的醇類，如丙醇、丙二醇等。可以添加於香水、化妝水、古龍水、牙膏或乳化體化妝品。

(3)油溶性香精：將油溶性的香精溶於油性溶劑中而調合成的香精，常用酯類如鄰苯二甲酸二乙酯、苯甲酸酯類等作為溶劑，也可用香料自身的互溶性調配而成。可以添加於膏霜、唇膏、髮油、髮蠟等含油蠟的化妝品中。

(4)粉末香精：將香精製成固體粉末狀或分散於粉類物質中，也有將香精包覆成微膠囊粉末形式添加於化妝品中。主要用於粉類化妝品中。

香精的組成

1. 按香料的作用：香精是多種香料調和而成的，每種香料在香精中均有一定的作用。按香料在香精中所產生的作用，香精包括如下幾個部分香料：

(1)主體香料（Main note perfume）：也稱為主香劑或主香香料。是該香精的香型主體，是構成各種類型香精香氣的主要原料，一般用量較多。其香型必須與所要調配的香精香型相一致。

(2)調和香料（Blander perfume）：也稱為和香劑或協調劑。其作用是用以調和

各種成分的香氣，突出主體香料香氣，使之不至於過分的濃烈刺激而變得圓潤。其香型也應和主體香料的香型相同。

(3)修飾香料（Modifier perfume）：也稱修飾劑或變調劑。其作用是使香料變化格調，補充香氣上的某些不足或增添新的香韻，使香氣更為柔和。修飾香料的香型與主體香料的香型不同，用量較少，一般用花香-醛香型、花香-醛香-青香型等香料。

(4)定香香料（Fixative perfume）：也稱定香劑或保香劑。其本身不易揮發，並且能抑制其他易揮發香料的揮發速度，使香精的香氣特徵或香型保持穩定、持久。定香香料一般多為天然動植物香料，或者是相對分子質量較大或分子間作用力較強、沸點較高、蒸氣壓低的合成香料。

(5)香花香料（Floral perfume）：也可增加天然感的香料。其作用是使香精的香氣甜悅。更接近天然花香。主要是用香花精油作為香花香料。

(6)醛類香料（Aldehyder perfume）：用來增強香氣的擴散性。加強頭香、突顯強烈的醛香香氣。有的將其巧修飾香料歸為一類。

2.按香料揮發度及留香時間：根據香精配方中所用香料的揮發度和留香時間的不同而區分。香精是由頭香、體香及基香三個部分香料組成的，而這三個部分又是相互影響或作用。這三個部分香料的確定或區分依據對它們散發出的香氣感覺，即嗅辨後的香氣印象。

(1)頭香：又稱頂香，是最先聞到的香氣。用於頭香的香料稱為頭香香料，一般是由揮發快、留香時間短（在評香紙上的留香時間在 2 小時之內）、擴散性強的香料組成。例如，醛類、酮類、酯類香料。

(2)體香：是香精香氣的主要特徵，它緊跟在頭香後面，能夠在較長的時間內保持穩定一致的香氣，通常由沸點適中、揮發度適當的香料所組成。在留香紙上的留香時間為 2～6 小時。體香香料是組成該香精的主體部分，代表該香精的主體香氣。

(3)基香：又稱尾香，是香精中的「殘留」香氣，是在頭香及體香之後，留下來的最後香氣，也是香氣中的很重要的部分。用於基香的香料稱為基香香料。在評香紙上的留香時間為 6 小時以上。主要由高沸點、低揮發度的香料組成，如動物、苔蘚、樹脂等香料。基香是香精的基礎，代表著該香精的香氣特徵。

調香過程

設計香精配方和調製香精叫做「調香」。調香就是將數種甚至數十種天然與合成香料調配成香精的一個過程。一般調香的過程為：擬定配方、調配、聞香修改、加入產品中觀察等步驟，並需經過反復實踐才能完成。香精的配方除按上述步驟外，還需從香氣的組成來協調。

具體的調配步驟如下：

(1)明確配製香精的香型和香氣，此為調香的目標。

(2)按香精的應用要求，選擇質量等級相應的頭香、體香和基香香料。

(3)確定香型和用量之後，調香從基香部分開始。這是最重要的一步，完成了基質，即為香精香型的骨架結構已基本確定。

(4)加入組成體香的香料。體香為連接頭香和基香的橋樑作用。

(5)加入頭香的部分，使香氣輕快、新鮮、香感活潑，隱蔽基香和體香的不佳氣味，取得良好的香氣平衡。

(6)調整，可以得到香氣的和諧、持久和隱定。

(7)經過反覆試配和香氣品質評價，加入加香介質中作為應用參考，觀察並評估其持久性、穩定性及安全性等。也可以做出必要的調整，最後確定香精配方和調配方法。

調香師所擬定的配方，很重要就是要使上述各段香氣平衡、和諧，使香精自始至終都散發出美妙芬芳的香氣。調和好的香水要靜置在密閉容器中經過至少1～3個月左右的低溫陳化，這是調製香水的重要環節之一。因剛製成的香水，香氣未完全調和，需要放置較長時間，這段時間稱為陳化期。在陳化期中，香水的香氣會漸漸由粗糙轉為醇和芳醇、酸、醛、酮、胺、內酯等化合物。在陳化期中，它們之間發生某些化學作用。例如，酸和醇能化合成酯，酯又可能分解為酸和醇，醇和醛能生成縮醛和半縮醛等化合物，以及其他氧化、聚合等作用。目前利用微波、超聲波等處理方法，可在較短時間內達到成熟效果，以縮短陳化期。在陳化期中，有一些不溶性物質沉澱出來，應過濾除去以保證香水透明清晰。

香精的添加

化妝品用香精添加於各種化妝品中，稱為化妝品的加香。加香常受到許多因素制約。因此，應考慮這些因素的影響，選擇適合的香精，以保證化妝品的質質和香精的作用是非常重要的。為此，應考慮如下因素：

(1)根據化妝品的類型、用途等，選擇合適的香型香精，使其對產品質量和使用效果無影響。

(2)香精的成分應與化妝品的組分成分有較好的配伍性。

(3)香精中許多不穩定成分，易受空氣、陽光、溫度和酸鹼度等影響，而可能發生水解、氧化、聚合等反應，結果導致產品變色或產生異味等。

(4)香精中的某些成分或因上述反應產生的副產物，對人體產生毒性、刺激性、過敏性等問題。

針對不同化妝品用添加的香精香型、香精的要求、添加量及注意事項等，如表 9-7 所示。

表 9-7　不同化妝品加香要求

化妝品	香精要求	香型	添加量
雪花膏 （Vanishing cream）	香氣文靜、高雅、留香持久、不宜強烈、遮蓋基質的臭味	茉莉、玫瑰、三花、鈴蘭、桂花、白蘭等	0.5～1.0
冷霜 （Cold cream）	能夠遮蓋油脂的臭味、不宜變色	玫瑰、紫羅蘭等	1.0～1.5
奶（蜜）液 （Milk lotion）	淡雅、易溶於水、輕型花香、果香	杏仁、玫瑰、檸檬等	0.5 左右
清潔霜 （Cleaning cream）	與冷霜相同，並有清新爽快的感覺	樟油、迷迭香油、薰衣草油等	0.5～1.0
香粉 （Face powder）	香氣沉厚、甜潤、高雅而花香持久、含見光不宜變色和不易氧化的成分	花香、百花型	2.0～5.0
胭脂（Rouge）	與香粉相同	與香粉相同	1.0～3.0
爽身粉 （Baby powder）	不易與酸反應或皂化的香精	薰衣草及與薄荷、龍腦相協調	1.0 左右

化妝品	香精要求	香型	添加量
唇膏 （Lipstick）	芳香甜美適口、無毒、無刺激性	玫瑰、茉莉、紫羅蘭、橙花等	1.0～3.0
髮油、髮蠟 （Pomade, hair wax）	香氣濃重、遮蓋油脂氣息，油溶性好	玫瑰、薰衣草、茉莉	0.5 左右
香水 （Perfume）	含蠟少、質量高、香氣幽雅、細緻而協調，擴散性好	花香、幻想、東方等	15～25
古龍水 （Cologene water）	香氣清淡、用量較少	香檸檬、薰衣草、橙花、迷迭香等	2～8
花露水 （Toilet water）	易揮發、溶解性好，有殺菌、止癢等作用	薰衣草、麝香、玫瑰等	2～5
洗髮精 （Shampoo）	對鹼性穩定、色白、水溶性好，對眼睛、皮膚刺激性小	果香、草香、清香、清花香等	0.2～0.5
香皂 （Soap）	對鹼性穩定、顏色適宜、香氣濃厚、和諧、留香持久	檀香、茉莉、馥奇、桂花、白蘭、力士、香石竹、薰衣草等	1.0～2.0
牙膏 （Toothpaste）	無毒、無刺激性，香氣清涼感好	留香、薄荷、果香、茴香、豆蔻	1.0～2.0
化妝水 （Lotion）	掩蓋原料不愉快氣味、芳香適宜	玫瑰	1.0 以下

第三節　色素

　　化妝品與顏色有密切的關係，化妝品不僅具有清潔、保護等作用，而且美化、修飾作用也占有十分重要的地位，為了達到美化、修飾作用，通常在化妝品中添加各種色素。使其色彩鮮艷奪目。同時，添加色素的作用也是為了掩蓋化妝品中某些有色組分的不悅色感，以增加化妝品的視覺效果。所以，色素是化妝品不可缺少的組分。

　　本節將介紹色素的定義和分類及化妝品用色素所包括的合成色素、無機色素、動植物天然色素及珠光顏料等方面內容，並舉例介紹各類色素的代表物。

◎色素的定義及分類

色素也稱著色劑或色料，既可以用來改變其他物質或製品顏色的物質的總稱。在化妝品中添加各種色素的作用是使化妝品達到美化、修飾的作用，或為了掩蓋化妝品中某些有色組成的不悅色感，以增加化妝品產品的顏色美感。

通常化妝品用色素根據其作用、性能和著色方式可分為染料和顏料兩大部分。

1. 染料（dye）：染料是色素的一種，它是指那些溶解於水或醇及礦物油，並能以溶解狀態使物質著色的色素。染料可分為水溶性染料和油溶性（溶於油和醇）染料。兩者在化學結構上的差別是前者分子中含有水溶性基團，如羧酸基、磺酸基等，而後者分子中則不含有水溶性基團。

2. 顏料（pigment）：顏料也是色素的一種，是指那些白色或有色的化合物，一般是不溶於水、醇或油等溶劑的著色粉末（沉澱）性色素。通常，顏料具有較好的著色力、遮蓋力、抗溶劑性等特點。

◎調色劑和色澱

1. 調色劑（toner）：指不含吸收劑或稀釋劑組分的較純粹的有機顏料，它們多是在高濃度下使用的顏料。

2. 色澱（lake）：指不溶於水的染料和顏料。它是將可溶性有機染料通過反應生成不溶性金屬鹽而沉澱出，將其吸附於抗水性顏料而形成色澱。其中可以使可溶性酸性染料轉變成不溶性酸性鹽染料沉澱出，或使這些金屬鹽吸附於抗水性顏料，都能形成色澱。這時沉澱劑已是色澱的組成部分。例如，某種水溶性染料使其生成難溶於水的鈣鹽、鋇鹽等是色澱形成的方法之一；另一種是利用硫酸鋁、硫酸鋯等沉澱劑使易溶性染料成為不溶於水，並使之吸附於氧化鋯、硫酸鋯的染料色澱。顏料通常是粉末狀物，必須與稀釋劑共同混合均勻才能使用。所以，它也稱為色澱顏料。

染料色澱與色澱顏料在使用上沒有嚴格的界限，有時將染料色澱、色澱顏料及難溶於水、醇、油等的粉末性顏料統稱為顏料。但染料色澱耐酸性、耐鹼性較差。

化妝品用色素分類

化妝品用色素按其來源分類可分為合成色素、無機色素和動植物天然色素三大類。

合成色素也稱有機合成色素或焦油色素。這是由於這類色素是以石油化工、煤化工得到的苯、甲苯、二甲苯、萘等芳香烴為基本原料，再經一系列有機合成反應而製得。

合成色素按其化學結構可分為偶氮系、三苯甲烷系、呫吨系、喹啉系、蒽醌系、硝基系、靛藍系等色素（有機染料和顏料）。

無機色素也稱礦物性色素，它是以天然礦物為原料製得的。因對色素的純度的要求，現多以合成無機化合物為主。用於化妝品的主要有白色顏料，如滑石粉、鋅白（氧化鋅）、鈦白粉（二氧化鐵）、高嶺土、碳酸鈣、碳酸鎂、磷酸氫鈣等；有色顏料，如氧化鐵、碳黑、氧化鉻氯、氫氧化鉻氯、群青等。

另外，廣泛用於化妝品的珠光顏料，如合成珠光顏料、天然魚鱗片、無機合成珠光顏料，如氯氧化鉍、二氧化鈦—雲母等。

合成色素

合成色素也可以稱為有機合成或焦油色素，它是以石油焦油、煤焦油中得到各種芳香烴類為基本原料，根據發色基團和助色基團的結構，進行一系列的化學反應而製得的。合成色素按照化學結構可以分成下列幾類：

1. 偶氮染料（Azo dye）

在分子結構中含有偶氮基（−N＝N−）的染料稱為偶氮染料。其顏色從黃色到黑色俱全，尤以紅色、橙色、黃色、藍色居多，綠色較少。其製作方法是先以芳香二級胺與硝酸發生重氮反應生成芳香重氮鹽，再以芳香重氮鹽與相應的酚、芳香胺等進行偶合反應，生成具有偶氮基的化合物。偶氮系色素可以分成未磺化偶氮型顏料、未磺化偶氮型染料、不溶性磺化偶氮型顏料、可溶性磺化偶氮型染料。

(1)未磺化偶氮型顏料：不易溶於水或乙醇等有機溶劑及礦物油。例如：永久橙，代號 D&C 17 號橙，呈亮橙色。結構式如下：

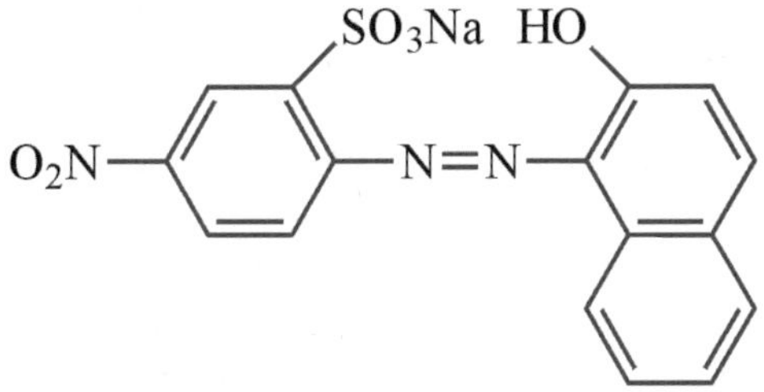

永久橙（亮橙色）
（Permanent Orange, bright orange）

(2)未磺化偶氮型染料：不溶於水，但能溶於乙醇、乙醚等有機溶劑及礦物油等。例如：蘇丹紅 III 號，代號 D&C 17 號紅，呈微暗藍紅色。結構式如下：

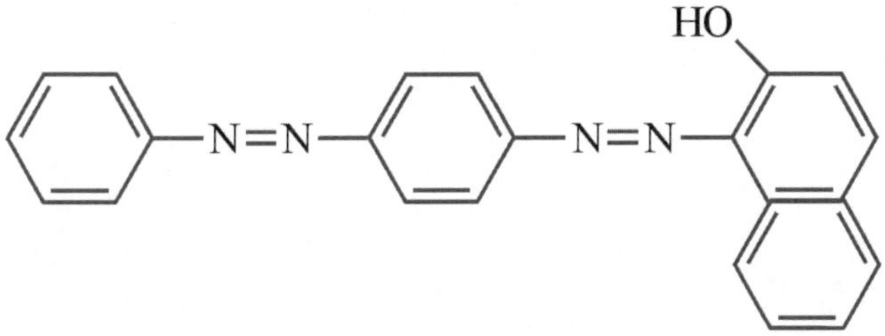

蘇丹紅 III 號
（微暗藍紅色）
（Sudan Red III, slight dark blue-red）

(3)不溶性磺化偶氮型顏料：不溶於水、乙醇、乙醚等有機溶劑及礦物油等。例如：色澱棗紅，代號 D&C 34 號紅，為鈣調色劑，呈褐紅色。結構式如下：

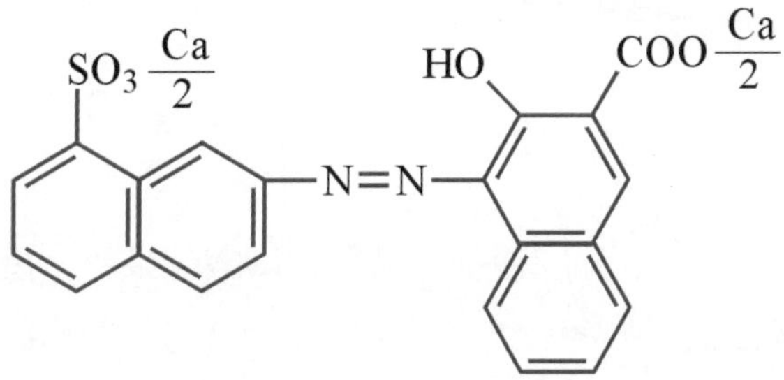

色澱棗紅
（褐紅色）
（Lake Claret, brown-red）

(4)可溶性磺化偶氮型染料：溶於水，不溶於乙醇、乙醚等有機溶劑及礦物油等。例如：落日黃 FCF，代號 FD&C 6 號黃，呈紅黃色，為食用色素。結構式如下：

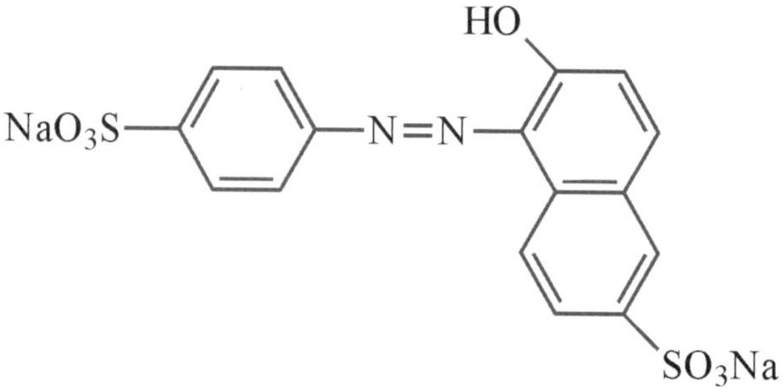

落日黃 FCF
（紅黃色）
（Sunset Yellow FCF, red-yellow）

2.咕噸染料（Xanthene dye）

　　咕噸系色素的分子結構中有咕噸基或稱為夾氧雜蒽基。這類色素均以螢光素染料的衍生物為代表，它們在酸、鹼中可以兩種互變異構的狀態存在，即酚型及醌型。酚型微溶於水，而醌型易溶於水，色彩鮮豔強烈。咕噸染料色澤鮮艷而有螢光，常用於不褪色唇膏。例如：四溴螢光素，代號 D&C 21 號紅，呈藍粉紅色，為非食用色素，用於不褪色唇膏。結構式如下：

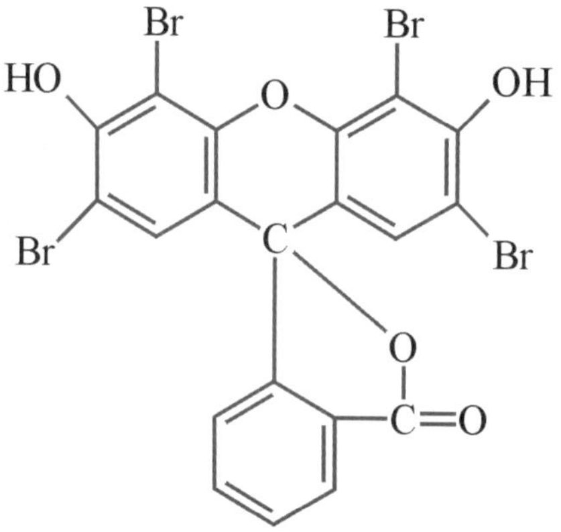

四溴螢光素
（藍粉紅色）
（Tetrabromofluorescein, blue-pink）

3.三苯甲烷染料（Triarylmethane dye）

　　三苯基甲烷系色素可以分成鹽基性染料和磺酸鹽染料，後者適用於化妝品。一般含有多個磺酸鹽基，易溶於水，不易溶於非極性有機溶劑或礦物油。三苯甲烷染料具有色澤濃艷的特點，其色澤有紅色、紫色、藍色、綠色，以綠色居多。其耐光牢度較差，易變色，不耐酸鹼，多用於香皂、化妝水等產品中。例如：光藍 FCF，代號 FD&C 1 號藍，呈亮綠藍色，易溶於水；堅牢綠 FCF，代號 D&C 3 號綠，呈微藍綠色。結構式如下：

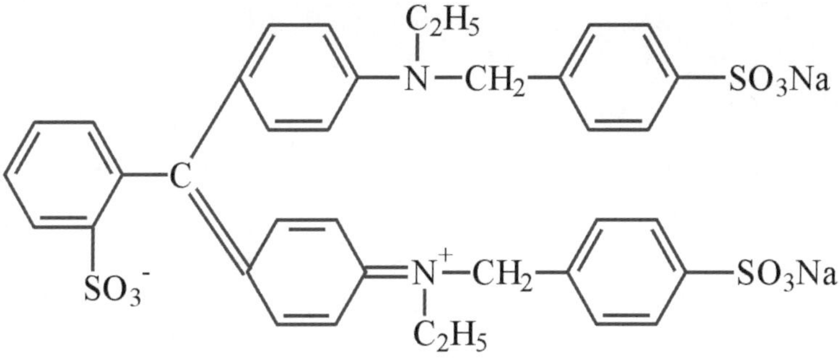

光藍 FCF
（亮綠藍色）
（Light Blue FCF,
bright green-blue）

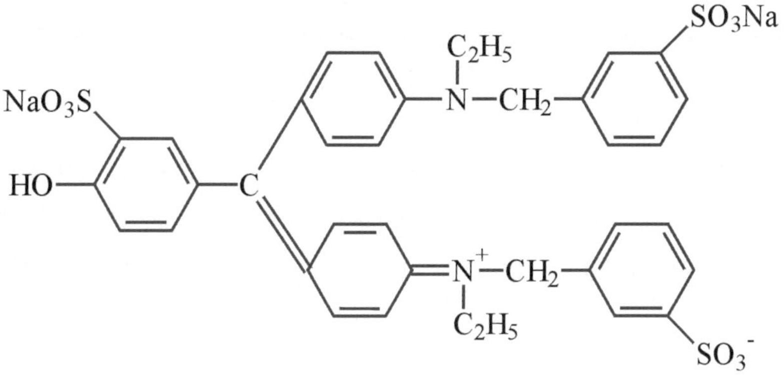

堅牢綠 FCF
（微藍綠色）
（Fast Green FCF,
slight blue-green）

4.蒽醌染料（Anthraquinine dye）

蒽醌染料色澤鮮艷，耐光性能優良，以深色居多。可以分成未磺化蒽醌型（油溶性）及磺化蒽醌型（水溶性）兩類。水溶性的用於化妝水、香皂中；而油溶性的多用於髮油等產品中。

⑴未磺化蒽醌型染料：不易溶於水，易溶於乙醇、乙醚及礦物油等溶劑，主要是由 1,4-二羥基蒽醌與一分子或二分子對甲苯胺縮合生成的。例如：茜素青綠，代號 D&C 6 號綠，呈微暗藍綠色。

⑵磺化蒽醌型染料：易溶於水、乙醇，不易溶於其他有機溶劑和礦物油，是由未磺化蒽醌型染料經磺化後得到。例如：茜素花青綠 CG，代號 D&C 5 號綠，呈微暗藍綠色。

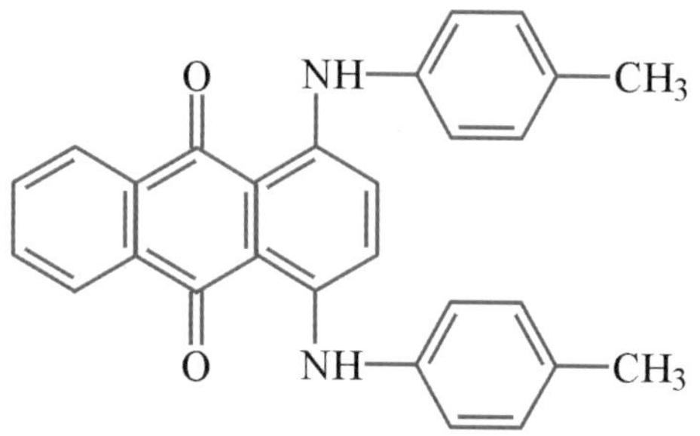

茜素青綠（油溶性）

（Alizarin Viridine, alcohol-souble）

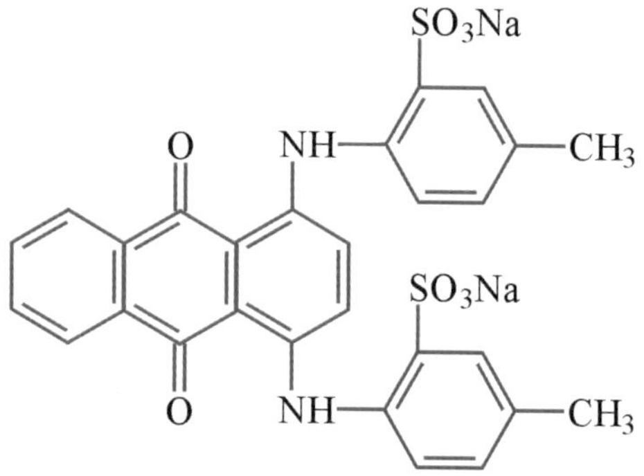

茜素花青綠 CG（水溶性）

（Alizarin Cyaninegreen CG, water-souble）

5. 喹啉系色素（Quinoline dye）

喹啉系色素只有兩種可以適用於化妝品，即水溶性喹啉黃和醇溶性喹啉黃。前者是喹啉黃的二磺酸鈉鹽，皆呈綠黃色。例如：酸性黃 3，代號 D&C 10 號黃，為水溶性喹啉黃；溶劑黃 33，代號 D&C 11 號黃，為醇溶性喹啉黃。結構式如下：

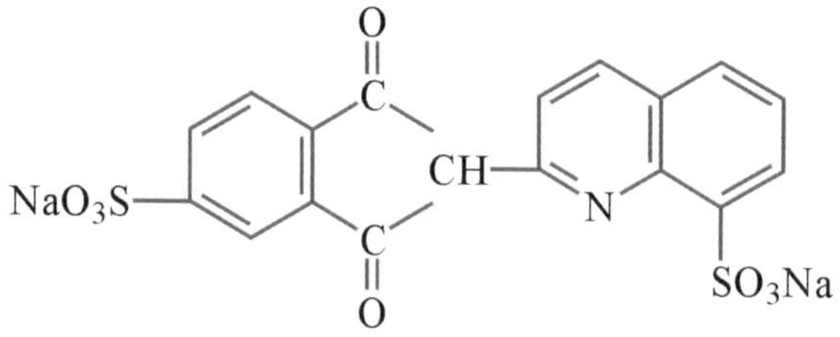

酸性黃 3（水溶性喹啉黃）

（Acid Yellow 3, Water-soluble

quinoline Yellow）

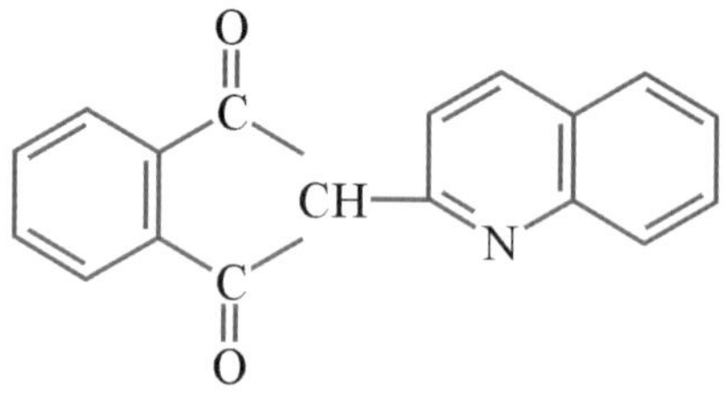

溶劑黃 33（醇溶性喹啉黃）

（Solvent Yellow 33, Alcohol-souble

quinoline Yellow）

6. 硝基系色素（Nitro-dye）

該類色素適用於化妝品的只有 2,4-二硝基-1-萘酚-7-磺酸二鈉鹽，溶於水和乙醇，可與氯化鋁沉澱於礬土吸收基而得到不溶性色澱。例如：萘酚黃 S，代號 D&C 7 號黃，呈微綠黃色。結構式如下：

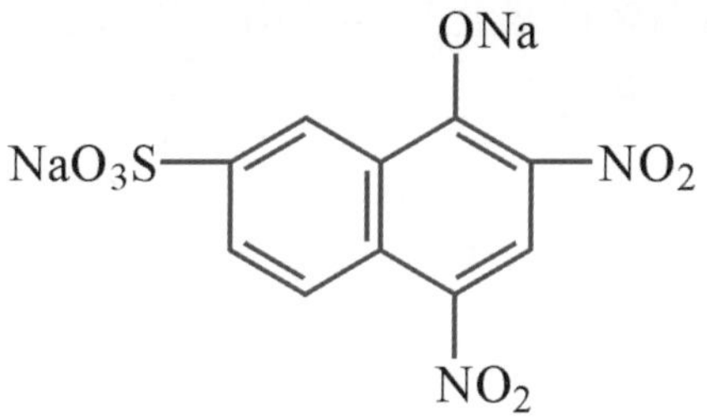

萘酚黃 S
（微綠黃色）
（Naphthol Yellow S,
slight green-yellow）

7. 靛藍系色素（Indigoid dye）

　　該類色素適用於化妝品中，只有靛藍染料是一種磺酸鹽溶於水和乙醇中。例如：靛藍，代號 FD&C 2 號藍，呈靛藍色。結構式如下：

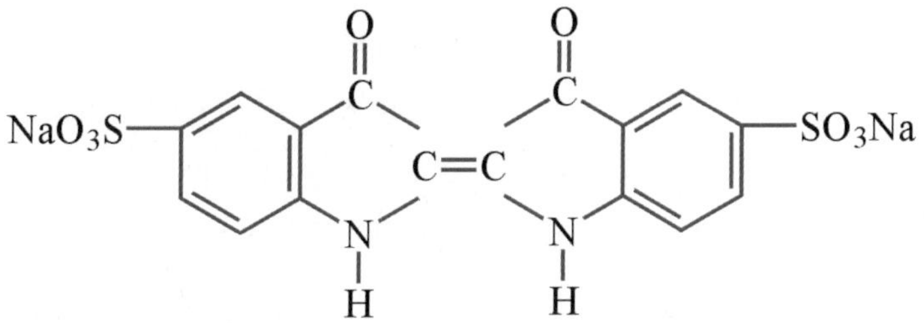

靛藍
（靛藍色）
（Indigotin,
indigo）

■ 無機色素

　　無機色素也稱為礦物性色素。它是以天然礦物為原料而製得的，如將氧化鐵製成不同顏色的色素。但因它們純度不夠，不能製得色澤鮮艷的製品。所以，現在則多以合成無機化合物為主要的形式。從色素的分類上，無機色素應該屬於無機顏料。因不易溶於水或有機溶劑，而是藉助於油性溶劑分散後，將其塗於物體表面，使之產生顏色。無機色素還具有遮蓋力強、耐光、耐熱、耐溶劑性等特點。下面介紹按規定允許在化妝品中使用的無機色素。

1. 白色顏料：化妝品中使用白色顏料，其目的是利用它的強遮蓋能力，並使化妝品具有潤滑感或稀釋有色顏料的作用。

⑴鈦白粉（Titanium dioxide, TiO_2）：鈦白粉即二氧化鈦。由鈦鐵礦用硫酸分解製成硫酸鈦，再進一步處製得二氧化鈦。是白色、無臭、無味的細粉末，它的遮蓋力是白色顏料中最強的，是鋅白的 4 倍。當粒徑為 $0.2\mu m$ 時，對於光的散射力很強，故看起來非常潔白，主要應用在香粉等化妝品中。其

化學穩定性好，又因含鉛的氧化物等禁用於化妝品，故被廣泛地的應用。近年來，已製得了具有極細粒度（納米級）的鈦白粉，其分散性和耐光性都非常好，尤其防紫外線能力非常強，多用於防曬化妝品。

(2)鋅白（Zinc oxide, ZnO）：鋅白即氧化鋅，是由鐵鋅礦經酸處理，再精製而得。是白色、無臭、無味的非晶形粉末。其特點是著色力強，並有收斂和殺菌作用，也有較強的遮蓋力。主要用於香粉、痱子粉等粉質化妝品。

(3)滑石粉（Talc）：滑石粉是一種含水的矽酸鎂鹽，化學式為$Mg_3SiO_{10}(OH)_2$或$3MgO \cdot 4SiO_2 \cdot 2H_2O$。滑石粉性質柔軟、極易粉碎成粉狀，具有良好的伸展性和滑潤性。色白、有滑潤性的滑石粉是質量高的產品。主要用於香粉類化妝品，當作粉質原料。

(4)高嶺土（Kaolin）：高嶺土是天然的矽酸鋁鹽，化學式為$Al_2Si_2O_5(OH)_4$或$Al_2O_3 \cdot 2SiO_2 \cdot 2H_2O$。高嶺土是經黏土煅燒、再經由淘洗而製成。特性為白色、質地細緻的細粉，對於油、水具較好的吸收性，對皮膚的附著力好，以及可以緩和或消除滑石粉光澤性等特點，用於香粉類化妝品。

(5)碳酸鈣（Calcium carbonate, $CaCO_3$）：碳酸鈣是將天然石灰石煅燒成氧化鈣，將其製成石灰乳，然後通入二氧化碳而得到白色細粉狀沉澱碳酸鈣。用於化妝品的沉澱碳酸鈣分為輕質和重質碳酸鈣。利用其吸附、摩擦等性能應用於香粉、牙膏等化妝品中。

(6)碳酸鎂（Magnesium carbonate, $MgCO_3$）：碳酸鎂是白色、無臭、無味輕質粉末，常以鹼式碳酸鎂形式存在$(MgCO_3)_4 \cdot Mg(OH)_2 \cdot 5H_2O$。它是由天然菱鎂礦，經與碳酸鈉反應，然後煮沸、過濾、洗滌和乾燥等工序而製得。它具有色澤極白、吸收性強的特點，用於香粉、牙膏等化妝品。

(7)磷酸氫鈣（Calcium hydrophosphate dihydrate, $CaHPO_4 \cdot 2H_2O$）：磷酸氫鈣是白色、無臭和無味的結晶粉末，以磷酸氫鈉與氯化鈣作用後經精製得到的結晶性二水合物，是牙膏中常用的性能溫和的摩擦劑。

2. 有色顏料

(1)氧化鐵（Iron oxide）：用於化妝品色素的氧化鐵是以不同形式而製得的各種顏色的氧化鐵，需要在嚴格控制的條件下製備。

①黃色氧化鐵（Iron oxide yellow, $Fe_2O_3 \cdot H_2O$）：是由硫酸亞鐵與鹼反應生

成沉澱後，再經氧化而製得。根據沉澱和氧化時條件的不同，可以得到淺黃到橙色的各種不同色度的色素，其中含 Fe_2O_3 約 85% 和 H_2O 約 15%。

②棕色氧化鐵（Iron oxide brown, $Fe_2O_3 \cdot H_2O$、Fe_2O_3 和 Fe_3O_4 的混合物）：可以由黃色、紅色和黑色氧化鐵混合而成；也可由硫酸亞鐵與鹼反應生成沉澱後，再使沉澱局部氧化而製得。

③紅色氧化鐵（Iron oxide red, Fe_2O_3）：通常是將上述所得黃色氧化鐵沉澱，經煅燒而製得。形成的顏色由淺紅到深紅，這由原來的黃色氧化鐵及煅燒條件所決定。

④黑色氧化鐵（Iron oxide black, Fe_3O_4）：其製備反應如黃色氧化鐵，但要求嚴格控制反應條件才可以得到。

(2)炭黑（Carbon black）：是很穩定、不溶解的顏料，主要用於眉筆、睫毛膏等化妝品，化妝品用炭黑多是以木材炭化或煤煙沉積製得。

(3)氧化鉻綠（Chromium oxide green, Cr_2O_3）：是純的無水氧化鉻（Cr_2O_3），經由重鉻酸鉀、鹼、還原劑按一定比例混合後煅燒，再經酸性水洗去可溶性鉻酸鹽類，並使鉛含量低於 20×10^{-6}，砷的含量低於 2×10^{-6}（以 As_2O_3 計算），以達到化妝品的要求。氧化鉻綠色度較暗，對光、熱、酸、鹼和有機溶劑的穩定性好。

(4)氫氧化鉻綠（Chromium hydroxide green, $Cr(OH)_3$）：是具有像有機顏料那樣鮮艷、呈綠色的顏料，各種性能與氧化鉻綠相同。與氧化鉻綠製法相似。

(5)群青（Ultramarine blue）：是由硫磺、純鹼、高嶺土、還原劑（木炭或松香等），將各種原料按比例配製混合後，在 $700 \sim 800°C$ 煅燒 24 小時，緩慢冷卻後，經洗滌精製而得到的顏料，根據所用原料配比不同，以及煅燒的溫度等可以製得從綠色到紫色等各種色調的群青顏料。群青的化學結構尚不完全清楚。群青對光、熱、鹼及有機溶劑穩定性好，但對酸敏感，易褪色和產生硫化氫氣體，其著色力和遮蓋力較差，主要用於眼影膏、睫毛膏和眉筆等化妝品。

天然色素

天然色素主要來源於自然界存在的動植物，亦稱為動植物性色素，因為其

來源少、萃取分離工藝過程複雜、價格昂貴等原因，現已大部分被合成色素所代替。但是某些性能優良而穩定的天然色素仍被用於食品、藥品和化妝。近年來，因合成色素的安全性問題，又使天然色素廣泛興起，尤其是萃取、分離、純化技術的發展，並應用於天然色素的製備，又有許多新的天然色素出現。以下而針對部分的天然色素進行介紹。

1. β-葉紅素（β-Carotene）：即β-胡蘿蔔素，結構式為：

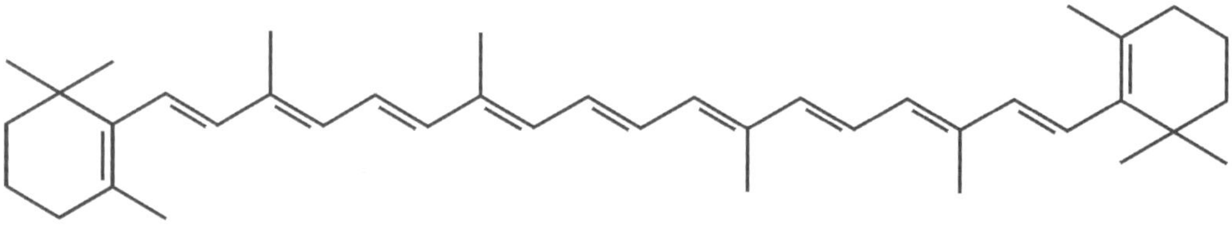

是一種黃色或橙黃色色素，其廣泛存在於動植物中。容易被氧化而褪色，也容易受金屬離子的離子影響。所以，需要與抗氧化劑及螯合劑一起使用。

2. 腮脂紅（Carmine）：也稱胭脂紅酸，是由寄生於仙人掌上的胭脂蟲乾燥粉中萃取的紅色色素。顏色因 pH 值不同而異。在酸性中呈現橙色至紅色。而在鹼性中則呈現紫紅色。對於酸、光和熱較為穩定。胭脂紅酸是蒽醌型的結構，結構式如下：

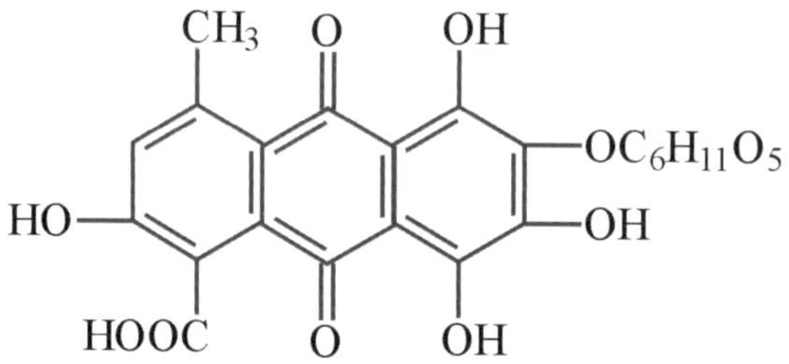

3. 葉綠酸鉀鈉銅（Potassium sodium copper chlorophyllin）：也稱天然綠（natural green），它是從綠色植物中先萃取出葉綠素 A（結構式如下），再經過一系列化學反應和處理而製得的水溶性葉綠酸鉀鈉銅綠色色素。除具有色素作用外，還有抑菌、除臭等作用，可以用於牙膏、漱口水等民生用品。

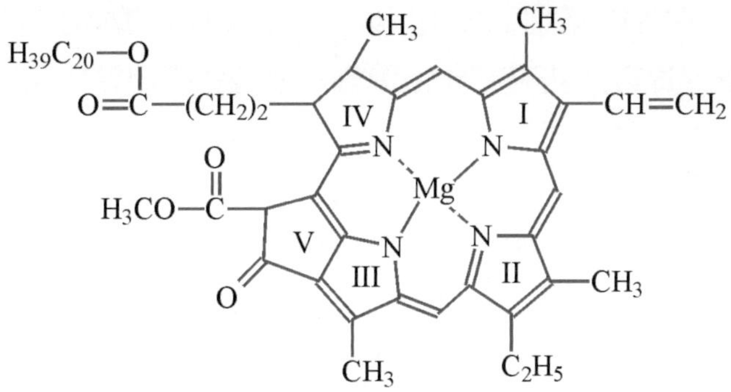

葉綠素 A（Chlorophyll A）

4.其他動植物色素

(1)類胡蘿蔔色素（Carotenoid）：

　①紅木素（Bixin）：以紅木種子為原料製得的油溶性黃色至橙黃色的色素。

　②辣椒黃素（Capsanthin）：以辣椒粉為原料製得的橙黃色至橙紅色的色素。

　③菌脂色素（Lycopin）：以蕃茄為原料製得的紅色至紅橙色的色素，即蕃茄紅素。

　④蕃紅花苷（Saffroside）：以茜草科梔子的果實為原料製取的橙黃色的色素。

(2)蒽醌色素（Anthraquinone）：例如蟲漆酸（Laccaic acid），是將蟲膠介殼蟲分泌的汁液經乾燥而製得的紅色色素。

(3)黃酮類色素（Flavonoid）：

　①紫蘇紅（Perilla Red）：以紅紫蘇的葉莖為原料萃取的紅色（酸性溶液）色素。

　②紅南瓜色素（Redpumpkin pigment）：從紅色南瓜萃取而得到的紅色至紫紅色的色素。

(4)二酮類色素（Diketone）：例如薑黃素（Curcuma），是從薑科鬱金的根莖萃取得的黃色色素。

◢ 珠光顏料

能使化妝品產生珍珠般色澤效果的物質稱為珠光顏料。產生珠光的原理是

由於同時發生光干擾和光散射的多重反射的結果。珠光顏料因能加強色澤效果，現在已廣泛應用於膏霜、乳液、乳化香皂、唇膏和指甲油等化妝品。廣受人們喜歡，所以越來越重要。

1. 天然魚鱗片：天然魚鱗片是由帶魚或鯡魚的鱗片（主要成分是鳥腺嘌呤，guanine）經有機溶劑精製而成，結構式如下：

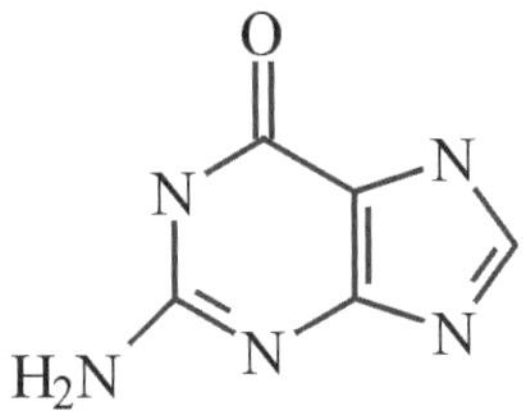

由於魚的種類及大小不同，粒徑和晶型也不同，難得到質量穩定的產品，且價格較高。但其珍珠光澤比較凝重，所以適用於唇膏、指甲油和化妝品等。

2. 氯化亞鉍（Bismuth oxychloride, BiOCl）：氯化亞鉍是由硝酸鉍的稀硝酸溶液與氯化鈉反應而製得，其顆粒大小各不相同，結晶是不規則的，但具有較好的不透光性和柔和的珍珠光澤，光照時間過長，色澤會變深。可溶於酸，不溶於水。也可在雲母粉表面覆蓋上氯化亞鉍，製成珠光顏料，使其在溶劑中的分散性更好，擴大其應用範圍。

3. 二氧化鈦—雲母（Titanium dioxide-mica）：雲母是一種白色、質地輕，略有珠光的片狀粉末。因為具有一定的黏附性和遮蓋性，易於著色。利用其特點，將片狀雲母粉的表面用化學方法塗上二氧化鈦薄膜，得到二氧化鈦—雲母珠光顏料。該顏料是一種夾心結構的物質，具有銀白色光澤和潤滑感覺。現在還研製出在雲母粉表面塗上二氧化鈦薄膜層後，在覆上 Fe、Cr、Ni、Co、Al、Sn、Bi 等金屬氧化物薄膜，而使之具有不同顏色的珠光顏料。

4. 合成珠光顏料（Synthetic pearl luster）：利用有機合成反應製得合成珠光顏料，其中代表性的是乙二醇單硬脂酸酯，反應式如下：

$$HOCH_2 - CH_2OH + C_{17}H_{35}COOH \xrightarrow[\triangle]{H^+} C_{17}H_{35}COOCH_2 - CH_2OH + H_2O$$

■ 化妝品用色素要求

　　根據化妝品的性能和作用，對化妝品色素的要求，主要有下列幾點：

(1)顏料鮮艷、美觀、色感好。

(2)著色力強，透明性好或遮蓋力強。

(3)與其他組分相容性好。分散性好。

(4)耐光性、耐熱性、耐酸性、耐鹼性和耐有機溶劑性強。

(5)安全性高，在允許使用範圍及限制條件下無毒、無刺激性、無過敏性等。

習題

1.什麼是香料？什麼是香精？香料與香精的關係為何？

2.請說明合成香料的種類，並舉一合成香料的實例？

3.調香是指什麼？

4.什麼叫陳化？為什麼要陳化？

5.染料、顏料及色澱有何差異？

6.有機合成色素和無機顏料各有什麼特點？

7.化妝品中常用色素可分為哪幾類？

第 **10** 章

化妝品添加劑㈢ 防腐劑和 抗氧化劑

第一節　防腐劑
第二節　抗氧化劑

　　為了保證化妝品在保質期內的安全有效性，常在化妝品中添加防腐劑和抗氧化劑，它們在化妝品中的作用是防止和抑制化妝品在使用、儲存過程中的敗壞和變質。防腐劑是能夠防止和抑制微生物生長和繁殖的物質。抗氧化劑是能夠防止和減緩油脂的氧化酸敗作用的物質。本章將討論化妝品因微生物作用或氧化作用而引起化妝品敗壞和變質的原因以及影響它們的作用因素；防腐劑（Preservative）和抗氧化劑（Anti-oxidant）的防腐或抗氧化作用的機制。並介紹有關化妝品中常用的防腐劑和抗氧化劑。

第一節　防腐劑

▌微生物的作用

　　化妝品中含有油脂、蠟、蛋白質、胺基酸、維生素和糖類化合物等，還含有一定量的水分，這樣形成的體系往往是細菌、真菌和酵母菌等微生物孳生繁衍的良好環境，其結果是使化妝品易發黴、變質，其包括乳化體被破壞、透明產品變混濁、顏色變深或產生氣泡以及出現異味、pH值降低等現象。為了達到防腐、防黴的目的，大部分化妝品中必須添加防腐劑，以達到能夠防止和抑制微生物的生長繁殖的作用。

　　在化妝品中能夠生長繁殖的微生物有：一、細菌（Bacteria）：大腸桿菌、綠膿桿菌等；二、真菌（Fungus）：青黴菌、曲黴菌、毛黴菌、酒黴菌等；三、酵母菌（Yeast）：啤酒酵母菌、麥酒酵母菌等。

▌影響微生物生長的因素

　　上述微生物的生長繁殖除需要有一定的營養物質、水分、礦物質等外，還要求具有一定條件，如 pH 值、溫度、氧等。

1. 營養物（Nutriment）：糖類化合物如澱粉、多糖類膠性物質等；醇類如甘油、脂肪醇等；脂肪酸及其酯類，如動植物性油脂和蠟；蛋白質與各種胺基酸及維生素類等都是微生物所能利用的物質。

2. 礦物質（Mineral material）：鐵、錳、鋅、鈣、鎂、鉀、硫、磷等元素是多數微生物生長所需要的元素。

3. 水分（Water）：微生物的生長必須有足夠的水分，水是微生物細胞的主要組成部分，其含量達70%～90%。微生物所需的營養物質必須先溶於水，才能被吸收利用，細胞內各種生物化學反應也都要在水溶液中進行。

4. 溫度（Temperature）：多數微生物生長的最適宜溫度在 20～30℃ 之間，這與化妝品的應用和儲存條件基本一致。當溫度高於40℃時，只有少數細菌生長，而溫度低於10℃時，只有黴菌和少數細菌生長，但繁殖速度較慢。所以，化妝品一般貯存於陰涼地方。但溫度過低，如低於0℃以下，則會影響化妝品的劑型等變化。

5. pH 值（pH value）：黴菌能夠在較寬的 pH 範圍內生長，但最好是在 pH 值 4～6 之間；細菌則易在中性的介質中生長，當 pH 值為 6～8 時生長最好；酵母菌在微酸性的條件下生長為宜，最適宜的 pH 值是 4～4.5。所以，一般微生物在酸性或中性介質中生長較適宜，而在鹼性介質中（pH 值 9 以上）幾乎不能生長。

6. 氧（Oxide）：多數黴菌是需氧性的，幾乎沒有厭氧性的。酵母菌儘管在無氧時也能生長，但有氧時生長更好。細菌的需氧性一般，有的厭氧性好。因此，化妝品中多數微生物是需氧性的，所以，排除化妝品的空氣或保持容器的嚴密性對防止和抑制微生物生長是很重要的。

■ 防腐劑對微生物的作用

防腐劑不但抑制細菌、真菌和酵母菌的新陳代謝，而且抑制其生長和繁殖。防腐劑對微生物的作用，只有在以足夠的濃度與微生物直接接觸的情況下，才能產生作用。防腐劑先是與細胞外膜接觸，進行吸附，穿過細胞膜進入原生質內，然後才能在各個部位發揮效應作用，阻礙細胞繁殖或將細胞殺死。實際上，抑制或殺死微生物是基於多種高選擇性的多種效應，各種防腐劑都有其活性作用的標的部位，即細胞對某種藥物存在敏感性最強的部位，如表 10-1 所示各種防腐劑活性作用標的部位。

表 10-1 防腐劑活性作用標的部位

活性作用標的部位	防腐劑
膜的活性	四級銨鹽類、氯己定類、苯氧基乙醇、乙醇、苯乙醇和酚類
硫基酶	2-溴-2-硝基-1,3-丙二醇
羧基酶	甲醛和甲醛供體
胺基酶	甲醛和甲醛供體
核酸	嘧啶類
蛋白質變性	酚類和甲醛

由表 10-1 可見，防腐劑對微生物的作用是通過對酶的活性、細胞膜及細胞原生質部分的遺傳微粒，即核酸而產生作用。所以，防腐劑最重要的作用可能是抑制一些酶的反應，或者是抑制微生物，細胞中酶的合成，如蛋白質和核酸的合成。

化妝品用防腐劑的要求

理想的化妝品用防腐劑應具備如下特徵：

1. 對多種微生物都應具有抗菌、抑菌效果。
2. 能溶於水或化妝品中其他成分。
3. 無毒性、刺激性和過敏性。
4. 在較大的溫度範圍內都應穩定而有效。
5. 對產品的顏色、氣味無顯著影響。
6. 與化妝品中其他成分相容性要好，不與其他成分發生化學反應，而降低其作用。
7. 對產品的 pH 值產生，無明顯反應。
8. 價格低廉、易得。

雖然防腐劑的品種很多，但能滿足上述要求的並不多，特別是面部和眼部用化妝品的防腐劑更要慎重選擇。

化妝品用防腐劑

　　使用在化妝品的防腐劑有很多，在此按其化學結構分類介紹，並列舉常用或代表性防腐劑加以說明。

1. 醇類（Alcohol）：可用作防腐劑的有乙醇、異丙醇、丙二醇、苄醇、2-苯基乙醇、1-苯氧基-2-丙醇、2,4-二氯苄醇、3,4-二氯苄醇等。

　　較新型常用的醇類防腐劑：2-溴-2-硝基-1,3-丙二醇（2-bromo-2-nitro-l,3-propanediol），商品名稱布羅波爾（Bronopol）。它是白色結晶或結晶狀粉末，易溶於水，它的最佳使用pH值範圍為5～7。在pH值為4時最穩定，隨介質 pH 值升高穩定性下降。在鹼性條件下，溶液顏色容易變深，但對抗菌活性影響不大。與尼泊金酯配製使用要比單獨使用抗菌效果更好。對皮膚一般無刺激性和過敏性。在低濃度下，它就是一種廣泛使用的抗菌劑，按規定允許最大用量為 0.1%。常使用於膏霜、乳液、香皂、牙膏等化妝品中。

$$HOCH_2 \overset{\overset{\displaystyle Br}{|}}{\underset{\underset{\displaystyle NO_2}{|}}{C}} CH_2OH$$

2-溴-2-硝基-1,3-丙二醇（2-Bromo-2-Nitro-l,3- Propanediol）

2. 酚類（Phenol）：很多酚類化合物不僅具有抗菌、防腐作用，而且還具有抗氧化劑作用。酚類可用作防腐劑的有苯酚、間苯二酚、2-苯基苯酚、2-甲基-4-氯苯酚、3-甲基-4-異丙基苯酚、3,5-二甲基-4-氯苯酚、3,5-二甲基-2,4-二氯苯酚、2-甲基-3,4,5,6-四溴苯酚等。

　　代表性酚類防腐劑有：

(1) 2-苯基苯酚（2-phenylphenol）：它是白色的片狀晶體，略有酚的氣味，不溶於水，能溶於鹼溶液及大部分有機溶劑。它的防腐活性很高，在低濃度（0.005%～0.006%）時顯示出很好的殺菌效果，較苯甲酸和對羥基苯甲酸甲酯、乙酯活性高，化妝品中一般用量為 0.05%～0.2%，按規定最大允許用量 0.2%。

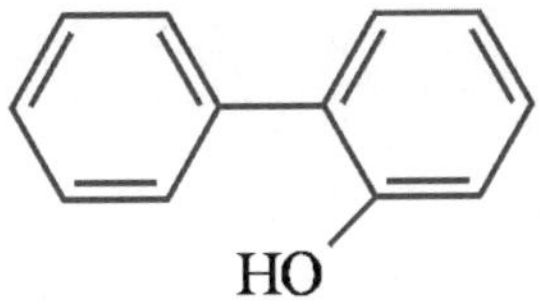

2-苯基苯酚（2-phenylphenol）

⑵六氯酚（hexachlorophenol）：化學名稱為 2, 2'-亞甲基雙（3, 4, 6-三氯苯酚）[2, 2'-methylene bis (3, 4, 6-trichlorophenol)]。它是白色可流動性粉末，無臭、無味，溶於乙醇、乙醚、丙酮和氯仿中，不溶於水。對革蘭氏陽性菌有很好的殺菌作用，可當作皮膚的殺菌劑，一般用於皂類、油膏類化妝品。在較高濃度（1%～3%）時才對黴菌有作用，所以在化妝品內的使用受到限制，其最大允許濃度為 0.1%。與其具有相似作用還有雙氯酚，化學名稱為 2, 2'-亞甲基雙（4-氯苯酚），也有較好的抗黴菌作用。

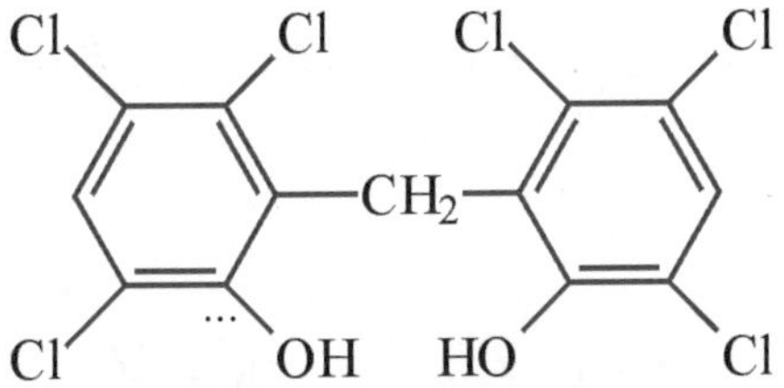

六氯酚（hexachlorophenol）

3. 羧酸及其酯類或鹽類用作防腐劑的有苯甲酸及其鈉鹽、山梨酸及其鉀鹽、水揚酸及其鈉鹽、對胺基苯甲酸乙酯等。

　　常用的防腐劑有：

⑴脫氫醋酸及其鈉鹽（dehydroacetic acid and its sodium, DHA）：DHA 由四分子醋酸通過分子間脫水而製得。易溶於乙醇、稍溶於水，其鈉鹽易溶於水。都是無臭、無味、白色結晶性粉末。無毒，在酸性介質（pH<5）時抗菌效果好，最大允許濃度為 0.6%。

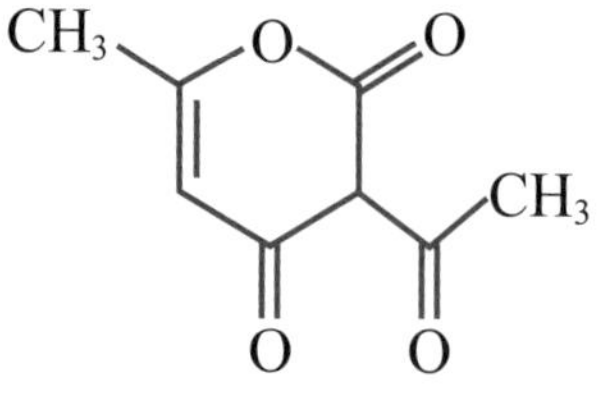

脫氫醋酸（dehydroacetic acid） 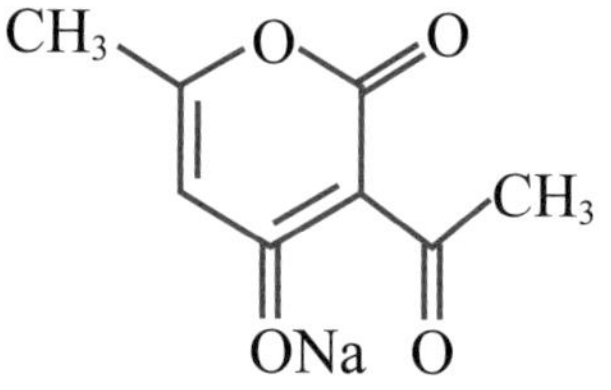　　　　　脫氫醋酸鈉（Sodium dehydroacetic acid）

(2) 對烴基苯甲酸酯類（esters of p-hydroxybenzioc acid）：商品名為尼泊金酯
（Paraben ester）。其酯類包括甲酯、乙酯、丙酯、異丙酯和丁酯等，這一
系列酯均為無臭、無味、白色晶體或結晶性粉末。該系列用作化妝品防腐
劑已有很久歷史，因具有不易揮發、無毒、穩定性好等特點，現在仍廣泛
被應用，在酸性或鹼性介質中都有良好的抗菌活性。其活性隨酯基碳鏈的
數目增加而增強，但在水中溶解度降低。其酯類混合使用比單獨使用效果
更佳，例如甲酯：乙酯：丙酯：丁酯 ＝ 7：1：1：1，也可依化妝品不同而
改變配比。常用於油脂類化妝品中，最大允許濃度單酯為 0.4%，而混合酯
為 0.8%。

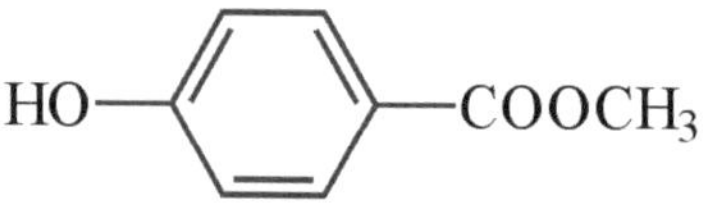

尼泊金甲酯（Methyl Paraben） 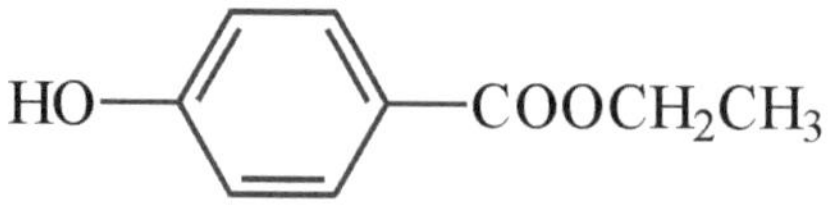　　　　　尼泊金乙酯（Ethyl Paraben）

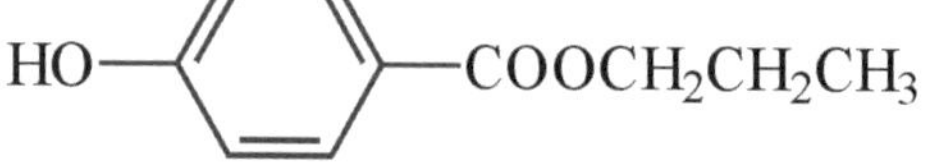

尼泊金丙酯（Propyl Paraben） 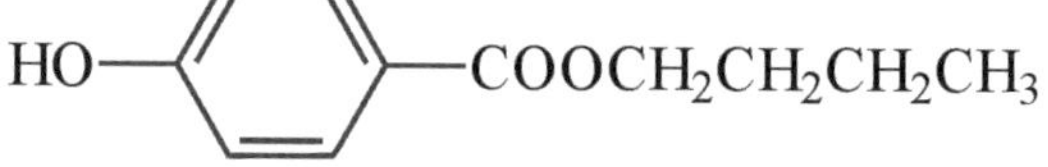　　　　　尼泊金丁酯（Buthyl Paraben）

(3) N-烴甲基甘胺酸鈉（sodium N-hydroxymethyl aminoacetate）：商品名為 Sut-
tocide A，是一種常見的抗菌劑，在 pH 值 8～12 的範圍內防腐活性高。一
般使用濃度為 0.003%～0.3%，主要用於香皂、護髮素等化妝品。

$$HOCH_2—NH—CH_2COONa$$

N-烴甲基甘胺酸鈉（sodium N-hydroxymethyl aminoacetate）

4.醯胺類：醯胺類化合物用作防腐劑的有：

(1)鹵二苯脲（halocarban）：化學名稱為 4, 4-二氯-3-三氟甲基二苯脲[4, 4'-dichloro-3-(trifluoromethyl)-carbanilide]。它是無臭、無味、白色粉末，難溶於水，對革蘭氏陽性菌有抗菌作用，最大允許濃度為 0.3%。

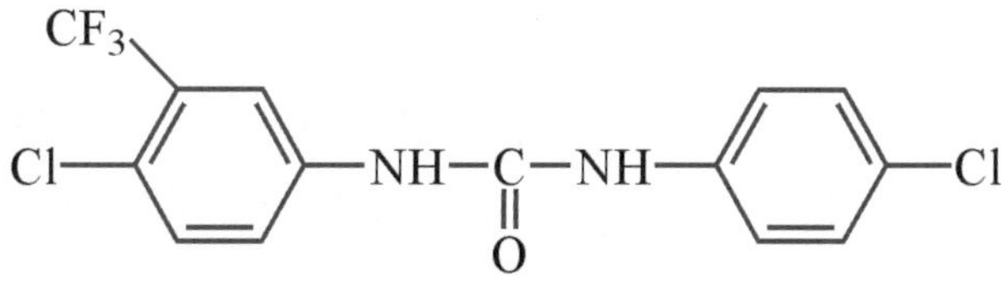

鹵二苯脲（halocarban）

(2)三氯二苯脲（trichlorocarban）：化學名稱為 3, 4, 4-三氯二苯脲（3, 4, 4-trichlorocarbanilide）。它是無臭、無味、白色細粉末，難溶於水，對革蘭氏陽性菌有抗菌作用，最大允許濃度為 0.3%。

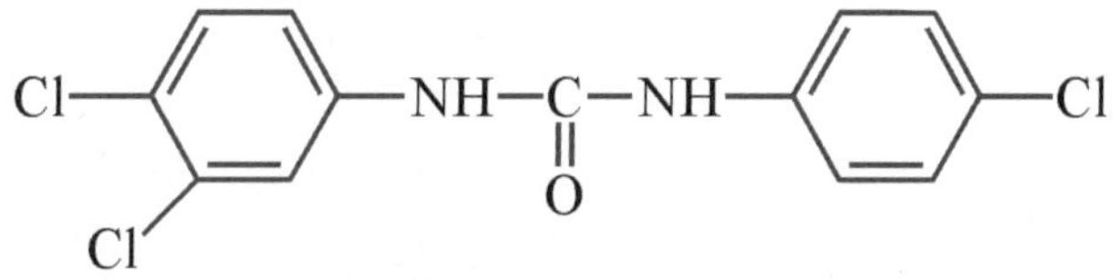

三氯二苯脲（trichlorocarban）

(3)咪唑烷基脲（imidazolidinyl urea）：商品名為 Germa-115，化學名稱為 3, 3'-雙（1-烴甲基-2, 5-二氧代咪唑-4-基）-l, 1'-亞甲基雙脲[3, 3'-bis (1-hydroxymethyl-2, 5-dioxoimidazolidin-4-yl) -1, l'-methylenedi- urea]。它是無臭、無味、白色粉末，極易溶於水，對皮膚無毒、無刺激性、無過敏性，與尼泊金酯配合使用可大大提高抗菌活力。對各種界面活性劑都能配製，適合的 pH 值為 4～9。最大允許濃度為 0.6%。

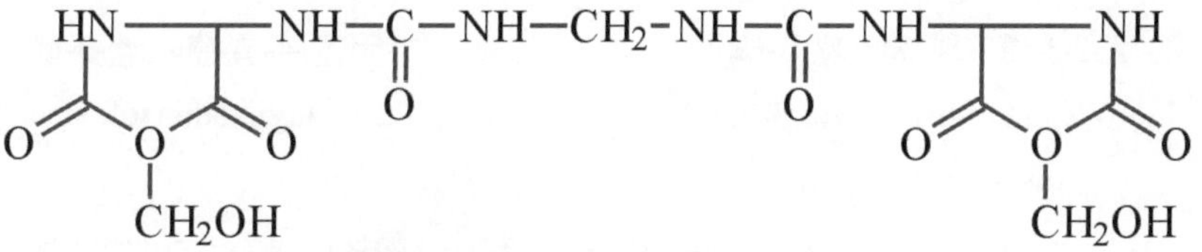

咪唑烷基脲（imidazolidinyl urea）

(4) N-（烴甲基）-N-（1, 3-二烴甲基-2, 4-二氧-5-咪唑啉基）-N'-（烴甲基）脲 [N-(hydroxymethyl)-N-(1,3-dihydroxymethyl-2,4-dioxoimidazolidin-4-yl)-N'-(hydroxymethyl)urea]：商品名稱為 Germal II。它是白色流動吸濕性粉末，無味或略有特徵氣味。可在較寬的pH值範圍內（4～8）使用；穩定性好，可與所有離子型和非離子型界面活性劑配製，也可與大多數化妝品成分配製。其抗細菌活性較咪唑烷基脲好，但抗黴菌活性較咪唑烷基脲差。與對烴基苯甲酸酯類配製使用，可增強抗黴菌的活性。在化妝品中，常以Germal II 0.2%，對烴基苯甲酸甲酯 0.2%和丙酯 0.1%混合使用。

N-（烴甲基）-N-（1, 3-二烴甲基-2, 4-二氧-5-咪唑啉基）-N'-（烴甲基）脲[N-(hydro-xymethyl)-N-(1, 3-dihydroxymethyl-2, 4-dioxoimidazolidin -4- yl)-N'- (hydroxymethyl) urea]

5.雜環類

(1) 5-氯-2-甲基-異噻咪唑-3-酮和 2-甲基-4-異噻咪唑-3-酮的混合物（mixture of 5-chloro-2-methylisothiazol-3-one and 2-methylisothiazol-3- one）：商品名稱為 Kathon（G）或凱松-CG。它是淡琥珀色透明液體，氣味溫和。最佳使用pH值範圍為 4～8，pH＞8 穩定性下降。可與各種離子型和非離子型界面活性劑配製。但與胺類、硫醇等含硫化合物和漂白劑及高pH值均會使其失活。最大允許用量為 0.005%。

5-氯-2-甲基-異噻咪唑-3-酮
（5-chloro-2-methylisothiazol-3-one）

2-甲基-4-異噻咪唑-3-酮
（2-methylisothiazol-3-one）

(2) 1-烴甲基-5, 5-二甲基-乙內醯脲和 1, 3-雙（烴甲基）-5, 5-二甲基乙內醯脲

的混合物[mixture of l-hydroxymethyl-5, 5-dimethylhydantoin and l, 3-bis（hydroxymethyl）-5, 5-dimethylhydantoin]：它是白色可自由流動性粉末。可與所有離子型和非離子型界面活性劑配製。在80℃以下及較寬pH值範圍（4～9）內使用。一般使用濃度為 0.04%～0.25%，適用於膏霜、乳液、香皂、嬰兒用品、眼部化妝品和防曬化妝品等。

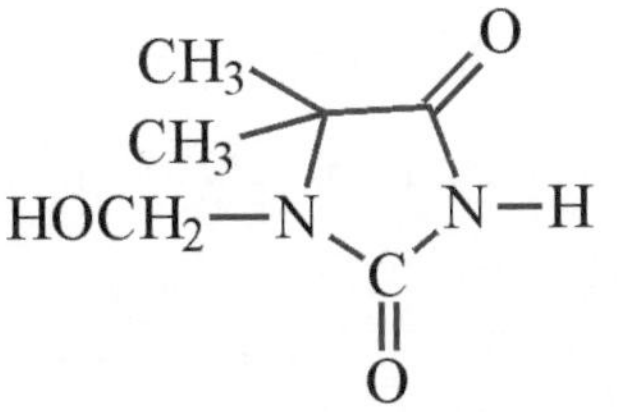

1-烴甲基-5, 5-二甲基-乙內醯脲
（l-hydroxymethyl-5, 5-dimethylhydantoin）

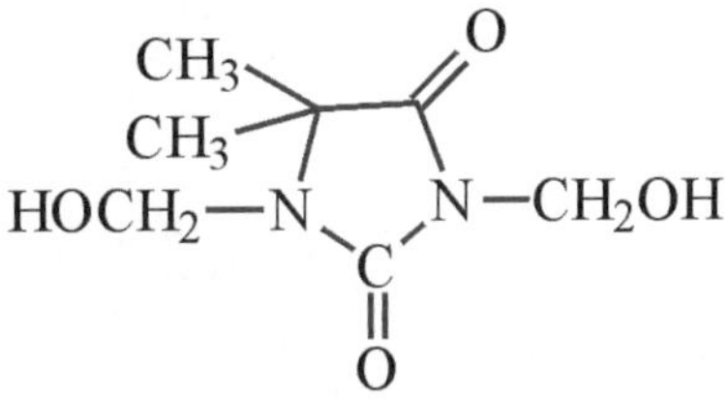

1,3-雙（烴甲基）-5, 5-二甲基乙內醯脲
（l,3-bis（hydroxymethyl）-5, 5-dimethylhydantoin）

6. 四級銨鹽類：四級銨鹽類是陽離子界面活性的重要一類化合物，一般認為它具有較好的抗菌、殺菌作用。常用的化妝品防腐劑的有烷基三甲基氯化銨（alkyl trimethyl ammonium chloride）、烷基溴化喹啉、十六烷氯化吡啶等。其中烷基為長碳鏈烴基，通常碳原子數目為 C_{12}～C_{22}。在鹼性介質中抗菌活性高，但與陰離子基團接觸時，則會發生作用而失效。

　　代表性四級銨鹽：l-（3-氯丙烯基）氯化烏洛托品[l-（3-chloropropenyl）

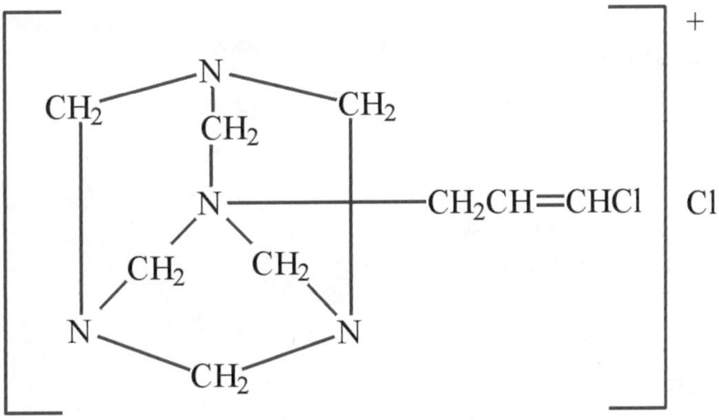

1-（3-氯丙烯基）氯化烏洛托品
[l-（3-chloropropenyl）urotopinum chloride]

urotopinum chloride]，商品名稱 Dowicil 200。它是淺黃色粉末，無臭、無味，易溶於水、甘油等，不溶於油性溶劑。在 pH 值 4～9 時抗菌活性高，是一種較新型的抗菌劑，可用於膏霜類化妝品中，一般用量為 0.1%。

7. 其他類：用於化妝品防腐劑的其他類有：

(1)四甲基秋蘭姆二硫化物（thiram）。

(2)氯己定（Chlorhexidine）：可以葡萄糖酸、鹽酸、醋酸氯己定形式，如葡萄糖酸洛赫西定（Chlorhexidine gluconate）使用。它是淡黃色結晶性粉末，無臭、有苦味，溶於乙醇、水。具有相當強及廣泛的抑菌、殺菌作用，無毒、無刺激性、無過敏性，最大允許濃度為 0.3%。

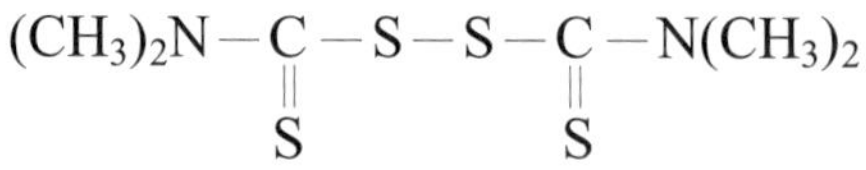

$$(CH_3)_2N-C-S-S-C-N(CH_3)_2$$

四甲基秋蘭姆二硫化物（thiram）

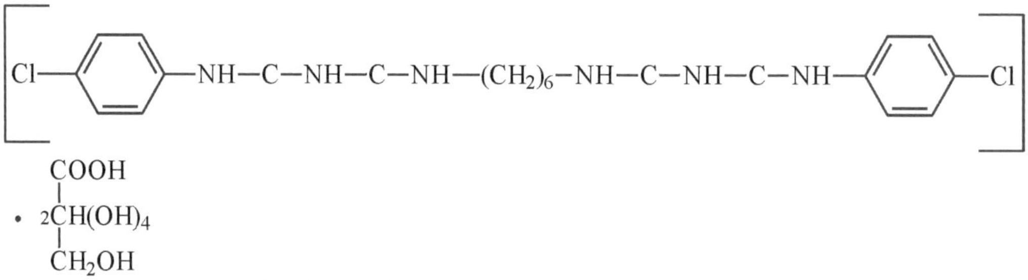

葡萄糖酸洛赫西定（Chlorhexidine gluconate）

　　某些香料也有抑菌效果，一種是具有酚結構的，如丁香酚、香蘭素等；另一種是不飽和的香葉烯結構的，如檸檬醛、香葉醇等。

第二節　抗氧化劑

油脂的酸敗

　　化妝品中常含有油脂、蠟等成分，特別是油脂中的不飽和脂肪酸的不飽和

鍵容易被氧化而發生變質,這種氧化變質稱為酸敗。就外在因素而言,空氣中氧、水分、光、熱、微生物及金屬離子等均可促使氧化反應進行,而加速酸敗。就內在因素而言,酸敗的化學本質是由於油脂水解而產生游離的脂肪酸,其中不飽和脂肪酸的雙鍵部分受到空氣中氧的作用,發生加成反應而生成過氧化物,此過氧化物繼續分解或氧化,生成低級醛和羧酸。其過程如下:

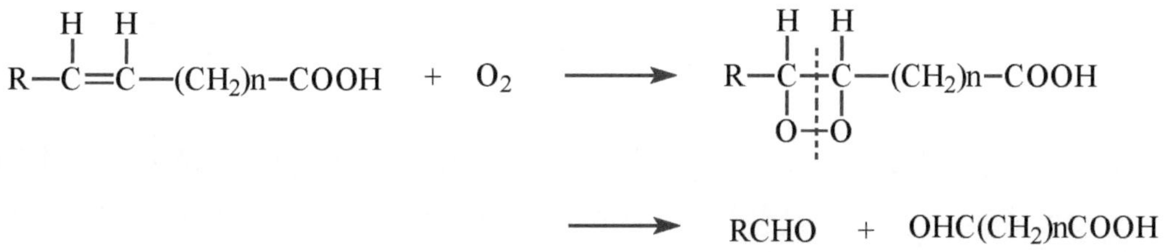

$$R-C=C-(CH_2)n-COOH \ + \ O_2 \longrightarrow R-\overset{H}{\underset{\underset{O}{|}}{C}}-\overset{H}{\underset{\underset{O}{|}}{C}}-(CH_2)n-COOH$$

$$\longrightarrow \ RCHO \ + \ OHC(CH_2)nCOOH$$

氧化反應生成的過氧化物、醛和羧酸等會引起產品的顏色改變,釋放出酸敗的臭味,使產品的pH值降低等,而使產品質量下降,也會對皮膚產生刺激性,甚至引起炎症。因此,在化妝品的生產、使用和貯存過程中,應盡量避免油脂酸敗現象的發生是非常重要的。

影響酸敗的因素

影響油脂酸敗因素很多,既有內在因素也有外在因素。

1. 內在因素

主要是油脂中的不飽和脂肪酸的不飽和碳碳雙鍵,此部位是結構中的「弱點」,極容易被氧化而斷鍵。分子結構內的不飽和鍵愈多,就愈容易被氧化。如果油脂中原來存在的不皂化物部分的天然抗氧化劑,如維生素 E 等,在精製過程中被除去,也使氧化反應容易發生。另外,油脂中常存在能促進氧化作用的氧化。

2. 外在因素

(1)氧(Oxide):是造成酸敗的主要因素,在生產過程、化妝品的使用和貯存過程中都可能接觸空氣中的氧。因此,氧化反應的發生是不可避免的。

(2)熱（Heat）：熱會加速脂肪酸的水解反應，提供了微生物的生長條件，可以加速酸敗。因此，在低溫條件下有利於減緩氧化酸敗。

(3)光（Light）：可見光雖然並不能直接引起氧化作用，但其中某些波長的光對氧化有促進作用。所以，避免直接光照或用有顏色的包裝容器可以消除不利波長光線的影響。

(4)水分（Water）：在油脂中存在水分，為微生物生長提供了必要條件，而它們產生的能會引起油脂的水解，加速自動氧化反應，也會降低抗氧化劑如酚、胺等的活性。

(5)金屬離子（Metal ion）：某些金屬離子能使原有的或加入的抗氧化劑作用大大降低，還有的金屬離子可能成為自動氧化反應的催化劑，加速氧化酸敗。這些金屬離子主要有銅、鉛、鋅、鋁、鐵、鎳等。所以，製造化妝品的原料、設備和包裝容器等盡量避免使用金屬製品或含有金屬離子。

(6)微生物（Microorganism）：黴菌、油脂分解為脂肪酸和甘油，然後再進一步分解，加速油脂的酸敗。這也是化妝品的原料、生產過程、使用和貯存等要保持無菌條件的重要原因。

▌油脂酸敗的機制

　　油脂的氧化酸敗過程，一般認為是按游離基（自由基）鏈式反應進行的，其反應過程包括三個階段（RH代表油脂類化合物分子，R·代表鏈自由基）。

1. 鏈的引發
　　油脂分子 RH 受到熱或氧的作用後，在其分子結構的「弱點」部位（如支鏈、雙鍵等）產生自由基：

$$RH \xrightarrow{\text{熱}} R \cdot + \cdot H$$
$$RH + O_2 \longrightarrow R \cdot + \cdot OOH$$

2. 鏈的傳遞和增長
　　自由基 R· 在氧的存在下，自動氧化生成過氧化自由基 ROO· 和分子過氧

化氫：

$$R \cdot + O_2 \longrightarrow ROO \cdot$$
$$ROO \cdot + RH \longrightarrow R \cdot + ROOH$$

分子過氧化氫又分解為鏈自由基：

$$ROOH \longrightarrow RO \cdot + \cdot OH$$
$$ROOH + RH \longrightarrow RO \cdot + H_2O$$

3.鏈的終止分子鏈自由基相結合而終止鏈反應

$$R \cdot + \cdot R \longrightarrow R{-}R$$
$$R \cdot + \cdot ROO \longrightarrow ROOR$$
$$ROO \cdot + ROO \cdot \longrightarrow ROOR + O_2$$

後兩種終止方式，由於生成的過氧化物不穩定，很容易裂解成分子自由基，再引起鏈的引發和增長。

在上述的不飽和脂肪酸氧化反應中，生成的中間體在鏈的增長階段，由於產生烷氧基自由基而使主碳鏈發生斷裂。例如，生成低級醛、醛酸、過氧化物等的反應。

$$R{-}\underset{\underset{O}{|}}{\overset{\overset{H}{|}}{C}}{+}\underset{\underset{O}{|}}{\overset{\overset{H}{|}}{C}}{-}(CH_2)n{-}COOH \longrightarrow R{-}\underset{\underset{O}{|}}{\overset{\overset{H}{|}}{C}}{+}\underset{\underset{O}{|}}{\overset{\overset{H}{|}}{C}}{-}(CH_2)n{-}COOH$$

$$\longrightarrow R{-}CHO + OHC{-}(CH_2)n{-}COOH$$

抗氧化劑的作用在於它能抑制自由基鏈式反應的進行，即阻止鏈增長階段的進行。這種抗氧化劑稱為主抗氧化劑，也稱為鏈終止劑，以 AH 表示之。鏈

終止劑能與活性自由基 R・、ROO・等結合，生成穩定的化合物或低活性自由基 A・，從而阻止了鏈的傳遞和增長。例如：

$$R \cdot + AH \longrightarrow RH + A \cdot$$
$$ROO \cdot + AH \longrightarrow ROOH + A \cdot$$

胺類、酚類、氫醌類化合物作為抗氧化劑都是較好的主抗氧化劑，可進行鏈終止劑的作用。

胺類化合物的作用是作為氫的提供者，發生氫轉移反應，形成穩定的自由基，降低氧化反應速度。例如：

$$R'_2NH + ROO \cdot \longrightarrow R'_2N \cdot + ROOH$$
$$R'_2N \cdot + ROO \cdot \longrightarrow R'_2NOOR$$

酚類化合物的作用是能產生 ArO・自由基，可與 ROO・自由基產生作用。例如：

$$ArO \cdot + ROO \cdot \longrightarrow ROOArO$$

氫醌（AH_2）類化合物的作用是與自由基反應，使之不再引發反應，也可與 ROO・自由基產生作用。例如：

$$AH_2 \cdot + ROO \cdot \longrightarrow ROOH + AH \cdot$$
$$AH \cdot + AH \cdot \longrightarrow A + AH_2$$

為了能更好地阻斷鏈式反應，還要阻止分子過氧化氫的分解反應，則需要加入能夠分解過氧化氫 ROOH 的抗氧化劑，使之生成穩定的化合物，進而阻止鏈式反應的發展。這類抗氧化劑稱為輔助抗氧化劑，或稱為過氧化氫分解劑，它們的作用是能與過氧化氫反應，轉變為穩定的非自由基產物，從而消除自由基的來源。屬於這一類抗氧化劑的有硫醇、硫化物、亞磷酸酯等，它們的反應

如下：

$$ROOH + 2R'SH \longrightarrow ROH + R'-S-S-R' + H_2O$$
$$2ROOH + R'-S-S-R' \longrightarrow 2ROH + R'-S-R' + SO_2$$
$$ROOH + R'-S-R' \longrightarrow ROH + R'-\underset{\underset{O}{\|}}{S}-R'$$
$$ROOH + (RO)_3P \longrightarrow ROH + (RO)_3PO$$

另外，烴基酸等如酒石酸、檸檬酸、蘋果酸、葡萄糖醛酸、乙二胺四乙酸（EDTA）等，都能與金屬離子作用形成穩定的螯合物，而使金屬離子不能催化氧化反應，進而達到抑制氧化反應的作用。

▋抗氧化劑的結構與抗氧作用

胺類、酚類、氫醌類等抗氧劑，在它們的分子中都存在活潑的氫原子，如 N—H、O—H，這種氫原子比碳鏈上的氫原子（包括碳鏈上雙鍵所聯結的氫原子）活潑，它能被脫出來與鏈自由基 R· 或 ROO· 結合，進而阻止了鏈的增長，進行抗氧化劑的作用。例如，酚類抗氧化劑容易與鏈自由基作用，脫去氫原子而終止鏈自由基的鏈式反應，同時又生成酚氧自由基。如：

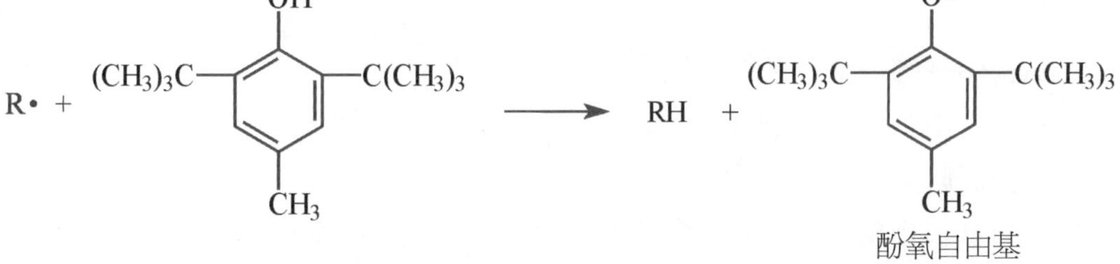

酚氧自由基

酚氧自由基與苯環同處於共軛體系中，比較穩定，其活性也較低，不能引發鏈式反應，而且還可以再終止一個鏈自由基。如：

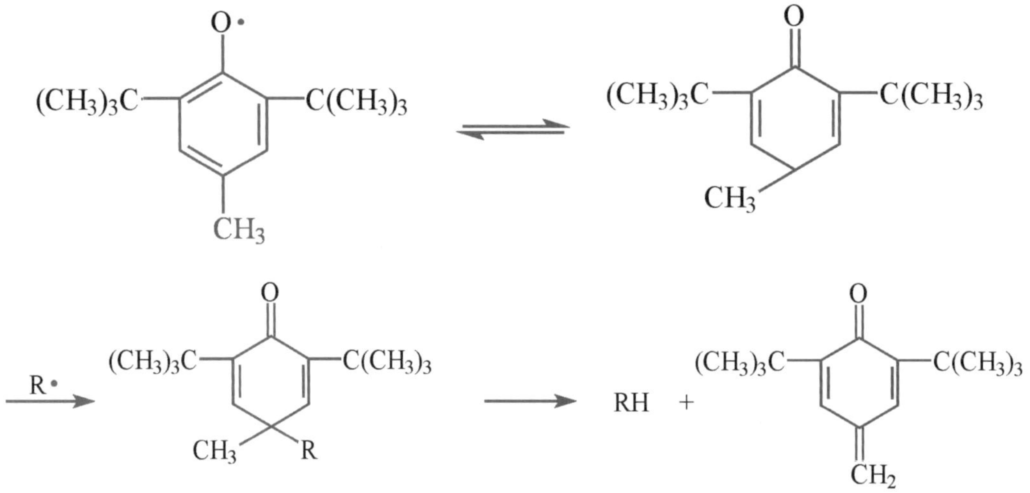

同樣，胺類、氫醌類也有上述的作用。

根據以上的討論，可以歸納出有效的抗氧化劑應該具有下列結構特徵：

(1)分子內具有活潑氫原子，而且比被氧化分子的部位上的活潑氫原子要更容易脫出，胺類、酚類、氫醌類分子都含有這樣的氫原子。

(2)在胺基、烴基所連的苯環上的鄰、對位上引進一個給電子基團，如烷基、烷氧基等，則可使胺類、酚類等抗氧化劑N—H、O—H鍵的極性減弱，容易釋放出氫原子，而提高鏈終止反應的能力。

另外，從結構上來看，對於酚類抗氧化劑，由於鄰位的取代數目增加或其分支增加，可以增大空間阻礙效應。這樣可使酚氧自由基受到相鄰較大體積基團的保護，降低了它受氧的攻擊，所發生反應的效率。既可以提高酚氧自由基的穩定，又可以提高它的抗氧化性能。

(3)抗氧自由基的活性要低，以減少對鏈引發的可能性，但又要有可能參加鏈終止反應。

(4)隨著抗氧化劑分子中的共軛體系的增大，使抗氧化劑的效果提高。因為共軛體系增大，自由基獨電子的解離程度就越大，這種自由基就越穩定，而不致成為引發性自由基。

(5)抗氧化劑本身應難以被氧化，否則它自身受氧化作用而被破壞，而無法進行應有的抗氧化作用。

(6)抗氧化劑應無色、無臭、無味，不會影響化妝品的質量。另外，需無毒性、

無刺激性、無過敏性。與其他成分相容性好，可達到分散均勻而起到抗氧化的作用。

抗氧化劑的分類

抗氧化劑的種類很多，按照化學結構，大體上可分為五類：

1. 酚類（Phenol）：二羥基酚、2,6-二3°丁基對甲酚、2,5-二3°丁基對苯二酚、對羥基苯甲酸酯類、沒食子酸及其丙酯與戊酯、去甲二氫愈刨木脂酸等。

2. 醌類（Quinone）：3°丁基氫醌、生育酚（維生素E）、烴基氧雜四氫化茚、烴基氧雜十氫化萘、溶劑浸出的麥芽油等。

3. 胺類（Amine）：乙醇胺、穀胺酸、酪蛋白及麻仁蛋白、嘌呤、卵磷脂、腦磷脂等。

4. 有機酸、醇及酯（Organic acid, alcohol, and ester）：草酸、檸檬酸、酒石酸、丙酸、丙二酸、硫代丙酸、維生素C、葡萄糖醛酸、半乳糖醛酸、甘露醇、山梨醇、硫代二丙酸雙月桂醇酯、硫代二丙酸雙硬脂醇酯等。

5. 無機酸及其鹽類（Inorganic acid and salt）：磷酸及其鹽類、亞磷酸及其鹽類。

上述五類化合物中，前三類抗氧劑主要為進行主抗氧化劑作用，而後兩類則輔為進行助抗氧化劑作用，單獨使用抗氧化效果不明顯，但與前三類配合使用，可提高抗氧化的效果。

化妝品常用的抗氧劑

1. 丁基烴基茴香醚（butylhydroxyanisol, BHA）：是3-3°丁基-4-烴基苯甲醚和2-3°丁基-4-烴基苯甲醚兩種異構體的混合物。BHA為穩定的白色蠟狀固體，易溶於油脂，不溶於水。在有效濃度內無毒性，允許用於食品中，是一種較好的抗氧化劑，與沒食子酸丙酯、檸檬酸、丙二醇等配合使用抗氧效果更佳，限用量為0.15%。

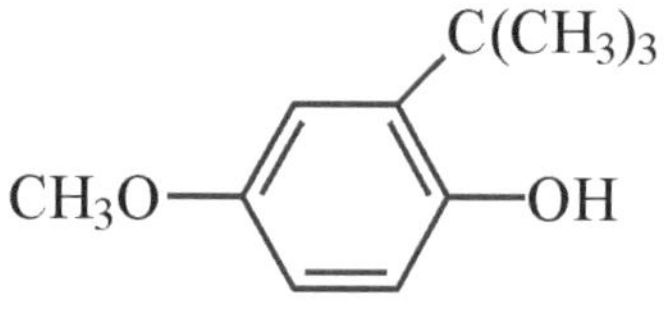

$$3\text{-}3°丁基\text{-}4\text{-}羥基苯甲醚$$

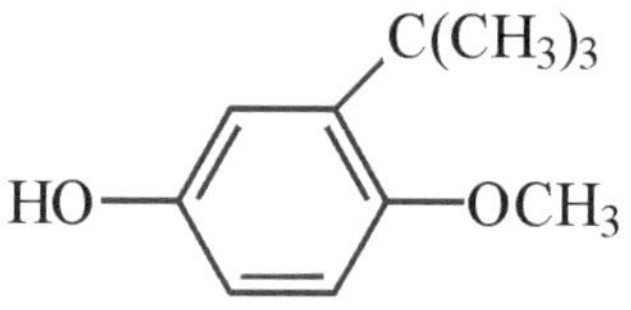

$$2\text{-}3°丁基\text{-}4\text{-}羥基苯甲醚$$

2. 丁基羥基甲苯（butylhydroxytoluene, BHT）：其化學名稱為 2, 6-二 3°丁基-4-甲基苯酚。它是白色或淡黃色的晶體，易溶於油脂，不溶於鹼，也沒有很多酚類的反應，其抗氧化效果與 BAH 相近，在高溫或高濃度時，不像 BHA 那樣帶有苯酚的氣味，也允許用於食品中。與檸檬酸、維生素 C 等共同使用，可提高抗氧化效果，限用量為 0.15%。

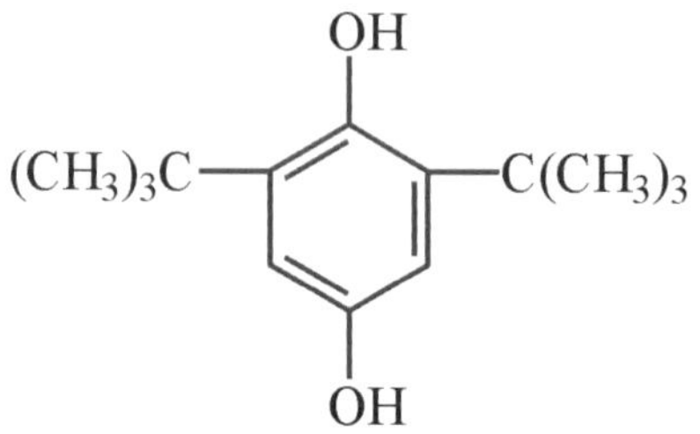

$$2, 6\text{-}二 3°丁基\text{-}4\text{-}甲基苯酚$$

3. 2, 5-二 3°丁基對苯二酚（2, 5-di-t-butyl-l, 4-benzenediol）：它是白色或淡黃色粉末，不溶於水及鹼溶液，可適用於對苯二酚不合適的條件下作為抗氧化劑，在植物油脂中有較好的抗氧化作用。

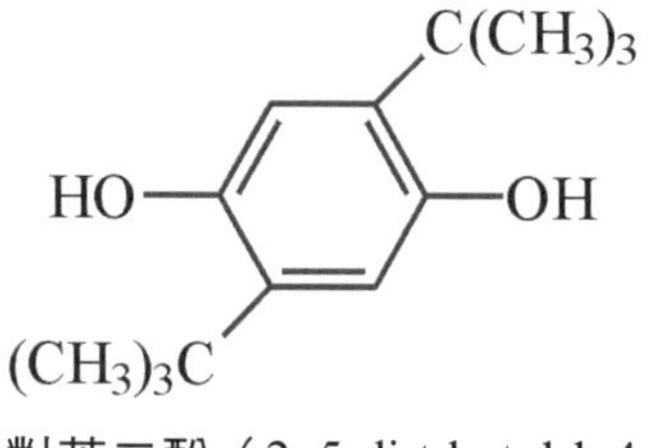

$$2, 5\text{-}二 3°丁基對苯二酚（2, 5\text{-}di\text{-}t\text{-}butyl\text{-}l, 4\text{-}benzenediol）$$

4. 去甲二氫愈刨酸（nordihydroguaiaretic acid, NDGA）：它能溶於甲醇、乙醇和乙醚，微溶於油脂，溶於稀鹼液變為紅色。對於各種油脂均有抗氧化效果，

但有一最適合量，超過這個適合量，反而會促進氧化反應。與濃度低於 0.005% 的檸檬酸和磷酸同時使用，則有較好的配合作用效果。

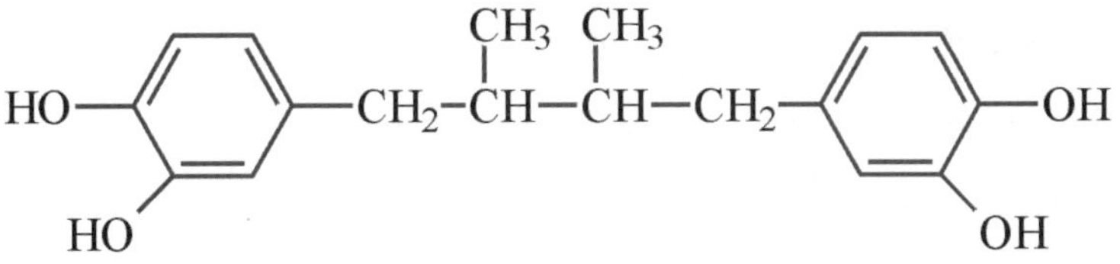

去甲二氫愈刨酸（Nordihydroguaiaretic acid）

5. 沒食子酸丙酯（propyl gallate）：也稱為棓酸丙酯。化學名稱為 3, 4, 5-三烴基苯甲酸丙酯（propyl-3, 4, 5-trihydroxybenzoate）。它是白色的結晶粉末，溶於乙醇和乙醚，在水中僅能溶解 0.1% 左右，加熱時可溶於油脂中。單獨或配合使用都具有較好的抗氧化作用，無毒性，也可用作食品的抗氧化劑。

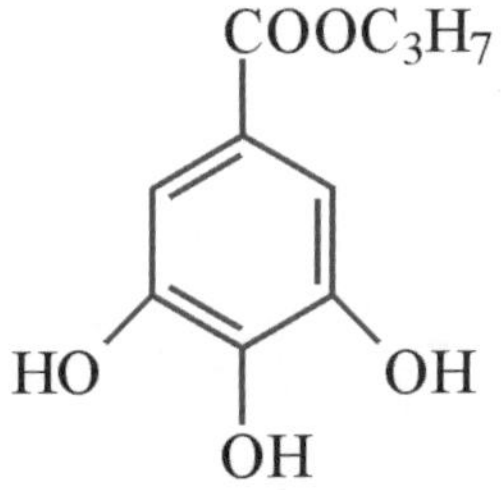

沒食子酸丙酯（Propyl gallate）

6. dl-α-生育酚（dl-α-tocopherol）：即維生素 E。它是淡黃色黏稠液，無臭、無味，不溶於水，易溶於乙醇、乙醚和氯仿。大多數天然植物油脂中均含有它，是天然的抗氧化劑。

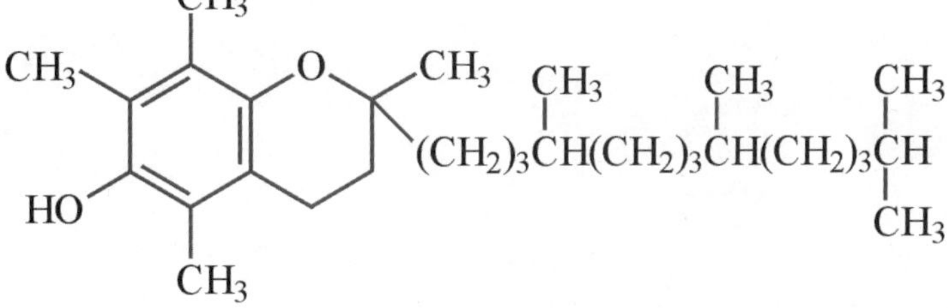

dl-α-生育酚（dl-α-tocopherol）

習題

1. 添加防腐劑及抗氧化劑於化妝品的目的為何？

2. 防腐劑對於微生物作用的方式有哪些？

3. 應用在化妝品中的防腐劑有哪些類別？

4. 油脂酸敗的機制為何，請簡述之？

5. 影響油脂酸敗的因素有哪些？

6. 抗氧化劑的分類有哪些？

7. 針對以應用在化妝品的防腐劑及抗氧化劑的實例，請各舉一例？

第 11 章

化妝品添加劑㈣
保濕劑及
營養劑

現代美容涵蓋人體容貌美和形體美兩部分。人們都希望自己的皮膚光滑、潤澤，富有活力，體形矯健優美及渴望延緩衰老過程。

在前者，要使皮膚光滑、柔軟和富有彈性，保持皮膚處於良好狀態，必須要保持皮膚角質層的含水量處於最佳範圍值。一般認為，其含水量應在10%～20%之間。低於10%，皮膚就會乾燥、粗糙，甚至皺裂。僅在乾燥皮膚表面上塗抹只含有油脂的化妝品，並不能使其變得柔軟。要保持皮膚處於良好狀態，除了要有滋潤作用的油脂性物質外，還要保持、補充水分，使皮膚角質層中含有一定量水分。如何做到這些，則是在化妝品中添加保濕劑。

在後者，要體形矯健優美，渴望延緩衰老過程，首要的條件就是身體健康。營養保健是現代科學美容的基礎。人體是由60萬億個不同種類和功能的細胞組成的集合體，每個細胞都遵循著各自的生物學特徵在不斷地進行新陳代謝，以維持人體正常的生命活動。維持這一切的動力除了水和空氣之外，還需要蛋白質、核酸、荷爾蒙激素、油脂、糖類、維生素及無機物（包括微量元素）等營養性成分。皮膚、毛髮等是人體的重要組織或器官，同樣與這些營養性物質有密切關係。所以，包括營養成分、營養作用、營養調節均能影響身體機能，進而達到美容的效果。本章主要介紹保濕劑與營養性物質（蛋白質、維生素、荷爾蒙激素及礦物質）與美容的關係。

第一節　保濕劑

保濕劑的定義

保濕劑（Moisturizer）又稱濕潤劑。一般認為能夠達到保持、補充皮膚角質層中水分，防止皮膚乾燥，或能使已乾燥、失去彈性並乾裂的皮膚變得光滑、柔軟和富有彈性的物質稱為保濕劑。這裡要指出的是，保濕劑不僅對皮膚有這些作用，而且對毛髮、唇部等部位也有相同的作用。同樣，保濕劑添加於化妝品中，對化妝品本身也有保濕作用，使化妝品在貯存和使用過程中都能具有保持濕度的作用，有助於保持化妝品體系的穩定性，有時也能達到抑菌和保香作用等。

天然保濕因數

皮膚角質層中水分保持在10%～20%時,皮膚顯得緊張、富有彈性,處於最佳狀態;如水分低於10%時,皮膚變得乾燥,呈粗糙狀態;如水分再少,則可能發生乾裂現象。正常情況下,皮膚角質層的水分之所以能夠被保持,一方面是由於皮膚表面上具有的皮脂膜能夠防止水分過快蒸發;另一方面是由於皮膚角質層中存在有天然保濕因數(natural moisture factor, NMF)。NMF 不僅有使皮膚角質層中水分穩定作用的能力,還可使皮膚具有從空氣中吸收水分的能力,天然保濕因數的組成如表 11-1 所示。

表 11-1　天然保濕因數(NMF)

成分	含量(%)
胺基酸類(Free amino acids)	40.0
吡咯烷酮羧酸(Pyrrolidonecarboxylic acid)	12.0
乳酸鹽(Lactate)	12.0
尿素(Urea)	7.0
氨、尿素、葡糖胺、肌酸(NH$_3$, uric acid, glucosamine, creatinine)	1.5
鈉(Na$^+$)	5.0
鈣(Ca^{2+})	1.5
鉀(K$^+$)	4.0
鎂(Mg^{2+})	1.5
磷酸鹽(Phosphate)	0.5
氯化物(Chloride)	6.0
檸檬酸(Citrate)	0.5
糖、有機酸、縮胺酸、未確認物質(Unidentified)	8.5

由表 11-1 可見,天然保濕因數的組成如胺基酸、吡咯烷酮酸、乳酸、尿酸及其鹽類等都是親水性物質。從化學結構上看,這些親水性物質都具有極性基團,這些極性基團易與水分子以不同形式形成化學鍵而發生作用,使得水分揮發度降低,其結果使其達到保濕作用。另一方面,天然保濕因數的親水性物質

能與細胞脂質和皮脂等成分相結合，或包圍著天然保濕因數，防止這些親水性物質流失，也對水分揮發適當的控制作用。由圖 11-1 顯示了天然的角質與失去了NMF物質的角質之間吸濕能力的差異。在不同濕度下，天然的角質的水分吸收能力均比失去了NMF物質的角質好，其結果顯示角質層中的天然保濕因數在保濕、吸濕的作用是非常重要的。

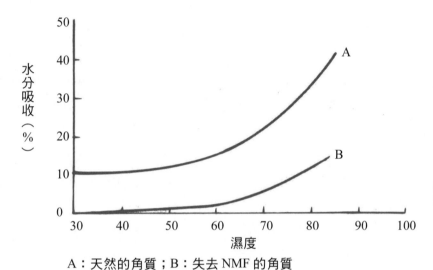

A：天然的角質；B：失去 NMF 的角質

圖 11-1　不同角質的水分吸濕度

由此可知，如果皮膚角質層缺少了天然保濕因數，使角質層喪失吸收水分的能力，皮膚就可能會出現乾燥甚至開裂的現象。這時就需要補充保濕性好的親水性物質，以維持皮膚角質層具有一定量的保濕性物質，進行天然保濕因數作用。這就是為什麼在各種化妝品中添加保濕劑的原因。

此外，存在於真皮內進行保持水分作用的黏多糖類也是重要成分。所以，化妝品最好以這些天然皮膚保護劑為模型來製造。例如，近年來採用的天然保濕因數主要成分吡咯烷酮酸鹽以及透明質酸等，都是應用此理論的化妝品產品。

◎ 潤膚劑的保濕作用

上述所論述的天然保濕因數的吸濕、保濕作用僅是保濕作用的一個方面，在考慮皮膚保濕時，還要涉及皮膚表面上的皮脂膜和細胞內脂質等油脂性成分，

這些油脂性成分與天然保濕因數的親水性物質相結合，或包圍著天然保濕因數，防止它們流失並對水分揮發適當控制作用。如果由於某種原因皮脂膜被破壞，則不能抑制水分的過快蒸發，同樣會出現皮膚乾燥甚至開裂等現象。

為了產生保濕作用，在化妝品中除了添加一定數量的保濕劑外，還可將油溶性物質和水溶性物質在界面活性劑作用下製造出油／水或水／油型乳化製品。通常，對乾性皮膚適宜選用水／油乳化體製品，因為這類製品中滋潤性油脂、蠟類物質較多，對皮膚有更好的滋潤作用。對油性皮膚則選用油／水型乳化體製品，因為這類製品中含有較多的親水性乳化劑等。

皮膚乾燥的主要原因是由於角質層的水分含量減少。因此，如何保持皮膚適量的水分是保持皮膚濕潤、柔軟和彈性及防止皮膚老化的關鍵。恢復乾燥皮膚水分的正常平衡的主要途徑是賦予皮膚滋潤型油膜、保濕和補充皮膚所缺少的養分，防止皮膚水分過快揮發，促進角質層的水合作用。潤膚物質是表皮水分的封閉劑，可減少或阻止水分從它的薄膜通過，促使角質層再水合。此外，滋潤物還有潤滑皮膚的作用。

用於皮膚的潤膚物質即滋潤劑可分為兩大類，即水溶性和油溶性滋潤劑。多元醇如甘油、1, 2-丙二醇、山梨醇、聚氧乙烯無水山梨醇醚和聚乙二醇等。這些物質常被用於油／水型乳化體中作為保濕劑，因為它們能阻滯水分的揮發。一般認為這些物質都有潤膚的作用，因為它能使皮膚柔軟和光滑。在一定溫度和相對濕度的條件下，這些物質可吸收空氣中的水分達到保濕和潤膚的作用。保濕劑能保持水分，當塗敷在皮膚上能和皮膚緊密地接觸，且能將水分傳遞給表皮。採用保濕劑作為滋潤物質要有適合用量，一般在乳化體中加入 1%～5% 的保濕劑就可以達到保濕作用。

水在乳化體中也是一種重要的潤膚物。水作為連續相時能有效地使角質層輕微膨脹，使油相乳化成細微粒子更易於滲透入表皮。當水為分散相時，由於受連續相油脂的包圍，不易揮發，乳化的微小水珠和水／油型乳化體同時滲入上表皮，且對角質進行水合作用有所幫助。

一般保濕劑的要求如下：

1. 對皮膚和化妝品應具有適度的吸濕、保濕能力，吸濕、保濕能力應持久。
2. 吸濕、保濕能力應不易受環境條件（如濕度、溫度等因素）的影響。
3. 揮發性盡量低、凝固點應盡量低。

4.黏度適宜、使用感好，對皮膚的親和性好。

5.無色、無臭、無味，與其他成分相容性好。

保濕劑分類

保濕劑的作用如上所述，即它可以起著兩方面的作用：一方面是保濕劑對皮膚、毛髮、唇部等部位達到滋潤、柔軟、保濕作用；另一方面在化妝品中對化妝品本身具有水分保留劑作用，使化妝品在貯存與使用時能保持一定濕度，有助於保持體系的穩定性。因此，保濕劑分類也依據這兩方面作用來考慮。

按保濕劑作用來分類可分為：親水性物質和親油性物質兩大類。按保濕劑的化學結構分類：脂肪醇、脂肪酸、脂肪酸酯、取代羧酸及其鹽類、含氮化合物等。

按保濕劑作用分類

1. 親水性物質：是指能增強皮膚角質層的吸水性，易與水分子結合而達到保濕作用的物質。這些親水性物質多為天然保濕因數的組成成分，其分子結構特徵是具有極性基團，保濕作用極強。代表性物質：多元醇類、胺基酸及其鹽類、乳酸及其鹽類、吡咯烷酮酸及其鹽類、尿素及其衍生物等。

2. 親油性物質：是指能夠在皮膚表面上形成油膜狀的保護性物質。形成的油膜能減少或防止角質層中水分的損失，而且保護角質層下面水分的擴散。那些能夠吸濕，在皮膚表面上可以形成連續油膜的油脂，可以使角質層恢復彈性，使皮膚變得光滑。恢復了彈性的皮膚角質層也可以從下層組織中得到水分，同時可以防止水分的損失。

其代表性物質分類如下：

(1)蠟脂：羊毛脂、鯨蠟、蜂蠟等。

(2)脂肪醇：月桂醇、鯨蠟醇、油醇和脂蠟醇等。

(3)類固醇：膽固醇和其他羊毛脂醇等。

(4)多元醇酯：乙二醇、二甘醇、丙二醇、甘油（丙三醇）、聚乙二醇、山梨醇、甘露醇、3°戊四醇、聚氧乙烯山梨醇等的單脂肪酸和雙脂肪酸酯等。

(5)三甘油酯：各種動植物油脂。

(6)磷脂：卵磷脂和腦磷脂。

(7)脂肪醇醚：鯨蠟醇、脂蠟醇和油醇等的環氧乙烷加成物。

(8)烷基脂肪酸酯：脂肪酸的甲酯、異丙酯和丁酯等。

(9)烷烴類油和蠟：液狀石蠟（礦物油）、凡士林和石蠟等。

(10)親水性羊毛脂衍生物：聚氧乙烯山梨醇羊毛脂和聚氧乙烯羊毛脂衍生物。

(11)親水性蜂蠟衍生物：聚氧乙烯山梨醇蜂蠟。

(12)矽酮油：二甲基聚矽氧烷和甲基苯基聚矽氧烷。

▌按化學結構分類

1. 脂肪醇類（Fatty alcohols）：脂肪醇的結構特徵是分子內含有醇烴基。低碳數醇、多烴基醇易溶於水，醇烴基自身可以通過形成氫鍵而結合，而醇烴基與水分子也可以形成氫鍵，使水分子不易揮發，進而發揮保濕作用。

　　化妝品中常用的醇有：

(1)甘油（glycerol, $HOCH_2CH(OH)CH_2OH$）：又稱丙三醇。是常用的保濕劑，為無色、無臭且有甜味的透明黏性液體。它以甘油酯的形式廣泛存在於動植物油脂中，可以通過皂化油脂得到，也可以直接合成製得。甘油是性能良好的保濕劑，還可以起到防凍劑、潤滑劑的作用，廣泛使用於牙膏、雪花膏等化妝品中。

(2) 1, 2-丙二醇（1, 2- propylene glycol, $CH_3CH(OH)CH_2\text{-}OH$）：用於化妝品的僅限於 1, 2-丙二醇。它是無色、無臭、略帶苦辣味的透明黏性液體，易溶於水。具有與甘油相似的外觀和物理性質，其黏性比甘油低，手感好，可當作甘油的替代品。

(3)1, 3-丁二醇（1, 3-butyleneglycol, $CH_3CH(OH)CH_2\text{-}CH_2OH$）：是應用較晚的保濕劑，是無色、無臭、略有甜味的透明黏性液體，溶於水和乙醇，微溶於乙醚。它除具有保濕作用外，還具有良好的抑菌作用。

(4)雙甘油（diglycerol, $HOCH_2CH(OH)CH_2OCH_2CH(OH)\text{-}CH_2OH$）：又稱一縮二甘油，由兩個甘油分子縮合而製得。呈白色或淡黃色、無臭、無味的透明黏性液體，溶於水。可以當作甘油的代用品。此外，其冰點低，也可作

較好的防凍劑。

(5)山梨醇（sorbitol）：又稱山梨糖醇。是一種多元醇，白色、無臭結晶粉末，有清涼的甜味，溶於水，微溶於乙醇、乙酸，幾乎不溶於其他有機溶劑。可以當作甘油的代用品，保濕性較甘油緩和，因口味好，起到矯味作用，也可以與其他保濕劑配合使用，起到協同效果。

$$HOCH_2—\overset{}{CH}—\overset{OH}{\underset{}{CH}}—\overset{OH}{\underset{}{CH}}—\overset{}{\underset{OH}{CH}}—\overset{}{\underset{OH}{CH}}—CH_2OH$$

山梨醇（sorbitol）

(6) D-甘露醇（D-mannitol）：D-甘露醇也稱 D-甘露糖醇。其性能和作用與山梨醇相似。

$$HOCH_2—CH—\overset{OH}{\underset{}{CH}}—\overset{OH}{\underset{}{CH}}—\overset{}{\underset{OH}{CH}}—\overset{}{\underset{OH}{CH}}—CH_2OH$$

D-甘露醇（D-mannitol）

　　除上述醇以外，用作保濕劑的脂肪醇類化合物還有乙二醇、異丙醇、十六醇、木糖醇（xylitol）、雙丙二醇（dipropylene glycol）、低相對分子質量聚乙烯醇（polyvinyl alcohol, PVA）等。

(7)聚乙二醇（Polyethyleneglycol（PEG）, $HOCH_2(CH_2OCH_2)_nCH_2—OH$）：是由環氧乙烷聚合而得到的聚合物。當作化妝品保濕劑的聚乙二醇是平均相對分子質量為 600 dalton 以下的聚乙二醇。常溫下呈液體狀，是幾乎無色的透明黏性液體，稍有氣味。聚乙二醇吸濕能力隨著相對分子質量的增大而相應的降低，但其凝固點相對上升，可根據需要選用不同相對分子質量的聚合物。主要應用於潤膚膏霜、蜜類護膚品、化妝水、牙膏等化妝品中，用作保濕劑。

(8)木糖醇（Xylitol）：也是一種多元醇，白色結晶或結晶性粉末，無氣味，

有甜味。

$$HOCH_2-CH-\overset{\overset{\displaystyle OH}{|}}{CH}-CH-CH_2OH$$
$$\underset{\displaystyle OH}{|}\qquad\underset{\displaystyle OH}{|}$$

木糖醇（xylitol）

(9) 十六醇（Hexadecanol, $CH_3(CH_2)_{14}CH_2OH$）：又稱鯨蠟醇（cetanol），是高級脂肪醇的混合物，主要成分為十六醇。呈白色薄片、粒狀或塊狀物，稍有氣味，熔點46～55℃。最早是由鯨蠟得到而得其名，或人工合成經分離、精製而得到。

(10) 十八醇（Octadecanol, $CH_3(CH_2)_{16}CH_2OH$）：又稱硬脂醇（stearyl alcohol）或脂蠟醇，是高級脂肪醇的混合物，主要成分為十八醇。呈白色薄片、粒狀或塊狀物體，略有氣味，熔點54～61℃。

(11) 油醇（Oleic alcohol, $CH_3(CH_2)_7CH = CH(CH_2)_7CH_2OH$）：又稱9-十八碳烯醇（9-octadecenol），是高級脂肪醇的混合物，主要成分為油醇。白色或淡黃色透明液體，略有氣味，熔點6℃以下。

(12) 鱉肝醇（Batylalcohol, $CH_3(CH_2)_{17}OCH_2CH(OH)CH_2OH$）：主要成分為甘油的α-單十八烷基醚（3-octadecyloxy-1, 2- propanediol），是多元醇烷基醚化合物。由鱉魚肝臟取得而得名，呈白色或微黃色結晶性粉末，稍有特異的氣味。

(13) 羊毛醇（lanolin alcohol）：是由羊毛脂皂化後得到的高級脂肪醇、脂環族醇和膽固醇的混合物。其膽固醇含量在30%以上，淡黃色或黃褐色軟膏狀或蠟狀物質，有特異氣味，熔點45～75℃。

(14) 氫化羊毛醇（hydrogenated lanolin alcohol）：是羊毛醇加氫的產物，其膽固醇含量在30%以上，白色或黃褐色蠟狀物質，稍有特異氣味，熔點55～75℃。

2. 脂肪酸及其鹽類（Fattic Acid and salts）：脂肪酸分子中含有羧基屬極性基團，它可以與水分子作用形成氫鍵，使水分不易揮發，而達到保濕作用。但因其具酸性，可能產生刺激性作用和影響化妝品的pH值。所以，多以脂肪酸鹽或

酯形式使用，可減緩其刺激性或對pH值影響，同時也增大其在水中或油中的溶解度。常用的脂肪酸及其鹽類有：

⑴乳酸鈉（Sodium lactate, $CH_3CH(OH)COONa$）：又稱2-羥基丙酸鈉。可由乳酸與碳酸鈉反應得到，也是人體代謝產物乳酸的鈉鹽。淡黃色黏稠液體，易溶於水。是天然保濕因數的重要成分之一，具有較強的吸濕和保濕能力。多用於潤膚霜膏、蜜類化妝品，也可以當作甘油的代用品。市售乳酸鈉鹽通常是50%～60%的水溶液。

⑵2-吡咯烷酮-5-羧酸鈉（Sodium 2-pyrrolidone-5-carboxylate）：常簡稱為吡咯烷酮酸鈉。其羧酸是白色結晶粉末，其水溶液是呈無色、無味、透明的液體。只有以鹽的形式才有良好的吸濕、保濕能力，是天然保濕因數的主要成分，其保濕能力比甘油強，表11-2的結果表明了在不同的濕度條件下它們吸濕能力的差異。

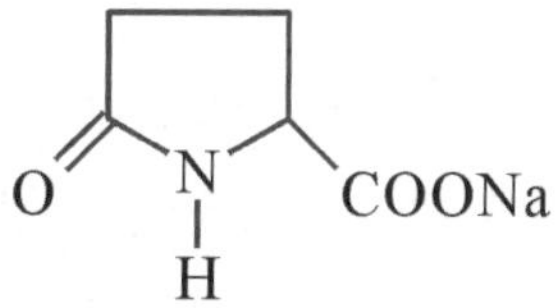

2-吡咯烷酮-5-羧酸鈉（Sodium 2-pyrrolidone-5-carboxylate）

表 11-2　2-吡咯烷酮-5-羧酸鈉的吸濕能力

保濕劑	31%濕度	58%濕度
甘油（Glycerol）	13	35
吡咯烷酮酸（2-pyrrolidone-5-carboxylate）	＜1	＜1
吡咯烷酮酸鈉（Sodium 2-pyrrolidone-5-carboxylate）	20	61

⑶海藻酸鈉（Sodium alginate）：在化妝品中既是膠黏劑，又可起到保濕劑的作用。同樣，其他膠黏劑如黃蓍樹膠、阿拉伯膠等也有類似的保濕作用。

⑷透明質酸（Hyaluronic acid）：透明質酸是由β-D-葡萄糖醛酸和β-D-乙醯胺基葡萄糖以β-1, 3苷鍵連接成雙糖衍生物，以此β作為重複結構單位，通過β-1, 4苷鍵再結合成大分子的黏多糖，相對分子質量約為$2 \times 10^5 \sim 2.5 \times 10^5$。

β-D-葡萄糖醛酸　　　　　β-D-乙醯胺基葡萄糖

透明質酸（Hyaluronic acid）

　　透明質酸廣泛存在於生物機體中，如哺乳動物的眼球玻璃體、角膜、關節液、臍帶及結締組織中。其分子結構類似於烴基纖維素，因此具有較強的吸濕、保濕作用。依據測定結果，其保濕能力遠超過一般常用的保濕劑（如上述的甘油、山梨醇、吡咯烷酮羧酸鹽等）。它易與水分子結合形成黏稠凝膠，具有成膜和潤滑性能，特別是用於護膚化妝品中，效果尤為顯著。根據研究顯示，已從雞冠中萃取、分離得到透明質酸，但因價格高而未能廣泛應用於一般化妝品，僅限用於高品質的護膚化妝品投放市場。

3. 脂肪酸酯類（Fattic Acid Ester）：常用作保濕劑的有脂肪酸乙酯、異丙酯、十四烷基和十六烷基酯；聚乙二醇或聚丙二醇脂肪酸酯；甘油三酸酯（如杏仁油、豆油、橄欖油、鮮梨油、蓖麻油和麥芽胚油等），下面僅舉一些代表性例子：

(1)低碳醇的脂肪酸酯：

　①月桂酸己酯（Hexyl Laurate）：$CH_3(CH_2)_{12}COOC_6H_{13}$。

　②豆蔻酸異丙酯（Isopropyl Myristate）：$CH_3(CH_2)_{12}COOCH(CH_3)_2$。

　③豆蔻酸丁酯（Butyl Myristate）：$CH_3(CH_2)_{12}COOC_4H_9$。

　④棕櫚酸異丙酯（Isopropyl Palmitate）：$CH_3(CH_2)_{14}COOCH(CH_3)_2$。

　⑤棕櫚酸丁酯（Butyl Palmitate）：$CH_3(CH_2)_{14}COOC_4H_9$。

　　它們是合成油脂，在常溫下為無色透明液體，屬低黏度的輕油類物質。用於護膚膏霜和蜜類化妝品中，用量為2%～10%。可在皮膚上形成一層細膩、潤滑膜，無油膩感，不發黏，被認為是所有潤膚劑中，滲透力最好的一

類滋潤劑，並能提高其他潤膚劑，如羊毛脂等的滲透力。

⑵高碳醇的脂肪酸酯：

　①豆蔻酸鯨蠟醇酯（Cetyl Myristate）：$CH_3(CH_2)_{12}COOC_{16}H_{33}$。

　②豆蔻酸豆蔻基酯（Myrisyl Myristate）：$CH_3(CH_2)_{12}COOC_{14}H_{29}$。

　③三脂肪酸甘油酯各種植物油脂。

　④聚乙二醇單油酸酯（Polyethylene Glycol Monooleate）：$CH_3(CH_2)_7CH =$
　$CH(CH_2)_7COOCH_2(CH_7OCH_7)_nCH_7OH$。

　　　這些高碳醇的脂肪酯多為油蠟性質，是極好的保濕劑，在膏霜類中用量可達 5%，在蜜類化妝品中的用量為 0.5%～2%。尤其在人體皮脂內含有三脂肪酸甘油酯 30% 以上的結果被證實後，使得植物油脂用作潤膚劑，被廣泛應用於護膚化妝品中。

4.尿囊素（Allantion）：尿囊素是尿素的衍生物，化學名稱為5-脲基咪唑啉-2,4-二酮（5-urei-domidazolidine-2, 4-dione）。

尿囊素（Allantion）

　　　為白色結晶性粉末，無臭、無味。不僅可以促進肌膚、毛髮最外層的吸水能力，而且有助於提高角蛋白分子的親水力。因此，可改善肌膚、毛髮和口唇組織中的含水量。對於皮膚出現乾燥、粗糙、角化，或毛髮乾枯、硬脆、斷裂及口唇乾裂等問題，得到濕潤和調理，使之柔軟、具有彈性和光澤。可添加到各種化妝品基質中，其性能穩定。在乳化體中也很穩定，亦無變色，也無破壞乳化體穩定性等問題產生。添加量一般在 0.5% 左右就有顯著效果，用於護膚、護髮的化妝品中。目前，其衍生物也得到廣泛地應用，如氯烴基尿囊素鋁、尿囊素蛋白質、尿囊素聚半乳糖醛酸等，既具有保濕劑作用，又具有收斂劑的功效。

第二節　蛋白質

蛋白質是構成一切生命活動的物質基礎,人體內最基本的過程幾乎都與蛋白質有關。蛋白質約占人體重量的 17%,僅次於水,主要存在於肌肉之中,其次存在於血液、軟組織、骨胳等器官、組織中。

▌蛋白質的作用

蛋白質被人體消化吸收後,使用於合成和修補組織。人體的各種組織處於不斷地分解變化之中,需要從食物中獲取蛋白質,以補充被消耗掉的部分。人體多餘的蛋白質能夠以脂肪的形式儲存起來,當需要時又能從脂肪轉變為熱能。所以,蛋白質能形成體內重要的儲存庫,以使人能對外界環境變化有足夠的適應性。

人體內所進行的生物化學反應大多是藉由蛋白質。例如,進行調節代謝的激素,其包括甲狀腺素、性激素、促生長激素等。這些物質雖然量少,但對人體的生長發育、美容、美形等都是相當重要的。

▌蛋白質與美容

食物中的蛋白質在體內消化過程中被分解成胺基酸後被吸收。各種蛋白質內所含的胺基酸的種類和數目不同,在人體內組成蛋白質的胺基酸只有 20 種,而在這20種胺基酸中,僅有10種在人體內不能合成,只能由食物中攝取。這 10 種胺基酸被稱為人體必需胺基酸(essential amino acids),它們是組胺酸(Histidine)、白胺酸(Leucine)、異白胺酸(Isoleucine)、纈胺酸(Valine)、離胺酸(Lysine)、精胺酸(Arginine)、甲硫胺酸(Methionine)、苯丙胺酸(Phenylalanine)、色胺酸(Tryptophan)、羥丁胺酸(Threonine)。

人體新陳代謝需要蛋白質,實際上是需要由蛋白質分解成的胺基酸。所以,在飲食中攝取蛋白質或胺基酸就顯得格外重要。如果蛋白質攝取不足,人體會

出現生長緩慢、體重下降、貧血等現象；皮膚也會鬆弛、缺乏彈性，容易產生皺紋。毛髮的組成是角蛋白，也是由多種胺基酸組成，同樣也會出現營養不良現象，如乾枯、易斷、無光澤等。另外，胺基酸及其鹽類也是皮膚天然保濕因數的主要組成成分。如果蛋白質或胺基酸缺乏，使皮膚易失去水分，變得乾燥，甚至裂開。

蛋白質的分類

1. 根據分子形狀分類

(1)纖維狀蛋白質（Fibrous protein）：這類蛋白質的分子形狀類似細棒狀纖維，根據其在水中溶解度的不同，分為可溶性纖維狀蛋白質和不溶性纖維狀蛋白質。例如，肌肉的結構蛋白和血纖維蛋白原等屬於可溶性纖維狀蛋白質，彈性蛋白、膠原蛋白、角蛋白和絲蛋白等屬於不溶性纖維狀蛋白質。

(2)球蛋白質（Globular protein）：這類蛋白質的分子類似於球狀或橢圓球狀，在水中溶解度較大，如血紅蛋白、肌紅蛋白、人體中的酶和激素蛋白等大多數蛋白質都屬於球蛋白。

2. 根據功能分類

(1)活性蛋白質（Active protein）：是指在生命運動中的一切有活性的蛋白質及它們的前驅物，例如酶、激素蛋白、運輸蛋白、運動蛋白及防禦蛋白。

(2)結構蛋白質（Structural protein）：是指一大類負責生物的保護或支持作用的蛋白質，例如角蛋白、彈性蛋白和膠原蛋白等。

3. 根據化學組成和理化性質分類

(1)簡單蛋白質（Simple protein）：是由基本單位胺基酸組成的，因此，其水解的最終產物是α-胺基酸。在這類蛋白質中，又可按其理化性質的不同進一步分類，見表11-3。

表 11-3　簡單蛋白質的分類

種類	性質	存在實例
白蛋白 （albumin）	溶於水和稀酸、稀鹼及中性鹽溶液中，不溶於$(NH_4)_2SO_4$飽和溶液，受熱凝固	血清蛋白、乳清蛋白、卵清蛋白等
球蛋白 （globulin）	微溶於水，溶於稀酸、稀鹼及中性鹽溶液中，不溶於半飽和$(NH_4)_2SO_4$溶液，受熱凝固	免疫球蛋白、纖維蛋白、肌球蛋白等
谷蛋白 （glutelin）	不溶於水、乙醇及中性鹽溶液中，溶於稀酸、稀鹼溶液	米谷蛋白、麥谷蛋白等
醇溶谷蛋白 （prolamin）	不溶於水、中性鹽溶液，溶於70%～80%的乙醇中	玉米醇溶蛋白、麥醇溶蛋白等
精蛋白 （protamin）	溶於水、稀酸溶液，呈鹼性，受熱不凝固	魚精蛋白、蛙精蛋白等
硬蛋白 （scleroprotein）	不溶於水、稀酸、稀鹼、中性鹽溶液和一般有機溶劑	角蛋白、膠原蛋白、彈性蛋白等
組蛋白 （histone）	溶於水、稀酸，不溶於氨水中，受熱不凝固	珠蛋白

(2)結合蛋白質（Conjugated protein）：是由簡單蛋白質與非蛋白質的輔基（prosthetic group）兩部分結合而成。結合蛋白質又可根據輔基的不同進行分類，見表 11-4。

表 11-4　結合蛋白的分類

種類	輔基	存在實例
核蛋白 （nucleoprotein）	核酸	動植物細胞核和細胞漿內，如病毒、核蛋白
脂蛋白 （lipoprotein）	脂類	血漿和生物膜成分，如低密度脂蛋白、乳糜微粒等
糖蛋白 （glucoprotein）	糖類	生物體組織和體液中，如唾液中的糖蛋白、免疫球蛋白、蛋白多糖等
色蛋白 （chromoprotein）	鐵、鎂	動物血液中的血紅蛋白，植物葉的葉綠蛋白和細胞色素C等
磷蛋白 （phosphoprotein）	磷酸	乳汁中的酪蛋白，卵黃中的卵黃蛋白、染色質中的磷蛋白等

種類	輔基	存在實例
金屬蛋白 （metalloprotein）	金屬離子	激素胰島素、鐵蛋白、銅蛋白等

第三節　維生素

　　維生素（vitamin）不是構成人體組織的部分，也不能供給熱量，但它是人體生長和健康必不可少的物質。維生素大部分不能在人體內合成，需要從食物中攝取。缺乏維生素會使正常的生理機能發生障礙，而且往往從皮膚、毛髮等地方顯現出來。因此，針對缺乏各種維生素的症狀，在化妝品中添加維生素，以達到補充和調節作用是十分必要的，下面僅介紹化妝品中添加的維生素。

　　維生素種類很多，所具有的功能也多種多樣，按其溶解性質可分為兩類：脂溶性維生素和水溶性維生素。

▣ 脂溶性維生素

　　脂溶性維生素主要包括維生素 A、D、E、K 等。

1. 維生素 A（vitamin A）：包括 A_1 和 A_2 兩種異構體，A_2 效力約為 A_1 的 1/3。維生素 A 一般指 A_1 而言。維生素 A 在常溫下呈黃色油狀，不溶於水，易溶於油脂。性質穩定。但在高溫下易被氧化，為使其烴基穩定，多以酯化形成酯將其保護起來，如維生素A醋酸酯、維生素棕櫚酸脂等添加於化妝品中。

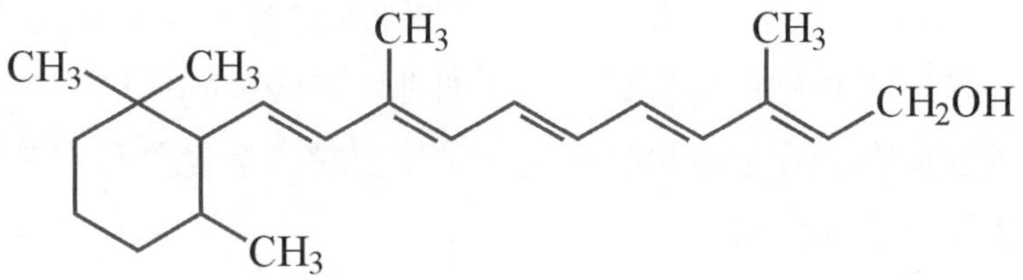

維生素 A（vitamin A）

維生素 A 亦稱為表皮調理劑，缺乏時，除患夜盲症和眼乾燥症外，還會出現皮膚乾燥、粗糙、角質層增厚、脫屑、毛孔為小角栓堵塞等症狀，嚴重時影響皮脂分泌，有的會出現毛髮乾枯、缺乏彈性、無光澤、不易梳理，指（趾）甲變脆等。富含維生素 A 的食物有綠色蔬菜、番茄、β 胡蘿蔔素、橘子、杏、魚肝或其他動物肝臟等。

2. 維生素 D（vitamin D）：包括維生素 D_2 和 D_3。人體的皮膚內含有維生素 D_3 的前體 7-脫氫膽固醇（7-dehydrocholesterol），經日光（或紫外線）照射後。轉化為維生素 D_3。酵母等含有麥角固醇（ergosterol），也可在紫外線照射後轉變為維生素 D_2。維生素 D_2 和 D_3 的作用相同，人體內維生素 D 大部分是以這樣的方式獲取的。

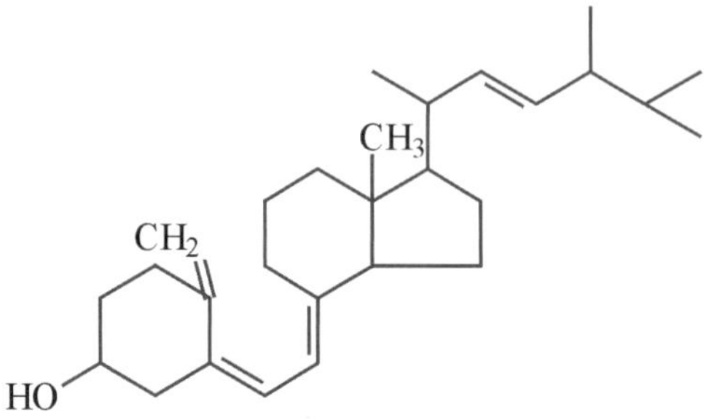

麥角鈣化醇（維生素 D_2）
Ergo-calciferol（vitamin D_2）

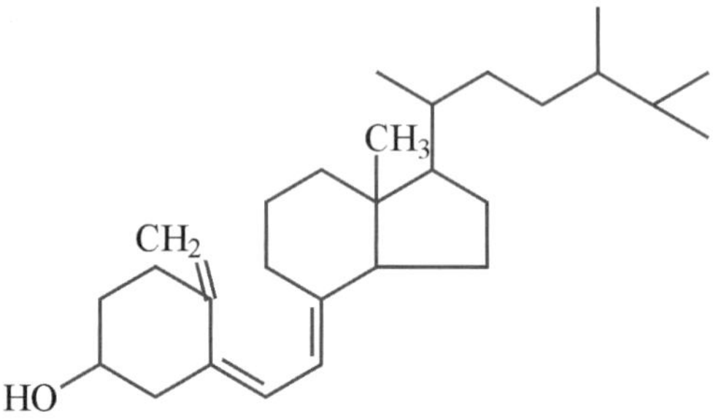

膽鈣化醇（維生素 D_3）
Cholecalciferol（vitamin D_3）

維生素 D 是無色結晶粉末，不溶於水，能溶於乙醇及油脂等。其穩定性佳，不易被破壞。維生素 D 除具有促進人體對鈣、磷的吸收，對骨骼生長和牙齒發育有作用外，還與皮膚美容有密切的關係。缺乏維生素 D 時，皮膚易產生紅斑、濕疹，甚至潰爛，毛髮易脫落，出現斑禿等。

3. 維生素 E（vitamin E）：具有 α、β、γ、δ 四種異構體，其活性以 α 體最強，亦稱為 α-生育醇。維生素 E 對生育、脂代謝等均有較強的作用，它具有抗衰老功效，能促進皮膚血液循環和組織生長，使皮膚、毛髮柔潤、有光澤，並有能使細小皺紋舒展等作用。

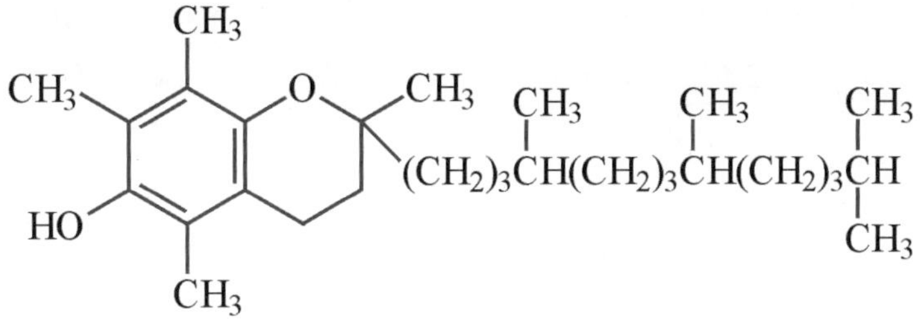

維生素 E（vitamin E）

　　富含維生素 E 的食物有植物油、乾果，尤其以花生仁中含量較高。

4. 穀維素（oryzanol）：由米糠油中提取而得到的一種天然物質，其成分是以三萜（烯）醇為主體的阿魏酸酯的混合物。白色或淡黃色粉末，難溶於水，易溶於乙醇、油脂等，它能調整自主神經功能，減少內分泌平衡障礙，降低毛細血管脆性，提高皮膚毛細血管循環機能，從而防止皮膚皺裂和改善皮膚色澤，所以也被稱為「美容素」。

◎ 水溶性維生素

　　主要包括維生素 B 族、維生素 C 等。

1. 維生素B族（vitamin B group）：包括維生素B_1（硫胺素，Thiamine chloride）、B_2（核黃素，Riboflavin）、B_6（吡哆醇群）等。它們參與人體蛋白質、脂肪及糖代謝，可使皮膚細嫩、富有光澤和彈性等。缺乏維生素B_1時，使人易疲勞、免疫功能下降、皮膚乾燥、易產生皺紋、毛髮頭屑增多、易患脂溢性皮炎和維生素 B_1 缺乏病等。缺乏維生素 B_2 時，可導致皮炎、口角炎、脫髮、白髮及皮膚老化等，富含維生素B_2的食物有動物肝臟、雞蛋、米糠及麥芽粉等。

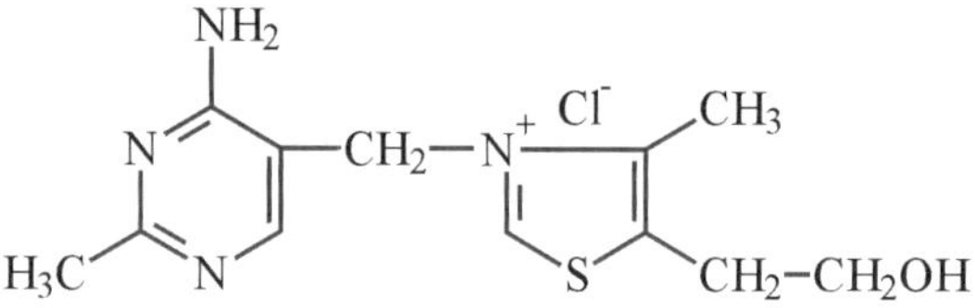

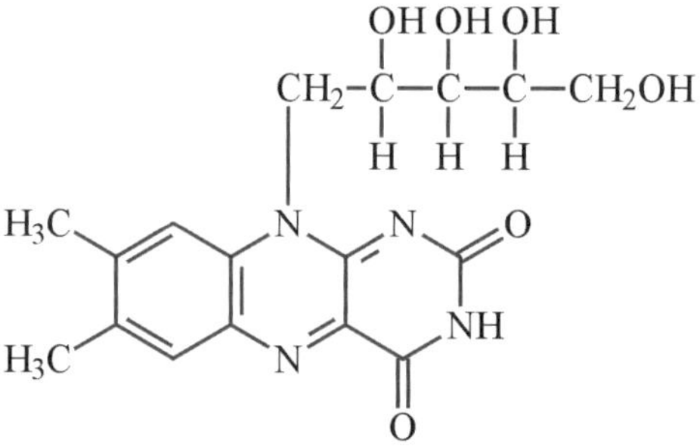

硫胺素氯化物（維生素 B₁）
Thiamine chloride（vitamin B₁）

核黃素（維生素 B₂）
Riboflavin（vitamin B₂）

維生素B₆為非單一物質，其包含三種相關物，即吡哆醇（pyridoxine）、吡哆醛（pyridoxal）及吡哆胺（pydridoxamine）。維生素B₆與胺基酸代謝關係密切，可促進胺基酸的吸收和蛋白質的合成，為細胞生長提供養分。對於女性尤為重要，例如女性在月經前，面部易出現粉刺，嚴重者還可能轉化為暗瘡，這是因為缺乏維生素B₆影響皮脂腺分泌作用，增加維生素B₆會對這種皮膚有所改善。富含維生素 B₆的食物有酵母、全穀類、瘦肉及肝、腎等。

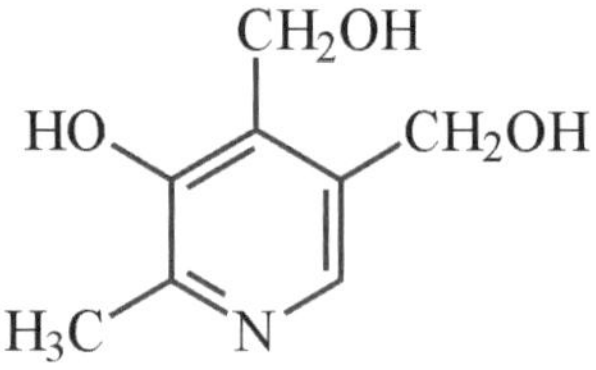

吡哆醇（pyridoxine） 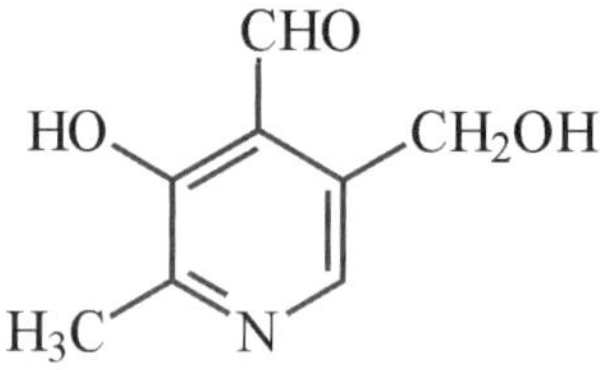　　　吡哆醛（pyridoxal） 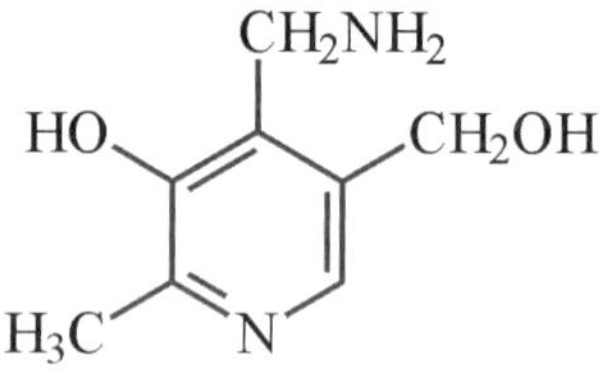　　　吡哆胺（pydridoxamine）

2. 維生素C（vitamin C）：又稱抗壞血酸（ascorbic acid），為白色結晶性粉末，無臭、味酸，見光顏色可變深，易溶於水和乙醇。水溶液不穩定，有還原性，遇空氣和加熱發生分解。在酸性溶液中較穩定，而在鹼性溶液中易氧化失效。其結構式如下：

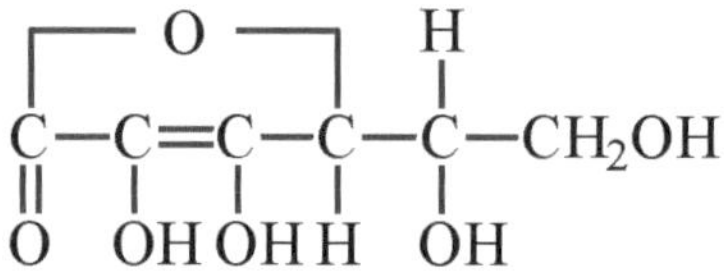

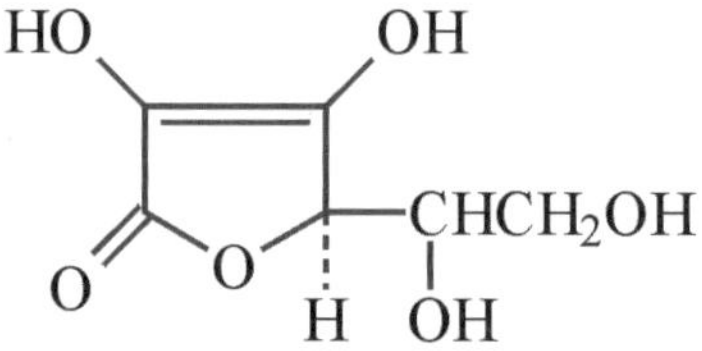

維生素C有增強血管彈性，提高免疫功能及減輕皮膚色素沉積的作用。其缺乏時，皮膚會出現血管變脆，撞擊後易出現青或紫斑及色素沉著等。新鮮蔬菜、水果含維生素C較多，如紅棗、青辣椒、菜花、黃瓜、蘋果、檸檬等。

其他維生素

維生素F缺乏時，可使皮膚乾燥，易出現血性紅斑、鱗屑等症狀。泛酸（pantothenic acid）缺乏時，易使皮膚產生炎症和毛髮變白等。缺乏生物素（biotin），也易使皮膚產生炎症等。

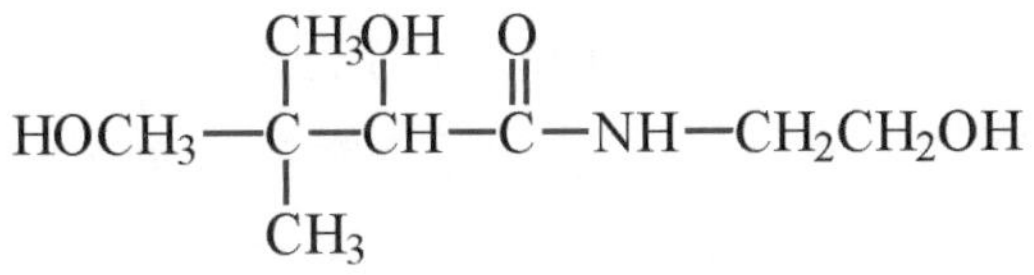

泛酸（pantothenic acid） 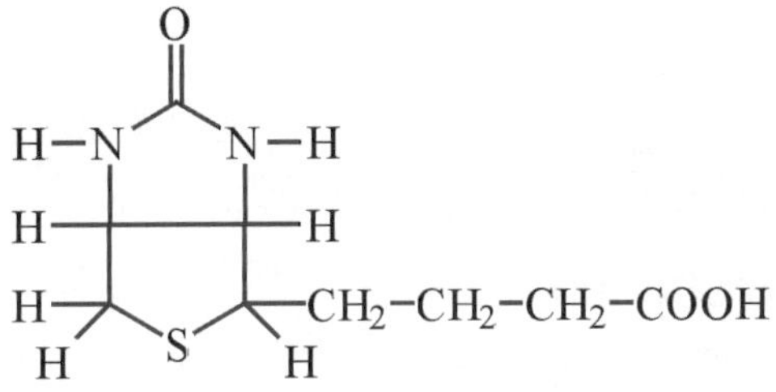   生物素（biotin）

第四節　荷爾蒙激素

荷爾蒙激素（hormone）是由人體各種內分泌腺分泌的一類具有生理活性的物質。激素可以隨血液循環分布於全身，選擇性地作用於一定的組織、器官，對人體的代謝、營養、生長、發育和性機能等有重要的調節作用。人體內激素含量雖少，但作用卻很大。激素分泌過多或不足都可能引起代謝及機能發生障礙。

激素與美容

在化妝品中添加一定量的雌性激素而配製的營霜，對女性皮膚有營養作用。

一般認為，敷用含 250～500 IU/g 的雌性激素膏霜，對女性皮膚尤其是中老年女性皮膚有使其上皮細胞再生的現象，表皮細胞層增厚，能保存較多水分，使萎縮的皮膚可以恢復活力。

根據報導顯示女性隨著年齡的增長，人體的激素水準在發生變化，特別是雌性激素。由於卵巢功能普遍衰退，卵泡組織退化，雌性激素合成與分泌減少，血液中雌性激素濃度降低，身體標的組織（target tissue）及標的器官（target organ）均處於低雌性激素水準的作用之下，從而可起引皮膚老化和更年期綜合徵狀等。皮膚的老化當然不完全取決於激素的影響，還與遺傳、環境、營養、日曬等多種綜合因素的影響有密切關係。但是，皮膚是激素作用比較重要的標的器官，其中雌性激素可影響真皮結締組織，可作用於真皮黏多糖酸（mucopolysaccharide acid），特別是透明質酸（hyaluronic acid）。實驗證明，應用雌性激素後透明質酸濃度可增加 7～8 倍，而且透明質酸及其蛋白結合物的比例也發生明顯變化，尤其是低分子透明質酸部分增加尤為突出。結果使皮膚含水量、保濕性等作用得到了有效改善。此外，雌性激素還可使皮膚真皮組織中的重要成分膠原分解速度下降，烴基脯胺酸肽（hydroxyl proline epeptide）損失減少，從而使真皮厚度增加，皮膚彈性、韌性得到改善，皺紋減少。雌性激素還可促使表皮細胞增殖，提高皮膚的屏障功能及抵禦外界不良因素傷害和刺激。防止表皮萎縮和日曬老化等作用。根據這些結果，顯示激素對皮膚美容具有重要的作用，但是因為會影響女性的經期，所以，政府已於 2016 年停止雌性激素用於化妝保養品中。

激素分類及其作用

激素按它們的化學結構分為兩類：一類是含氮激素，如胰島素、腎上腺素、甲狀腺素等；另一類是類固醇荷爾蒙，主要指性激素和腎上腺皮質激素。

1. 性激素（sex hormone）

分為雄性激素和雌性激素兩類。它們是性腺（睪丸或卵巢）的分泌物，其作用主要是對生育功能及控制第二性徵（如聲音、體型等）有決定性作用，並對生長發育及全身代謝也有重要影響。

⑴雄性激素（Male hormone）：是含19個碳類固醇類，C17上無側鏈。具有生物活性的雄性激素的幾種類固醇中，以睪固酮的活性最高，其結構特徵是C17上無側鏈而有β-烴基，C3上為酮基，C4與C5之間有雙鏈。

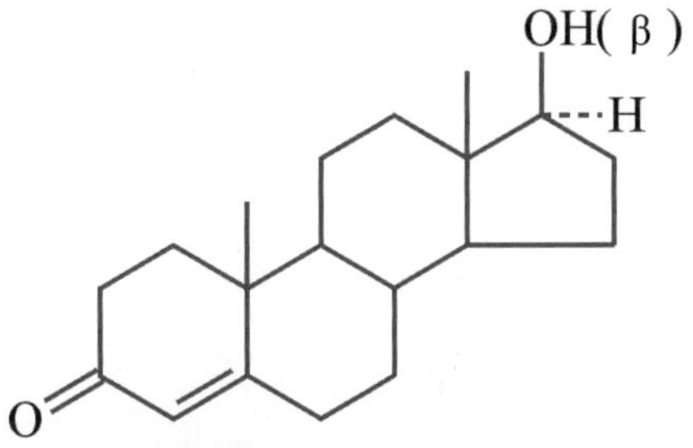

睪固酮（testosterone）

睪固酮（Testosterone）除具有雄性激素活性外，還能夠促進蛋白質合成和抑制蛋白質異化，促使肌肉發達和人體組織增長等方面的作用。

⑵雌性激素（Female hormone）：卵巢分泌的雌性激素包括兩類：一類是由成熟的卵細胞產生的，稱為β-雌二醇；另一類是由卵細胞排卵後形成的黃體所產生的，稱為黃體激素，如黃體酮等。

①黃體酮（progesterone）：又稱孕二酮，為白色結晶粉末，在空氣中比較穩定。其主要生理功能是抑制排卵、維持妊娠，有助於胎兒的著床發育。

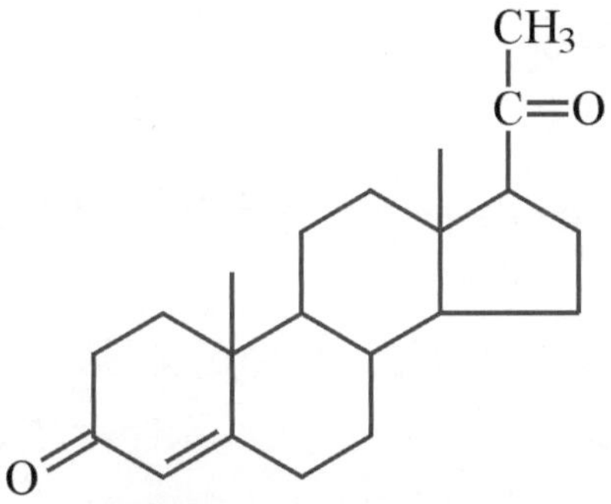

黃體酮（progesterone）

黃體酮分子中C3上的酮基，C4－C5之間的雙鏈，是維持生物活性所必需的結構特徵。

②β-雌二醇（β-estradiol）：是白色結晶性粉末，無臭，在空氣中穩定，幾

乎不溶於水，能溶於乙醇或丙酮等。其主要生理功能是促進性器官和第二性徵的發育用助於生育。此外，它還具有促進長骨新融合，增加成骨細胞活性，促進鈣、磷在骨中沉澱等作用。

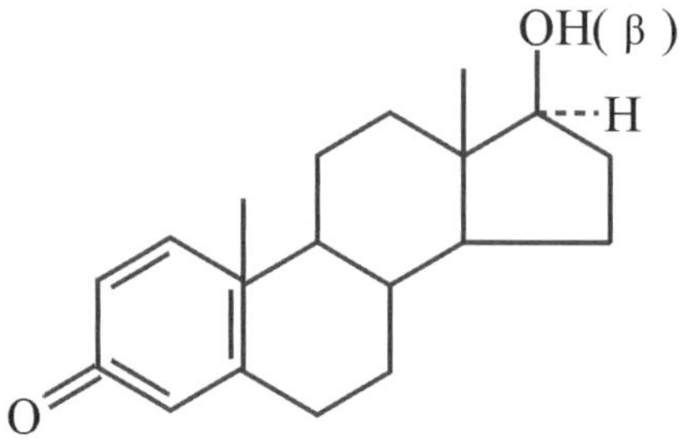

β-雌二醇（β-estradiol）

其結構特徵是：A 環為苯環，含18個碳的類固醇，C10 上無甲基，C17 上有β-醇烴基，C3 上的烴基是酚烴基。

2. 腎上腺皮質激素（adrenal corticoid）

是由腎上腺皮質部分所分泌的一類激素。現已從腎上腺皮質中分離出 70 多種類固醇化合物，發現僅有 9 種能分泌到血液中發揮較強的生理活性作用，其餘為合成腎上腺皮質激素的前驅物及叫間代謝產物。

腎上腺皮質激素在結構上的特點是：都是含有21個碳原子的類固醇，C3上為酮基；C4～C5 間均為雙鍵；C17上都連有—CO—CH$_2$OH基團；C11 上有β-烴基或氧。其結構式舉例如下：

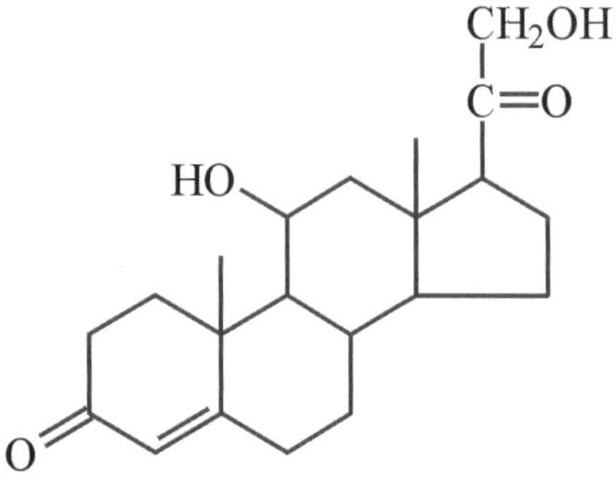

皮質酮（corticosterone） 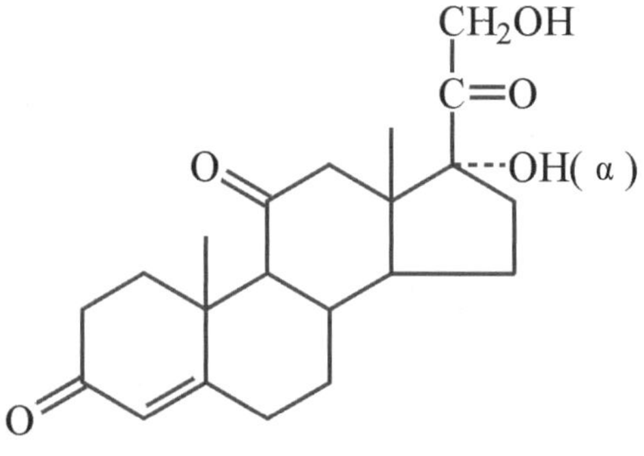　　　　17 α-烴基-11-去氫皮質酮（可體松）（Cortisol）

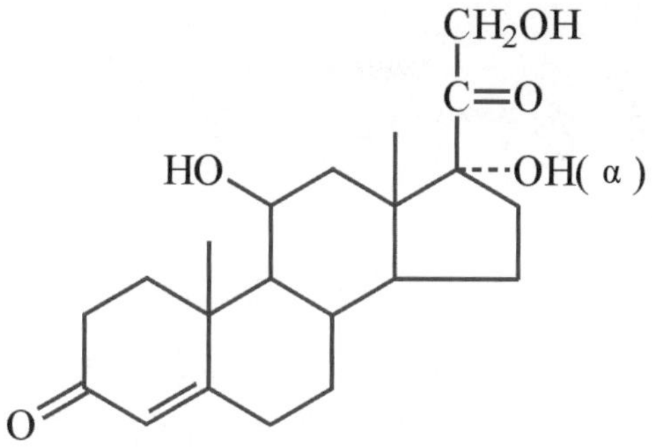

17 α-烴基皮質酮（氫基可體松）

　　根據腎上腺皮質激素對體內水、鹽、糖和蛋白質代謝的生理作用不同，又可以分為兩類：

⑴糖代謝性皮質類固醇（glucocorticoid）：具有能抑制糖的氧化，促使蛋白質轉化為糖，調節糖代謝，還能促使紅細胞、血小板及性粒細胞增生等作用，如皮質酮（corticosterone）、可體松（Cortisol）及氫基可體松等。血液中這類激素含量高時，還有抗炎、抗過敏等作用。

⑵礦物性皮質激素（minertalocorticoid）：具有很強的促進電解代謝作用，能促進體內鈉離子的保留和鉀離子的排出，調節體內水鹽代謝，維持體內電解質的平衡。其結構上的特點是 C11 上有β-烴基，C12 上有—CHO，如：

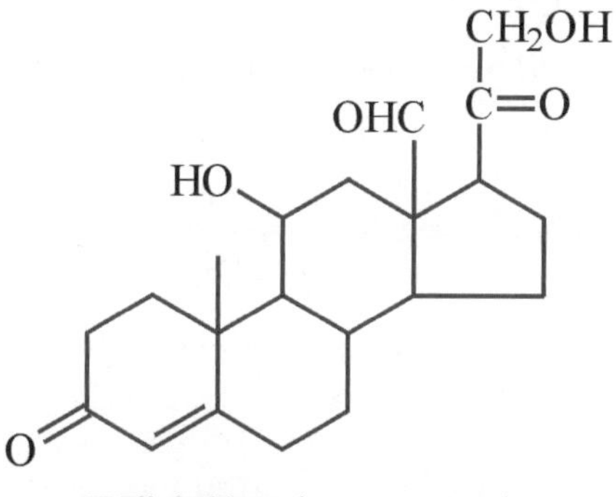

甲醛皮質酮（Aldosterone）

　　當人體內腎上腺皮質激素分泌不足時，出現皮膚青銅色、極度疲勞、低血壓、低血糖等症狀。

第五節　無機物和微量元素

　　人體內所含的各種元素對人體的生命活動有著極為重要的作用。目前，認為至少有 25 種元素對人體是必需的，稱之為生命元素或營養元素。根據元素在人體內的平均含量和生物效應可為三類：必需大量元素、必需微量元素、作用尚未確定和非必需的微量元素。

必需大量元素

　　人體內含量多於0.01%的元素共有 11 種，它們是碳、氫、氧、氮、硫、磷、氯、鉀、鈉、鈣、鎂。它們占人體總重量的99.95%以上，其中碳、氫、氧、氮之和占 96%，它們與硫、磷一起組成水、糖、蛋白質、脂肪和核酸等基本營養物質。

　　水是構成人體的重要組成部分，也是維持人體正常生理活動的重要物質。保持皮膚，重視容顏，希望青春永駐，則必須注意水的補充。皮膚獲得水分的途徑，一個是飲水和食物中得到，另一個途徑是通過洗面、浸浴及使用化妝品等方法從外部補充水分，使皮膚柔軟細膩，並能減少或延緩皺紋的出現。其他營養物質的合理攝取，有利於生理機能的調節，使身體各部組織處於良好的狀態，以達到身體健康、容顏煥發的目的。所以，真正的美容、美膚、美形從營養學上著手是非常必要的。

必需微量元素

　　人體內含量低於0.01%的元素，如鐵、銅、鋅、鈷、錳、碘、硒等，雖含微量，但對人體正常生命活動卻是非常重要的作用。其主要功能為：在酶系統參與特異性活化中心的作用；是某些激素和維生素的組成部分，參與調節人體正常生理功能；輸送氧、二氧化碳等作用；參與人體內氧化還原過程。現就一些微量元素在人體的主要作用介紹如下：

1. 鐵（Iron）：鐵在人體內與多種蛋白質結合，發揮其生理、生化作用。例如，血紅蛋白參與輸送氧氣作用；細胞血素和酶類參與體內氧化還原過程；鐵蛋白能貯藏、轉運、調節鐵的吸收平衡。鐵能使皮膚潤澤而富有彈性；缺乏時，會產生貧血而使面色蒼白。

2. 鋅（Zinc）：鋅參與糖類、蛋白質、脂肪及核酸（如 DNA）的合成及降解等代謝過程。鋅在酶中主要的是參與活性部位的作用，如羧肽酶 A 中的 Zn^{2+} 有穩定蛋白質結構的作用，如胰島素（insulin）分子中的 Zn^{2+}。鋅可使皮膚光滑細嫩、富有彈性。缺乏鋅時，會出現生長發育遲緩、皮膚粗糙及色素增多等現象。

3. 銅（Copper）：銅離子及多數含銅酶過程及鐵的代謝。影響鐵的吸收、運送和利用，如影響血紅蛋白和細胞色素的合成。血液內銅含量過高會引起色素沉著及濕疹、牛皮癬等皮膚病；含量缺乏時會引起缺銅症狀的發生（hypocupremia）。正常人體的銅含量為 100 mg 左右。

4. 鈷（Cobalt）：鈷是維生素 B_{12} 的組成元素，維生素 B_{12} 及其衍生物參與 DNA 和血紅蛋白的合成、胺基酸的代謝等過程。另外，對鐵的代謝、細胞的發育成熟等有重要作用。缺乏鈷時。也會與缺乏鐵一樣，出現同樣的症狀。

5. 鉻（Chromium）：Cr^{3+} 與糖、脂肪及膽固醇的代謝有關。缺乏鉻時，會使血脂及膽固醇含量增加，糖耐受量受損而引起肥胖症。

6. 硒（Selenium）：硒是人體紅細胞內谷胱甘肽過氧化酶的組成部分。硒能抗氧化反應，清除有害的自由基，分解過氧化物，所以具有抗衰老作用。

7. 碘（Iodine）：碘是構成甲狀腺素的重要成分。甲狀腺素是人體的一種激素，與人體生長發育有密切關係。缺少碘能引起甲狀腺腫大，並引起內分泌紊亂等疾病。

習題

1. 什麼是保濕劑？它有什麼作用？
2. 應用在化妝品的保濕劑有何需求？
3. 應用在化妝品中的保濕劑有哪些類別？
4. 請針對脂肪醇類、脂肪酸及鹽類及脂肪酸酯類的保濕劑，各舉一已應用在化

妝品的實例？

5. 什麼是營養劑？它有什麼作用？與美容之間的關係為何？

6. 應用在化妝品的營養劑有哪些類別？

7. 請說明蛋白質與核酸影響美容的作用為何？

8. 請舉例說明荷爾蒙激素與美容的關係？及應用在化妝品上的激素種類有哪些？

9. 維生素本身不具能量，但是人體生長和健康必不可少的物質，請舉一例應用在化妝品上的維生素添加實例。

第三篇

化妝品生理與安全

　　化妝品一兼具科技與美學的產品，具有高經濟附加價值。而化妝品的使用對象是人體的皮膚及附屬器官，如毛髮、指甲。因此，化妝品成分與人體器官的生理是影響化妝品成分是否發揮效果的關鍵之一。此外，化妝品是直接及長時間連續接觸皮膚、口唇、眼睛及黏膜等部位。故化妝品的品質和安全性尤為重要，任何化妝品產品上市之前，都必須進行品質與安全性的檢驗，以確保該產品的安全性及有效性。在本篇介紹上，介紹有關化妝品與皮膚和毛髮的生理學，以及化妝品的品質與安全檢測。

第 **12** 章

化妝品與皮膚
生理

第一節　皮膚的構造和組成

皮膚的基本特徵

皮膚覆蓋在人體的外表層，是人體最大的感覺器官，也是人體抵禦外來刺激的第一道屏障。皮膚除了可以保護體內的臟器和組織外，還有很多重要功能。

成年人的皮膚表面積一般為 1.5～2.0 m²。皮膚總重量約為體重的 5%，若包括皮下組織，總重量達體重的 16%，故它是人體最大的器官。皮膚的厚度隨年齡、性別和部位有所不同，一般來說男性的皮膚比女性要厚一些，眼瞼、臉頰和四肢曲側等處皮膚較薄，掌趾及四肢伸側等處皮膚較厚。成人皮膚平均厚度約 2 mm，兒童皮膚僅為 1 mm 厚。眼瞼、耳朵、肘窩處皮膚較薄，約為 0.4 mm，而背部和掌部較厚，約為 3～4 mm。

健康的皮膚柔軟光滑，彈性良好，表面呈弱酸性，pH 在 4.5～6.5 之間。皮膚的顏色因人而異，一般分為白色皮膚、黃色皮膚、黑色皮膚和棕色皮膚四種，即使在一個人身上的各個部位皮膚的顏色也不同。皮膚的顏色取決於皮膚裡所含的黑色素的種類的多少。在太陽的照射下，皮膚內的黑色素會增多，皮膚會逐漸變黑；足跟的皮膚角質層較厚，皮膚看上去帶有黃色。

皮膚的基本結構

皮膚由外至內可以分成表皮、真皮和皮下組織三層，皮膚的附屬器官包括毛髮、指甲和皮膚的腺體（包括皮脂腺和汗腺）等等，其結構如圖 12-1 所示。

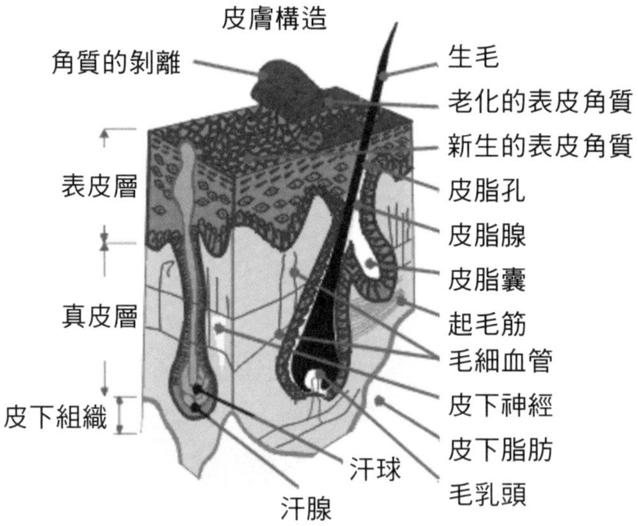

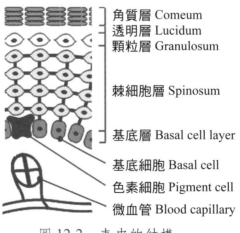

皮膚構造

角質的剝離 — 生毛

老化的表皮角質

新生的表皮角質

表皮層 皮脂孔

皮脂腺

皮脂囊

真皮層 起毛筋

毛細血管

皮下神經

皮下組織 皮下脂肪

汗球

汗腺 毛乳頭

圖 12-1 皮膚的結構

1. 表皮（Epidermis）

　　表皮位於皮膚的表層，它與外界接觸最多並與化妝品直接接觸，但同時又可以抵禦外界對皮膚的刺激。表皮沒有血管但有許多細小的神經末梢，其厚度一般不超過 0.2 mm，表皮由外至內可分五層：角質層、透明層、顆粒層、棘狀層和基底層，其結構如圖 12-2 所示。新生的細胞逼入棘細胞層，然後上移到顆粒層，再通過角質層脫落下來。

表皮層構造

角質層 Comeum
透明層 Lucidum
顆粒層 Granulosum

棘細胞層 Spinosum

基底層 Basal cell layer

基底細胞 Basal cell
色素細胞 Pigment cell
微血管 Blood capillary

圖 12-2 表皮的結構

⑴角質層（Corneum Stratum）：角質層是表皮的最外層，是由數層完全形化、嗜酸性染色無核細胞組成，細胞內充滿了稱為角蛋白的纖維蛋白質，是一種角化細胞。細胞經常成片脫落，形成鱗屑。角質層的厚度因部位而異，因受壓力與摩擦，掌、趾部及肘窩部的角質層較厚，角質層堅韌，對冷、熱、酸、鹼等刺激有一定的抵禦作用。角質層約含10%～20%水分，手足多汗或者在水中浸泡時間過長，角質層的水分增加，皮膚就會變白起皺，這時的角質死細胞更加易於去除。

⑵透明層（Lucidum Stratum）：位於角質層之下，顆粒層之上。透明層是由處於角質層與顆粒層之間的2～3層透明、扁平、無核、緊密相連的細胞構成，細胞中含角母蛋白，有防止水分、化學物質和電解質等通過的屏障作用。細胞在這一層開始衰老萎縮。但此層僅見於角質厚的部位，如手掌和足跟等部位。

⑶顆粒層（Granulosum Stratum）：在棘細胞層之上。顆粒層由2～4層扁平或紡錘狀細胞構成，細胞核已經退化，這些細胞中有透明質酸顆粒，對於向角質層轉化，進行所謂過渡層的作用。顆粒層細胞間隙中充滿了抗水的磷脂質，加強細胞間的黏結並成為一個防護屏障，使水分不易從體表滲入，致使角質層細胞的水分顯著減少，成為角質層細包死亡的原因之一。

此層細胞核雖已退化，但仍可以從外部吸收物質，所以此層對化妝品的吸收仍有舉足輕重的作用。由於顆粒層細胞內含有許多由透明蛋白、角蛋白所構成的顆粒，因而叫顆粒層。角質層細胞的外周被角化，其中心部分充滿了脂類、蠟質和脂肪酸等物質，這些物質部分來自細胞內容物的水解作用，部分來自皮脂腺和汗腺分泌物。角蛋白是一種抵抗性的、不活躍的纖維蛋白，構成了皮膚保護屏障的重要部分。它是一道防水屏障，使水分不易滲入，同時也阻止表皮水分向角質層滲出。

⑷棘細胞層（Spinosum Stratum）：棘細胞層由4～8層呈多邊形、有棘突的細胞構成，細胞自下而上漸趨扁平，是表皮最厚的一層。在棘細胞之間有大量的被稱為橋粒的細胞間連接結構存在，讓細胞看起來就像是荊棘一樣，該細胞由此得名為棘細胞。

在細胞間隙流著淋巴液，它連著真皮淋巴管，以它來供給營養。對皮膚美容和抗衰老具有重要的作用。有人使用化妝品發生「過敏反應」，表

現為皮膚發癢，出現丘疹，甚至局部紅腫，這種反應往往與這層細胞有關。最下層的棘細胞有分裂功能，參與傷口癒合過程，和基底細胞一起擔負起修復皮膚的任務。

(5)基底層（Basal cell layer）：基底層是表皮的最下層，由一排圓柱狀細胞組成，與真皮連接在一起。圓柱狀細胞中含有黑色素細胞，當受紫外線刺激時，黑色素細胞可分泌黑色顆粒狀物質（即黑色素），構成人體皮膚的主要色澤，使皮膚變黑。黑色素能過濾紫外線，抵禦紫外線對人體的傷害，以防止紫外線透過體內。

核層細胞間與其上棘狀細胞間有橋粒連接，其下則與真皮連接。此層細胞底呈突起的微細鋸齒狀，使之能與真皮緊密相連接。此層從真皮上部的毛細血管得到營養以使細胞分裂，新生的細胞向其上層棘狀層增殖細胞，並漸移向上層，以補充表面角質層細胞脫落和修復表皮的缺損，所以此層又稱為種子層。

一個新細胞從基底層細胞分裂後向上推移到達顆粒層的最上層大約需14天，再通過角質層到最後脫落又需14天左右，此一週期稱為細胞的更換期，共28天左右。掌握皮膚的更換朝，對於化妝品確定有效期有重要的意義。

2.真皮（Dermis）

真皮位於表皮之下，厚度約 3 mm，比表皮厚 3～4 倍。真皮與表皮接觸部分互為凹凸相吻合。表皮向下伸入真皮的部分稱為表皮突或舒突，真皮向上嵌在表皮突之間的部分叫乳頭體。乳頭體中有毛細血管網，是無血液表皮提供營養來源，調節體溫，並兼排出廢物作用。

真皮分為上、下兩層，上層叫乳頭層，下層（內部）叫網狀層，兩層並無明顯分界。

(1)乳頭層（Nipple Stratum）：它在表皮的下方，是一層疏鬆結締組織，乳頭層中央有球狀的毛細血管和神經末稍，故與表皮的營養供給及體溫的調節有很大關係。如臉部呈紅色或蒼白，是依據此部分血液量的多少而定。幾乎所有皮膚的炎症，均侵犯乳頭層。

(2)網狀層（Meshed Stratum）：此層由較厚緻密結締組織組成。真皮結締組織

纖維排列不規則，縱橫交錯成網狀，使皮膚富有彈性和韌性。結締組織是由膠原纖維、網狀纖維、彈性纖維三種纖維組成。其中膠原纖維約占真皮結締組織的 95%，纖維粗細不等，大多成束，呈波紋狀走向。膠原纖維決定著真皮的機械張力，主要具有支援功能。膠原纖維由膠原蛋白分子交聯形成，能抗拉，韌性大，但缺乏彈性。

　　膠原蛋白（Collagen）有保持大量水分的能力，其保持水分越多，皮膚就越細潤、光滑。當膠原蛋白保持水分的能力下降，甚至膠原蛋白分子發生交聯還會引起長度的縮短和機械張力的下降時，人體皮膚就會鬆弛，出現皺紋。網狀纖維是纖細的膠原纖維，柔軟、纖細、多分支，並互相連接成網，常見於毛囊、皮脂腺、小汗腺、神經、毛細血管及皮下脂肪細胞周圍。彈性纖維常圍繞著膠原纖維，相互交織成網，共同構成了真皮中的彈性網絡，分布在血管、淋巴管壁上，使堅固的真皮具有一定的彈性。彈性纖維由彈性蛋白組成，在皮膚的衰老過程中，表現出彈性蛋白含量的減少，從而使皮膚失去彈性。

　　真皮中的各種纖維、毛細血管、神經及皮膚附屬器官等均包埋於無定形的基質中。真皮基質的主要成分是含硫酸軟骨素和透明質酸等黏多糖和蛋白質的複合物，即蛋白多糖。基質具有親水性，是各種水溶性物質、電解質等代謝物質的交換場所。透明質酸與真皮的含水量相關。透明質酸分子是隨機螺旋體，並互相交錯形成網絡，允許小分子物質通過，阻礙了一部分大分子。由於其巨大的保水能力和天然的彈性，所以隨著人的衰老，透明質酸的減少，是導致真皮含水量減少的重要因素。

3. 皮下組織（Subcutaneous tissue）

　　皮下組織位於真皮下部，是人體脂肪積貯之地，故亦稱皮下脂肪組織。皮下組織在真皮之下，兩者之間沒有明顯的分界線。

　　皮下組織的主要成分是結締組織和脂肪組織，其中脂肪組織占絕大多數，大量的脂肪組織散佈於疏鬆的結締組織中，其中含有大量的血管、淋巴、神經、毛囊、汗腺等。皮下組織存在於真皮和肌肉以及骨酪之間，使皮膚疏鬆地與深部組織相連，令皮膚具有一定的可動性。

　　皮下組織柔軟而疏鬆，具有緩衝外來的衝擊和壓力的作用，可以保護骨骼、

肌肉和神經等免受外界力量的傷害，還能儲藏熱量，防止體溫的發散和供給人體熱能。

皮下脂肪組織的厚薄因人而異，並隨個人的營養狀況、性別、年齡及部位的不同有較大差異。人體體形，所謂曲線美，在很大程度上與皮下脂肪組織的多少及分布狀況有關係。一般來說，營養狀況良好，脂肪相對厚；女性的脂肪層要比男性厚；腹部、臀部的脂肪層要比四肢的脂肪層厚。

◎ 皮膚的附屬器官

皮膚的附屬器官主要包括汗腺、皮脂腺、毛髮、毛囊和指（趾）甲等。毛髮和指（趾）甲是角質化的皮膚，是由皮膚變化而來的。

1. 汗腺（Sweat gland）

汗腺分布全身，按分泌性質的不同，分為小汗腺和大汗腺兩種。

(1)小汗腺（Eccrine sweat gland）：除口唇紅部，幾乎遍佈於全身，尤以頭部、面部、手掌、足跟等處為多。由腺體、導管和汗孔三部分組成。汗液就是由腺體內層細胞分泌到導管，再由導管輸至汗孔而排洩在表皮外面的液體。排出的汗液是一種透明的弱酸性物質，幾乎無色無臭，其成分中 99% 為水，其他為鹽分、乳酸、胺基酸和尿酸等，與尿液成分相似，汗液的成分見表 12-1。

表 12-1　汗液的成分

物質成分	含量	物質成分	含量
鹽分（Salts）	0.648～0.987	氨（Ammonia）	0.010～0.018
尿素（Urea）	0.086～0.173	尿酸（Uric acid）	0.0006～0.0015
乳酸（Lactic acid）	0.034～0.107	肌酸內醯胺（Creatinelactam）	0.0005～0.002
硫化物（Sulfide）	0.0006～0.025	胺基酸（Amino acid）	0.013～0.020

小汗腺的汗液分泌量平時較少，以肉眼看不見的蒸汽形式發散出來，可以防止皮膚乾燥及保濕的作用，還有助於調節體溫。另外，體內新陳代

謝的部分產物也透過汗液排泄出去，因此汗腺還能代替腎臟的部分功能。

(2)大汗腺（Apocrine sweat gland）：僅存於腋窩、乳頭、臍窩、肛門、陰部等處。大汗腺導管短而直，開口於毛囊處，在皮脂腺出口的上面。大汗腺的分泌物中含有分泌細胞本身的一部分細胞質，其分泌物濃稠，含有鐵成分和蛋白質成分，如果沒有及時清除，經細菌分解作用後生成脂肪酸和氨，會散發出酸腐的氣味。大汗腺分泌汗液受神經刺激所支配，不受暑熱的影響，故大汗腺沒有調節體溫的作用。其分泌物是弱鹼性物質。

2. 皮脂腺（Sebaceous gland）

皮脂腺位於真皮內，靠近毛囊，除手掌和足跟外，遍布全身，而以頭皮、面部、胸部、肩腫間、尤其鼻、前額等處較多。皮脂腺是由腺體和排泄管構成。在腺體外層的細胞層內部充滿著皮脂細胞。皮脂細胞含有皮脂球，隨著細胞的陳舊，脂肪量愈增加，細胞核漸漸萎縮。細胞更新時，細胞膜便破裂，而與脂肪融合成為皮脂充滿腺腔，再經由排泄管到達腺口而排出，同時與皮脂在一起的細胞殘屑亦被排出。經皮脂腺排出皮脂，其主要原因是脂肪細胞之增殖壓力所致，故皮脂排出受皮膚表面脂性膜黏度的影響很大。

皮脂是皮脂腺分泌和排泄的產物與表皮細胞產生的部分脂質組成的混合物。其主要成分及含量見下表 12-2 所示。

表 12-2　皮質的組成

脂質	重量平均值／%	重量範圍／%
甘油三酸酯（Triglyceride）	41.0	19.5～49.4
甘油二酸酯（Diglyceride）	2.2	2.3～4.3
游離脂肪酸（Free fatty acid）	16.4	7.9～39.0
角鯊烯（Squalane）	12.0	10.1～13.9
膽固醇（Cholesterol）	1.4	1.2～2.3
膽固醇脂（Cholesterol Fat）	2.1	1.5～2.6

皮脂經排洩管從腺口排出到皮膚表面則擴散，並與從汗腺及角質層排出的水分及其他物質進行乳化，形成了表面上的一層油脂面，稱為皮表脂質膜。皮

質膜主要含有游離脂肪酸、角鯊烯、蠟、膽固醇、烴類、甘油酸酯和甘油二酸酯。這乳化的脂質膜形成後對表皮構成反壓力，與皮脂排出的壓力形成動態平衡，可以調節皮脂的排出。

皮脂膜對皮膚乃至整個機體有重要的生理功能，主要表現在以下幾個方面：

(1)屏障作用：皮脂膜能夠防止皮膚水分的過度蒸發，並能防止外界水分及某些物質大量滲入，使皮膚的含水量保持正常狀態。

(2)滋潤皮膚：皮脂膜是由皮脂和水分乳化而成，其脂質部分可使皮膚柔韌、滑潤、富有光澤；皮脂膜中的水分使皮膚保持一定的濕度，防止乾裂。

(3)抗感染作用：皮脂膜中的一些游離脂肪酸能夠抑制某些疾病性微生物的生長，如化膿性菌、口癬菌的繁殖，對皮膚產生自我淨化作用。青春期皮脂分泌旺盛，故口癬患者到青春期多可自癒。

(4)中和作用：皮脂膜是皮脂與汗的混合物，它對皮膚的酸鹼度有一定的緩衝作用。在表皮塗以鹼性溶液，則其pH值升高，但由於皮脂膜的存在，經過一定時間後又逐漸得以緩衝中和，並使其 pH 值恢復到原有狀態。

皮脂膜對維持皮膚的正常生理狀態具有重要作用，人的皮膚最理想的保護劑莫過於皮脂，皮脂將皮膚表面覆蓋，既能防止皮膚乾燥，又能賦予皮膚柔軟的彈性。因此，要想保護皮膚，首先要注意保護覆蓋皮膚的皮脂膜，不要用鹼性過大的洗滌用品洗臉、洗頭或洗澡，以防止皮脂的大量流失。老年人皮脂腺萎縮，皮脂分泌量減少，不能形成有效的皮脂膜，因此容易導致皮膚乾裂、脫屑，並且易患感染性皮膚疾病。

3. 毛髮（Hair）

毛髮是由角化的表皮細胞構成的彈性絲狀物。除手掌、腳底、唇、黏膜、乳頭等處外，周身幾乎都被毛髮覆蓋，有保護皮膚、保持體溫之作用。毛髮可分為硬毛和纖毛兩種：硬毛又可分為長毛和短毛，長毛有頭髮、鬍鬚、腋毛、胸毛、陰毛等，其長度約 50 mm 以上，短毛有眉毛、睫毛、鼻毛、耳毛等，其長度約 15～50 mm；纖毛是人類特有極纖細的毛，生長在面部、頸、軀體、四肢等處，其長度不超過 4 mm。

毛髮由毛幹、毛根、毛囊和毛乳頭等組成，其組成及介紹詳見第十章化妝品與毛髮生理。

4.指（趾）甲（Nail）

指（趾）甲具有保護指頭的功能，為數層密集的角化細胞構成。暴露部位是甲板，隱藏在皮下的是甲根，覆蓋甲板周圍的皮膚稱為甲廓。甲板接近甲根之白色半月形部分叫甲半月，這種甲半月，患有胃腸病、心臟病者多數是看不見的。

甲根之下的組織叫甲母，是甲的生長區，甲板覆在上面的這一部分叫甲床，如圖 12-3 所示。甲床的皮膚為表皮的基底層與真皮所構成。甲床的基底層為皮膚基底層的延續。指甲相當於甲床皮膚基底層上的角質，由角化的表皮細胞重疊成葉狀而經壓縮成角質片。

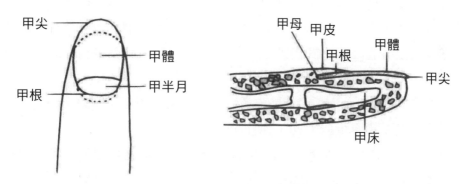

圖 12-3　指甲構造示意圖

指甲生長速度約每日0.1mm，指甲的含水量為7%～12%，脂肪含量為0.15%～0.75%。

第二節　皮膚的化學組成

皮膚的化學成分主要有蛋白質、脂肪、碳水化合物和水及電解質，現分別予以敘述。

◎蛋白質

皮膚中的蛋白質成分可按其空間結構和分子形狀分為兩大類即纖維（狀）蛋白和球（狀）蛋白，它們的化學與物理性質各不相同。

1. 纖維蛋白（Fiber protein）

分布在皮膚內的纖維蛋白有以下五種：

(1)角蛋白（Keratin）：它是皮膚角質化過程所產生的蛋白，故叫角蛋白，又稱角朊。角蛋白有軟質角蛋白與硬質角蛋白。表皮角質層蛋白為軟質角蛋白，毛髮、指（趾）甲為硬質角蛋白。

(2)張力細絲（Tonofilament）：具有與角蛋白相似的堅韌性和彈性，以維護表皮與毛髮各層細胞之間內外張力的平衡。也有人認為張力細絲是角蛋白的前身。

(3)膠原蛋白（Collagen）：它是皮膚結締組織中的主要蛋白質，含有大量的多種胺基酸。膠原蛋白堅韌、彈性小。

(4)網狀蛋白（Reticulate protein）：網狀蛋白與膠原蛋白類同，其數量較少，對酸、鹼和消化酶的耐性較大。

(5)彈力蛋白（Elastic fibers）：水溶性物質，含有豐富離胺酸。

2. 球狀蛋白（Globular protein）─核蛋白（Nucleoprotein）

皮膚的細胞成分與其他細胞組織的成分一樣，核蛋白（是由蛋白質與核酸結合而成）是細胞的一種重要組成成分，目前已證明核糖核酸（Ribonucleic acid，即 RNA）在蛋白質合成具有重要作用。

◎脂肪

皮膚脂肪有兩類，一類是沉積於細胞內的脂肪，作為燃料貯備，主要是中性脂肪，另一類是類脂質。皮膚表面脂肪的黏稠與氣溫、皮脂熔點有關。一般皮脂熔點為33℃，與皮膚表面溫度很接近，高溫時為液體，中等溫度為半固體，

低溫時為固體。脂肪的黏稠度能對抗皮脂腺的壓力，黏稠度低時對抗力減小，皮脂排出就快，反之，就會減慢或停止，而抑止皮脂的排出。皮膚表面的皮脂乾燥時，擴散度小，潮濕時擴散度大。

▣ 碳水化合物

　　碳水化合物又稱為糖，是構成人體的重要成分之一。植物的根、莖、葉、果實、種子等大多含有葡萄糖、果糖、蔗糖、澱粉和纖維素等糖類物質。人體組織內糖的含量雖然不超過乾重的 2%，但人體的生理活動如消化吸收、呼吸及勞動等所需要的能量，約 70% 以上的是由糖供給，一部分糖類還是組成細胞結構的成分。

1. 醣類與葡萄糖（Sugar and glucose）：皮膚中細胞內的主要碳水化合物是醣類與葡萄糖，在酶的參與下，醣類和葡萄糖代謝產生細胞所需的能量。
2. 黏多糖（Mucopolysaccharide）：真皮中的各種纖維、毛細血管、神經及皮膚附屬器官等，其主要成分是含硫酸軟骨素和透明質酸等黏多糖和蛋白質的複合物，即蛋白多糖。透明質酸是一種酸性黏多糖，它的黏性很強，可填充於細胞間的黏稠狀物質，可結成凝膠將細胞緊密地粘合在一起，以保護組織不受病菌等物的侵害。它能保持組織間的水分，並使皮膚具有一定的堅韌性、彈性和返回性，還能潤滑纖維素。

▣ 水與電解質

1. 水（Water）：皮膚是貯存水分的重要器官這一，貯水量僅次於肌肉，在正常情況下，皮膚之水分約占人體所含水分的 18%～20%，水分大部分貯存於真皮內。女性皮膚的貯水量較男性多。
　　皮膚中的水分一方面不斷地通過毛細血管壁取源於體內，另一方面也不斷地向外排出，除通過汗腺外，一部分水分可通過表皮失去，當水分尚未達到表皮時，即已變成蒸汽，這種蒸汽即使在顯微鏡下也不能見到，稱之為不自覺的失水。目前由散失水分的機理還不十分清楚。有人認為與表皮的角化過程有關，是表皮細胞的生理功能之一，如表皮角化過度加速時，表皮失水

量減少,由表皮散失的水分與汗液不同的是它不含鹽類。正常角質層含水量為 10%～20%,當外界相對濕度低於 60%時可降到 10%以下,眼睛四周皮膚發乾、皸裂。這時外用任何天然油類,用以阻止水分的蒸發,均不能改變其乾燥現象,只有預先給予水洗後,再行外用,才能有效。

2. 電解質(Electrolyte):皮膚是電解質的主要貯存器官,貯存在皮膚組織內的鹽類有多種,如含有氯、納、鉀、鈣、鎂、銅、鐵、硫、磷、鋅、鋁、硒、鈷、鎳、氮、碳、氟、碘等,總計為皮膚總重量的0.6%～1%。主要的電解質如下:

(1)氯與鈉(Chloride and Sodium):皮膚中氯與鈉的比例為1.34:1,氯與鈉的一個主要功能是維持細胞內的水平衡及滲透壓及酸鹼平衡,氯化鈉可暫時貯存在皮膚內。

(2)鉀(Potassium):鉀較鈉容易滲入細胞內,也是調節細胞內滲透壓與酸鹼平衡的重要因素,表皮細胞毛囊上皮等細胞成分中的鉀含量較高。

(3)鈣(Calcium):表皮角質層及毛髮內鈣含量較高,皮脂腺、毛髮皮內也較多,細胞內的鈣與蛋白質結合可形成細胞粘合質。

(4)銅(Copper):人體內有許多含銅酶,如酪氨酸酶等,細胞色素氧化酶及過氧化酶的合成,以及其活力的維持,均有賴於銅離子,而皮膚的生理活動如角化、形成黑色素等,均需上述含銅之酶類的催化。

(5)鐵(Iron):皮膚的許多生理活動也有賴於很多含鐵酶的催化,一天中經皮膚排出鐵的量不少於 0.2 mg,主要由表皮脫屑而散失,及汗腺的排泄。

(6)硫(Sulfer):皮膚內硫大部分存在於表皮、毛髮與指(趾)甲的角蛋白內,角質形成時含硫氫基的胺基酸多分解而再結合成具有雙硫鍵的胺基酸。

第三節　皮膚的功能和生理

　　皮膚的生理功能主要有保護作用、感覺作用、調節體溫作用、分泌和排泄作用、吸收和代謝作用及參與免疫反應等作用和生理。

保護作用

　　皮膚的保護作用即屏障功能，包括抵禦外界環境中物理性、化學性、生物性、機械性刺激對機體內組織器官損害，防止組織內的各種營養物質、電解質和水分流失。

1. 對物理性損害的防護：角質層表面有一層脂質膜，可使皮膚柔潤，並阻止外界水分滲入皮膚，又可防止皮膚水分蒸發。乾燥的角質層表面是電的不良導體。角質層有反射光線及吸收波長較短的紫外線的作用。棘細胞、基底層細胞和黑色素細胞可吸收波長較長的紫外線。黑素顆粒還有反射和遮蔽光線的作用，可減輕光線對細胞的損傷。適量的日光照射可促進黑色素細胞產生黑色素，以增強皮膚對日光照射的耐受性。不同的民族、種族皮膚中的黑色素含量不同，白種人的皮膚對日光照射的耐受性能不及黃種人和黑種人。

2. 對化學物質損傷的防護作用：皮膚表面呈弱酸性，有中和弱鹼的能力。角質層細胞排列緊密，可防止化學物質及水分的侵入。實驗證明化學物質滲透和通過角質層需要較長時間，一旦通過了角質層，則較快穿透表皮。角質層的厚薄與皮膚對化學物質的防護作用成正比。手掌與足趾部分皮膚角質層最厚，屏障作用最強。

3. 對微生物的防禦作用：乾燥的皮膚表面以及它的弱酸性不利於細菌生長繁殖。正常皮膚表面寄生的細菌主要為棒狀桿菌、腸道桿菌科、小球菌等。棒狀桿菌常寄生在皮脂腺中，它的脂酶可將皮脂中的甘油三酸酯分解成游離脂肪酸，對皮膚表面的葡萄球菌、鏈球菌有一定的抑制作用。青春期後皮脂分泌的十一烯酸等不飽和脂肪酸增多，可抑制某些真菌的繁殖。

4. 對機械性刺激的防護：柔韌而緻密的角質層能防護機械性刺激對皮膚的損害。經常受摩擦和壓迫的部位，如掌趾及四肢伸側，角質層增厚或發生拼服、增強了對刺激的耐受性。真皮中的膠質纖維及彈性纖維使皮膚有抗拉性及較好的彈性。皮膚受損後的裂口或潰瘍面可由纖維細胞及表皮新面癒合。皮下脂肪層的軟墊有減輕外界衝擊而保護內臟器官的作用。

◖ 感覺作用

　　分布在皮膚中的各種神經末梢和神經纖維網，將外界刺激引起的神經衝動傳至大腦皮層而產生感覺。包括產生觸覺、痛覺、冷覺、溫覺、壓覺、癢覺等單一感覺和乾濕、潮濕、粗糙、堅硬、柔韌等的複合感覺，使人體能夠感受外界的多種變化，以避免各種損傷。

　　瘙癢是皮膚、黏膜（鼻黏膜、眼結合膜等）的一種特殊感覺，常伴有搔抓反應。癢感在皮膚表面呈點狀分布。不同部位對瘙癢的敏感程度不同。外耳道、鼻黏黏膜、外陰部等處較為敏感。物理化學性刺激、生物性刺激、變態反應等均可引起瘙癢。

◖ 調節體溫作用

　　皮膚是熱的不良導體，既可防止過多的體內熱外散，又可防止過高的體外熱傳入，在保持人體正常體溫以維持機體正常功能方面，皮膚的作用功不可沒。皮膚可通過輻射、對流、蒸發、傳導四種方式散熱、來調節體溫。

　　當外界氣溫較高時，皮膚的毛細血管擴張，血流增加，散熱加速，使體溫不致過度升高。當外界溫度降低時，皮膚的毛細血管收縮，同時小部分動脈血液不通過毛細血管而由動靜脈直接回到靜脈，這樣皮膚的血流主要流向內臟，被散失的熱量減少。由於立毛肌收縮及分布於皮膚表面的皮脂，阻滯了熱量的輻射與蒸發，添加衣服，可減少對流和傳導，防止體溫過度降低。

　　汗液蒸發可帶走較多熱量。每毫升汗液的蒸發，約需 2.43 kJ 熱量。以人體每晝夜排汗 700 mL 計算，需要消耗 1672 kJ 熱量，故對調節體溫有著重要的作用。夏季出汗多，可防止體溫升高，冬季出汗減少，可減少熱量的消耗，防止體溫降低。陰雨潮濕、氣溫較高的季節，汗液蒸發減少，不利散熱，令人感覺悶熱不適。

　　有些營養性的化妝品具有促進皮膚血液循環、改善皮膚生理機能的作用，這不僅能增進皮膚健康，也有益於皮膚調節人體的正常體溫。

分泌和排泄作用

皮膚具有分泌和排泄功能。汗腺分泌汗液，皮脂腺分泌皮脂，對整個人體都是極為重要的。

1. 汗液的分泌

汗液分泌是受視丘下部溫度調節中樞控制的。正常室溫下，只有少數小汗腺有分泌活動，排出汗液少，無出汗的感覺，不易被人所察覺。氣溫高於30℃時，活動性小汗腺增加，排汗明顯。汗液分泌量的多少能夠影響汗的成分。小汗腺的汗液含99%～99.5%水，0.5%～1.0%無機鹽和有機物質。無機鹽主要有氯化鈉，有機物質主要是尿素、胺基酸、乳酸等。正常情況下汗液呈弱酸性，pH值約為 4.5～5.0，大量排汗時 pH 值可達 7.0。

汗液排出後與皮脂混合，形成乳狀的脂膜，可使角質層柔軟、潤澤、防止乾裂。同時汗液使皮膚帶有酸性，可抑制一些細菌的生長。另外，汗液排出少量尿素，還有輔助腎臟的作用。但大量排汗可使角質層吸收水分而膨脹，汗孔變窄，排汗困難，容易生長疹子。

大汗腺分泌物由其細胞遠端破碎而成。為有螢光的奶狀蛋白液體及細胞碎屑。其中，除水分外還有脂肪酸、膽固醇和類脂質。正常時汗液無味，排出皮膚表面迅即乾燥，如有細菌感染則可散發特殊的臭味。某些人大汗腺常分泌一些有色物質（脂褐素）而呈黃色、棕色或黑色，可見於腋部、腹股溝等處，久之可使衣服染色。大汗腺分泌於晨間較高，夜間較低。

2. 皮脂的分泌和排泄

皮脂主要是由皮脂腺體分泌的，小部分是表皮角化過程中角質層細胞供給的角質脂肪。皮脂腺多數生長在毛囊附近，分泌的皮脂有潤澤毛髮、防止皮膚乾裂及一定的抑制細菌在皮膚表面繁殖的作用。皮脂腺中未發現神經末梢，分泌不受神經支配。分泌的皮脂在腺體內積存，使排泄管內的壓力增加，而從毛囊口排出。皮脂排出到皮膚表面，與該處的汗液和水乳化後形成一層乳狀脂膜，根據此膜的厚度及皮脂的黏稠度可產生一種抵抗皮脂排出的反壓力。上述兩種

壓力的相互作用，調節著皮脂的排出量。用脂溶劑除去脂膜後，皮脂分泌增加，約30分鐘後皮膚表面皮脂即可恢復原狀。

皮脂中含有較多的甘油三酸酯（50%以上），蠟類（26%），固醇類（4.3%）等。皮脂分泌受年齡與性別的影響，自青春期後至壯年期較旺盛，至老年則漸減少。雄性激素使皮脂腺增大、分泌增多，雌激素有抑制皮脂腺的功能。

皮脂腺中寄生的痤瘡棒狀桿菌和卵圓糠秕孢子菌的酯酶可將甘油三酸酯分解為游離脂肪酸。若游離脂肪酸排泄不暢，則可刺激毛囊及其周圍組織，引起發炎症狀。

■ 吸收作用

皮膚具有防止外界異物侵入體內的作用，但皮膚仍然有一定的滲透能力和吸收作用，因為它不是絕對嚴密而無通透性的屏障，故某些物質可以通過表皮而被真皮吸收，影響局部或全身。完整的皮膚能吸收脂溶性物質，而對水溶性物質吸收能力較小。若皮膚損傷或發炎時，其吸收力顯著增強。如常用的腎上腺皮脂激素，性激素，維生素A、D、E等，在局部外用時，均可經皮膚吸收，產生全身作用。某些外用藥如酚類，當皮膚大量吸收後，即可引起中毒，甚至造成死亡。

日常生活中所接觸的各種物質，一般是不可透過表皮或被吸收的。化妝品的基質一般不被皮膚吸收，如凡士林、液體石蠟、矽油等礦物油類完全或幾乎不能被皮膚吸收。豬油、羊毛脂、橄欖油等動植物油類則能進入皮膚層、毛囊和皮脂腺。當基質中存在有界面活性劑時，表皮細胞膜的滲透性將增大，吸收量也將增加。能否吸收取決於皮膚的狀態、物質性狀以及混合有該物質的基劑。吸收量取決於物質量、接觸時間、部位和塗敷面積等。

皮膚吸收的主要途徑是滲透通過角質層細胞膜進入角質層細胞，然後通過表皮其他各層而進入真皮；其次是少量脂溶性及水溶性物質或不易滲透的大分子物質通過毛囊、皮脂腺和汗腺導管而被吸收；僅極少量通過角質層細胞間隙進入皮膚內。通常情況下，角質層吸收外物的能力很弱，但是使其軟化，某些物質則可滲透過角質層細胞膜而進入角質層細胞，然後通過表皮各層而被吸收。如皮膚被水浸潤後，則吸收能力加強，故可採用包敷的方法使汗液蒸發減少，

皮膚的水分增加，因而皮膚的吸收作用加強。皮膚充血時吸收力也會加強。化妝品面膜就是基於這個道理而達到滋養面部皮膚的目的。

綜上所述，供皮膚收斂、殺菌、增白等用途的化妝品，採用水溶性藥劑為宜，以避免皮膚過度吸收，造成傷害；從皮膚表面吸收到達體內以進行營養作用的化妝品，以脂溶性藥劑為宜。為了促進皮膚對化妝品營養成分的吸收，在塗抹化妝品前，先用皮膚清潔劑脫除皮脂（最好用溫水），然後再抹用化妝品，並配以適當的按摩等，均會收到良好的效果。

代謝作用

皮膚表面細胞分裂與分化形成角質層，毛髮和指（趾）甲的生長，色素細胞的形成以及汗液的皮脂和形成、分泌等，都要經過一系列的生化過程才能完成，這即是皮膚的代謝功能，對皮膚和肌體起著保護作用。

1. 糖代謝（Sugar metabolism）：糖原和葡萄糖是細胞中的主要糖類。正常表皮的葡萄糖含量約為0.08%。糖尿病患者皮膚中的葡萄糖含量增加，故易受細菌及真菌感染。表皮、毛囊、汗腺中均含有酸性黏多糖。真皮基質中也有較多的酸性多糖蛋白，它們對水鹽代謝有重要影響。黏多糖類有較高的黏稠度，它們和膠原纖維以靜電結合形成網狀結構，除對真皮及皮下組織中的組織成分起支持、固定作用外，還有抗局部壓力作用。

2. 蛋白質代謝（Protein metabolism）：皮膚內的蛋白質可分為三類，即纖維蛋白、非纖維蛋白及球蛋白。

    (1)纖維蛋白：主要包括表皮細胞中的張力微絲和角質層中的角質蛋白纖維，真皮中的膠原纖維、彈性纖維和網狀纖維。張力微絲和角質蛋白纖維可使表皮細胞保持一定的形狀，形成比較堅韌的角質層。當角化完成時，細胞核和細胞器均消失，細胞中水分大大減少，胞漿內含有密集的角質蛋白纖維，細胞膜增厚，一個良好的保護層即可形成。彈性纖維富有彈性。膠原纖維是構成真皮的主要成分之一，使皮膚具有韌性和抗張力作用。

    (2)非纖維蛋白：包括控制遺傳特性的核蛋白，調節細胞代謝的各種酶，真皮的基質。

    (3)球蛋白：為細胞不可缺少的組成部分，也是基底細胞中RNA核蛋白和DNA

核蛋白的主要成分。

3. 脂類代謝（Fat metabolism）：皮膚表面的脂膜中含有脂類、游離脂肪酸、甘油酯、固醇類等，大多為皮脂腺的分泌物，少量來源於表皮的角質層。表皮內含有 7-脫氫膽固醇，經紫外線照射後可生成維生素 D，被吸收後可防軟骨病的發生。皮膚的脂類代謝與表皮細胞的分化及能量供應有密切關係。

4. 水的代謝（Water metabolism）：皮膚中的水分主要儲於真皮內，對於整體的水分具有調節作用，同時是皮膚的各種生理作用的重要內環境。皮膚是人體水分排泄的主要途徑之一，每日從皮膚擴散出的水分約為 500 g。皮膚有發炎症狀時水分的蒸發量顯著增多。人體脫水時皮膚可提供其水分的5%～7%，以補充血液循環中的水分。

5. 電解質代謝（Electrolyte metabolism）：皮膚中的電解質以氯化鈉及氯化鉀的含量最多，此外，還有微量的鈣、鎂、銅、磷等。

   (1)氯化鈉（Sodium chloride）：主要在細胞外液中，對維持滲透壓及酸鹼平衡有一定作用。

   (2)氯化鉀（Potassium chloride）：主要在細胞漿內，對某些酶具有激活作用，對鈣離子有抵抗作用，並可調節細胞內的滲透壓及酸鹼平衡。當皮膚有炎症時應限制鹽的攝入，因為皮膚受損傷時，鉀含量降低，鈉和水分含量增加。

   (3)鈣（Calcium）：主要存在於細胞內，對細胞膜的通透性及細胞間的黏性有一定作用。

   (4)鎂（Magnesium）：與某些酶的活性有關。

   (5)銅（Copper）：在皮膚中的含量較少，作用卻不小。銅在角質蛋白的形成過程中具有一定作用，銅缺乏可造成角質形成不良，出現角化不全及毛髮捲曲。銅是酪氨酸酶的主要成分之一，參與色素形成過程。在有氧條件下，酪氨酸酶可以將酪氨酸轉化成多巴，多巴被酪氨酸酶進一步氧化成多巴醌，聚合作用後形成成黑色素小體。

   (6)磷（Phosphorous）：是細胞內許多代謝物質和酶的主要成分，參與能量儲存及轉換。

   另外，表皮角質層及指（趾）甲有較多的硫，參加角質蛋白纖維的合成。

第四節　皮膚的 pH 值、皮脂膜及 NMF

皮膚的 pH 值

　　皮膚分泌的皮脂和汗液混合物在皮膚表面形成一層乳化的脂膜（皮脂膜）。它具有阻止皮膚水分過快蒸發、柔化角質層、防止皮膚乾裂的作用，在一定程度上有抑制細菌在皮膚表面生長、繁殖的作用。皮脂膜中主要含有乳酸、胺基酸、尿素、尿酸、鹽、中性脂肪及脂肪酸等。由於這層皮脂膜的存在，皮膚表面呈弱酸性，測得皮膚的 pH 值通常是在 4.5～6.5 之間，平均值為 5.75。

　　皮膚的 pH 是將皮膚表面加少量純淨水測得的。人體皮膚的 pH 會因為各種因素而變化。例如人的年齡不同，皮膚的 pH 也會不同，兒童的 pH 略微高於成人；而性別不同，皮膚的 pH 也不同，男性的 pH 略低於女性。皮膚的 pH 主要是由皮膚上的皮脂膜決定的。當皮膚呈弱酸性時，能夠抑制皮膚表面細菌和微生物的繁殖，從而達到殺菌和保證皮膚健康的目的。

皮膚的中和能

　　由於皮膚表面呈弱酸性，因而具有中和弱鹼的能力。即使在皮膚表面塗以鹼性溶液，皮膚表面的 pH 值也具有經過一定時間恢復到原有 pH 值的特性，這種性能稱為皮膚的中和能（neutralization energy），或稱皮膚具有緩衝作用。如果在皮膚表面使用鹼性的清潔用品。皮膚表面會暫時呈鹼性，但是經過一段時間後，皮膚的表面又會恢復到原來的弱酸性。

　　皮膚具有的這種緩衝功能是對來自外部侵害的一種生理上的保護作用。對於皮膚的這種緩衝作用，一般認為其主要因素是皮脂膜中的乳酸和胺基酸或作為角質層成分的角朊產生作用，以及皮膚因呼吸而在表皮生成的二氧化碳產生緩衝作用。因此，在化妝品中添加適當的緩衝劑，使皮膚能夠保持適宜的 pH，以減少由於化妝品中的酸性、鹼性物質而對皮膚的傷害。

　　皮脂膜中的游離脂肪酸及皮脂膜的弱酸性 pH 值，對皮膚表面的葡萄球菌、

鏈球菌及白色念珠菌等有一定的抑制作用。青春期後皮脂分泌中的某些不飽和脂肪酸，如十一碳烯酸增多，可抑制一些真菌繁殖，故白癬到青春後期可自癒。

綜上所述，儘管皮膚自身具有一定的緩衝作用，在化妝品研究和生產中還應特別注意化妝品本身的pH值，以及化妝品對正常的皮膚緩衝性的影響。研究證明，具有弱酸性且緩衝作用較強的化妝品對皮膚（特別是緩衝性較弱的皮膚）是最合理的。另外，從皮膚營養的角度考慮，從構成皮脂的成分中，選擇皮膚所必需的組分來制定化妝品配方，使化妝品的成分與皮脂膜的組成相同，對皮膚而言，可謂最理想的營養化妝品。

皮膚的 NMF

角質層保有 10～20% 水分時，皮膚是最有勁的，且富有彈性，是最為理想的狀態。水分若變成 10% 以下時，皮膚即呈現乾燥及呈現皮膚粗糙的狀態。再變少時，就會變成如生成皸裂那樣。

角質層是由於阻礙層以妨礙和體內水分的交流，角質層的水分主要是由於汗的水分或由外部之濕氣做補充的，是由存在於角質層之保濕性成分做保護，依皮脂膜等以抑制蒸發來維持的。含在角質之此自然的保濕因數（成分），稱為 NMF（natural moisturizing factor）。NMF 是一種有吸附性的水溶性物質，能有效控制皮膚中的水分，減少水分蒸發，避免皮膚失水乾燥，保持皮膚柔軟光潤的作用。由於NMF 能使皮膚保持水分和健康，使之豐滿並富有彈性，所以NMF是皮膚最理想的天然保濕劑。NMF的組成比較複雜，主要是由胺基酸類、乳酸鹽、吡咯烷酮羧酸及尚未確認物等組成。其組成成分如表 11-1 所示。

皮膚角質代謝過程所產生成分，為可溶於水的親水性的皮膚天然保濕因數。

1. 乳酸（Lactic acid）：乳酸及其鈉鹽為親水性物質，具有脫屑及吸濕作用，可使用於化妝品成分，具有皮膚保濕作用與給予皮膚青春感。

2. 尿素（Urea）：尿素存在角質層中約 1.0～1.5%，可為皮膚的保濕劑，並可協助其他化妝品成分經皮膚吸收。

3. 胺基酸（Amino acid）：於皮膚中游離的胺基酸有甘胺酸、丙胺酸、絲胺酸、蘇胺酸、精胺酸及組胺酸，為角質層重要水合成分。

4. 吡咯烷酮羧酸及其鈉鹽（PCA.Na）：於角質層中約占 3～4%，其PCA並非有親水性，但其鹽類 PCA.Na，具有較佳保濕效果，保濕能力比甘油好。

第五節 皮膚的狀態

◗ 皮膚的類型

依據皮膚角質層內含水量、皮脂分泌量等皮膚特徵，可將皮膚分為乾性、油性、中性及混合性等類型。

1. 乾性皮膚

乾性皮膚毛孔細密不明顯，皮脂的分泌量少而均勻，無油膩感，皮膚細嫩，膚色潔白，或白裡透紅，乾淨、美觀。表皮角質層中含水量少，常在10%以下，因此這類皮膚經不起風吹日曬，易發紅，脫屑，或易乾燥、皸裂。易過敏，易生雀斑、色素斑，極少產生粉刺和痤瘡。常因情緒波動和環境變換而發生明顯的變化。保護不好容易出現早期衰老現象。此類皮膚宜使用弱鹼性的潔膚用品，如刺激性較小的香皂、洗面乳、清潔霜等，洗淨後需抹用含油脂較多的護膚化妝品，如冷霜等以滋潤皮膚。

2. 油性皮膚

油性皮膚毛孔粗大，皮脂分泌多，皮膚油膩感較重，顯得油光滿面，易患痤瘡及粉刺，膚色較深，但皮膚彈性好，不易過敏，不易起皺紋。皮膚潤澤、不易乾裂，對外界環境的各種刺激抵抗力強。

這類皮膚應特別注重皮膚的清潔，宜經常用水清洗，可選用肥皂、香皂等去污力強的清潔用品洗臉，宜使用油脂含量少的化妝品，如雪花膏、化妝水等。

3. 中性皮膚

中性皮膚的皮脂分泌量和含水量適宜，皮膚既不乾也不油，不粗不細，介於上述兩種類型皮膚之間。對外界刺激也不敏感，是一種正常、健康和理想的皮膚。此類皮膚選用清潔和護膚化妝品的範圍也較寬，通常的護膚類化妝品均可選用。

4.混合性皮膚

　　皮膚同時具有兩種不同性質類型的皮膚稱為混合性皮膚。即前額、鼻樑及下顎等處（面部 T 型區）毛孔粗大，皮脂分泌甚多，表現油性皮膚特徵，而兩頰及外側皮膚具有乾性或中性皮膚特徵。女性中約 80%屬於混合性皮膚。

5.過敏性皮膚

　　多數過敏性皮膚毛孔粗大，皮脂分泌量也偏多。但主要是這種皮膚在使用化妝品（還有如日光照射、接觸某些化學製品等）後會引起皮膚過敏、紅腫、發癢、出現皮疹等。這種皮膚的人要慎重選用化妝品。

　　皮膚的類型還受年齡、季節等影響。青春期過後，油性皮膚就會逐漸向中性及乾性皮膚轉變。在冬季寒冷、乾燥的外界環境中，即使是油性皮膚，也易引起乾燥、粗糙；夏季，皮膚分泌機能旺盛，汗液多，中性皮膚也會呈現為油性皮膚。皮膚的狀態隨外界環境的變化而變化，所以選用化妝品時，也要適當根據上述變化而有所不同。

◎ 皮膚的顏色

　　皮膚的顏色因人種、年齡、職業等也有差異，而以皮膚組織本身的顏色，含有之黑色素量，經過皮膚可看到之血液的顏色，皮膚表面的散亂光線等作為總合的形成的。

　　皮膚若被陽光照射時部變成黑色。這是陽光的紫外線，就刺激在表皮的基底層之色素細胞，使之生成黑色的黑色素（melanin），是為防止過剩紫外線之向體內侵入的一種保護作用。

◎ 皮膚的營養（健康）

　　所謂營養，本來是使用於食品的名詞，若將它套用於皮膚的狀態時，即所謂「皮膚在健康而維持美麗狀態時，在維持上看作是必要成分為皮膚的營養分」。

所謂健康美麗的皮膚是：

*1.*具有適度的潤濕，嬌嫩的、柔軟有彈性的皮膚。

*2.*具有適度的艷麗和起勁的皮膚。

*3.*氣色良好，栩栩如生的皮膚。

　　為了維持皮膚的健康起見，不斷地由皮膚腺分泌水分（汗）、油分（皮脂），以保持角質層的水分在 10～20%的狀態。可是，這些天然的分泌物，是非常易變腐敗，屢屢放出不愉快臭，易促使病原菌之繁殖，把它驅除，於後補充適度的水分和油分，端正皮膚的狀態是為化妝品的功用之一。

　　將在皮膚的角質層的水分保持上有效成分之總稱叫做moisturize，分為保濕劑（humectants or Moisturers）和軟化劑（emollients）。

1. 保濕劑：保濕劑使水分保留在表皮，角質層以保持保濕性、柔軟性的物質，有甘油、丙二醇（PG）、聚乙二醇（PEG）、山梨糖醇，更有是為NMF成分大家皆知的吡咯烷酮羧酸鹽，最近作為真皮成分作成之透明質酸，軟骨素硫酸鹽等。

2. 軟化劑：軟化劑角質層的水分是由皮脂來抑制蒸發加以保持的。具有近於此皮脂之組成的油分或有抱水性之油脂、油劑，例如羊毛脂、卵磷脂、squalane、I.P.M，合成酯之外大部分的油性成分是相當於這些，這些叫做軟化劑。總合的使用此兩者造成的製品也叫做軟化霜。

第六節　皮膚的老化

　　皮膚的狀態是隨著幼兒期、少年期、思春期、青年期、壯年期、更年期和身體的成長而起變化的。

　　幼兒期和思春期是皮膚之最美時期，24 歲左右是皮膚的轉彎角等，若超過成熟期時，則開始徐徐萎縮，皮膚的彈力纖維也起粗糙，到40～50 歲時，皺紋就漸漸地顯眼。而個人體質差異以及配合平衡的飲食、精神的安定和妥當的保養，也可使得極端顯現的皺紋變成美麗的皺紋。

　　人本衰老或老化是生命生長過程的必然規律，其中以皮膚的變化最為明顯。其原因有內在因素和外在因素兩個方面：內在因素主要是內分泌、遺傳、細胞、

組織等；外在因素包括工作和生活環境、營養狀況等。應當指出，細胞是有機體的最基本單位，細胞的有限生命必然反映到有機體生命的有限性上。

目前認為皮膚的老化包括兩種明顯不同的現象，即自然老化（true aging）和光老化（photoaging）。前者是隨著人體衰老的過程，皮膚發生的自然的、不可避免的老化過程。而後者則是紫外光造成的皮膚光化學性老化過程，兩者臨床表現不一致，而且在組織學上有所的不同。

自由基學說認為，在生物體內細胞的新陳代謝中會不斷地產生氧自由基，這些自由基也會參與人體的生理活動。正常情況下，體內氧自由基的產生和消亡是處於動態平衡狀態中，年齡的增大、疾病的影響以及日光的照射都可以增加體內的氧自由基，多餘的自由基會和體內的不飽和脂肪酸反應，使細胞膜的不飽和脂肪酸減少，飽和脂肪酸相對增多，從而降低膜的流動柔軟性，導致細胞膜功能異常而使肌體處於不正常狀態。表現在皮膚上則使皮膚乾燥，出現皺紋等老化現象。不飽和脂肪酸與自由基發生過氧化反應生成的最終產物丙二醛（MDA），它會進一步與體內蛋白質、核酸或磷脂類起反應，生成螢光物質，這些螢光物質的積聚表現在皮膚上就是老年色斑。另外，體內氧自由基的增加還會引起結締組織中膠原蛋白的交聯，使其溶解性降低，表現在肌體上就是皮膚無彈性、無光澤、骨骼變脆、眼晶狀體變渾濁等等。

根據這一理論，老化是生物體內氧自由基產生和消亡處於動態平衡的正常狀態受到破壞的結果。要想延緩皮膚的老化，可以在化妝品中添加自由基清除劑，以消除自由基對人體造成的傷害，常見的清除劑有維生素 A、E、C、β-胡蘿蔔素，谷胱甘肽，超氧化歧化酶（SOD），過氧化氫酶，金屬硫蛋白（MT）等。

第七節　皮膚的炎症

化妝品對皮膚來說，除了可美容養顏外，還有全面表現的心理效果和社會效果等功用。但化妝品對皮膚畢竟是外來異物，只有相對的安全性，否則，長期連續使用化妝品可能產生皮膚損害，引起某些皮膚病。化妝品引起的最常見的皮膚病是接觸性皮炎、色素沉著及痤瘡（面皰）。

◗接觸性皮膚炎（Contact dermatitis）

皮膚或黏膜接觸某些物品後在接觸部位發生急性或慢性炎症。例如，臉部用的胭脂、口紅、眼影粉、睫毛油等化妝品中含有染料、香科和螢光素，例如，口紅中含有二溴螢光素或四溴螢光素。化妝品的基質中也很多，其中以羊毛脂和丙二醇引起的接觸性皮膚炎較常見。此外，化妝品中常加入防腐殺菌劑，例如，對位酚、氯氟苯脲、雙硫酚醇等，尤其是雙硫酚醇可以產生光過敏性反應。

臉部化妝品引起皮膚炎的現象，是在塗用化妝品的局部引起紅斑、丘疹或脫屑。皮膚炎症反產劇烈時會出現水泡，水泡破裂後呈現糜爛並滲出結痂，如果處理不當會轉變為慢性皮炎或溼疹，有些人皮膚炎治癒後會繼續發生色素沉著。還有染髮劑及冷燙液引起皮炎也是常見的。因染髮劑中含有對位二酚二胺，冷燙液中含有硫基乙酸、氨水、燒鹼，這些製劑均可誘發皮膚炎。染髮及燙髮皮膚炎的表現是在額都、頭部和頭髮下面的皮膚發生潮紅、腫脹，甚至起水泡等。

如何預防和治療接觸性皮炎呢？接觸性皮炎的發病機制分變態反應性和非變態反應性兩大類。非變態反應性者也稱為刺激性或毒性接觸性皮膚炎；變態反應性者大都為遲發型。當然，使用化妝品的人很多，而真正發生化妝品皮膚炎的人還是少數。有些人對這種化妝品過敏，對另一種並不過敏。因此，在使用一種新的化妝品之前，可以先試擦一處皮膚，視察無過敏則可大膽使用，如果發生化妝品接觸性皮膚炎，應立即停止使用，局部用3%的硼酸液冷敷，千萬別用熱水、香皂外洗，以免加重皮疹，可服用抗過敏的藥如樸爾敏、賽庚碇或去敏靈等，同時服用維生素 C。如果接觸性皮膚炎的症狀很嚴重，出現水泡、糜爛、滲出時，可敷用適量的可體松類藥物，如可體松或地塞米松，這些藥最好是在皮膚科醫生的指導下敷用．若是染髮或是燙髮引起的接觸性皮膚炎，皮膚損害很嚴重時，最好把頭髮剃掉，去除過敏原，然後再治療皮膚的炎症。

◗色素沉著（Pigmentation）

使用劣質化妝品或化妝品使用不當，且又經日光或物理性之刺激，致使化妝品內過多之香料、鉛、汞等沉著於皮膚內，而在正常的皮膚上出現黑色、褐

色或黃褐色斑片。

如果發現是由於化妝品引起的色素沉著該怎麼辦？首先要停止使用這一類化妝品，並防止日曬。多食含鈣及鹼性食物與含維他命豐富的食品，尤需應多攝取維他命C（深綠色蔬菜、水果、藻類）、B2、B6 含量多之食物。適度的運動，以促進體內新陳代謝的旺盛。經過 1 年左右的時間色素沉著會逐漸消退。

▌面皰（comedo）

「面皰」一詞，在醫學上稱為尋常性痤瘡，是細菌感染毛囊和皮脂腺而引起的皮膚發炎疾病。

一旦皮脂在管道積聚形成毛囊內阻塞物時，粉刺即會形成，壓擠時有條狀粉刺溢出。當皮脂阻塞物受角質封閉，在皮脂囊內無法接觸空氣而保持原來白色，為白頭粉刺，也稱為封閉性面皰；因皮脂阻塞物在毛孔開口處遇到空氣後，氧化而變成黑色者稱之黑頭粉刺。

當分泌物形成推積漸漸集聚阻塞在皮脂腺的出口，此時如受灰塵、其他污物的沾黏而使毛孔堵塞，皮脂無法順利排出，若再因外在清潔不當而使細菌侵入毛囊，刺激了周圍的皮脂組織引起了輕度的發炎，即稱為面皰。

但有些化妝品，特別是油性多的化妝品，使用後產生毛囊栓塞、皮脂分泌排出障礙、毛囊角化而引起粉刺或面皰。因此對於皮脂分泌較多的人，則不宜使用油脂化妝品，而應使用含粉底的雪花膏或酒精製品較好。

以上是由於使用化妝品不當而引起的常見皮膚病‧還有一些化妝品是用來治療某些影響面部美容的皮膚病，如治療雀斑、蝴蝶斑（黃褐斑）的退斑霜。由於它含有腐蝕性化學物質，使用時用量掌握不好，或塗抹面積過寬也可引起皮膚炎，甚至引起潰瘍。更危險的是有人為了美容，自行採用腐蝕劑外擦面部的黑痣，黑痣中有一類是交界痣，受刺激後可使黑痣轉變成惡性的黑色素瘤，並危及生命。因此，對於影響面部美容的雀斑、黃褐斑及色素痣的治療必須請有經驗的醫生選擇合適的方法，既可達到治療作用，又滿足美容的要求。正是由於出現以上問題，因而要求化妝品的工作者根據季節、地區、年齡、性別的不同及生理特點的差異來研製出各式各樣的優質化妝品。

第八節　皮膚的保健

　　皮膚是人體自然防禦體系的第一道防線，健康美麗的肌膚不僅使人顯得年輕，富有朝氣，而且能給人美的享受。健康美麗的皮膚應該是：潔淨衛生、滋潤、柔滑、有光澤，張力佳而富有彈性，膚色自然、純正、有生機。因此，保護好皮膚，特別是面部皮膚，對於美化容貌、延緩衰老是非常重要的。

　　如何防止皮膚的老化是一個複雜的問題，要想從根本上解決老化問題是不現實的，也是不可能的。但只要重視對皮膚採用科學的方法進行護理，就能夠減輕和延緩皮膚的衰老過程。科學護理皮膚的積極措施主要有以下幾個方面：

◗ 注意皮膚的清潔衛生

　　由於角質層的老化脫落，皮脂腺分泌皮脂，汗腺分泌汗液，以及其他內分泌物和外界塵埃等混雜在一起附著在皮膚上構成污垢。這些污垢不僅會堵塞汗腺和皮脂腺，妨礙皮膚的正常新陳代謝，同時皮脂極易為空氣氧化，產生令人不愉快的異味，促使病原菌的繁殖，最終導致皮膚病的發生，加速皮膚的老化。

　　洗臉以溫水為宜。水溫過熱，皮膚會變得鬆弛，容易出現皺紋。同時也不要使用鹼性過強的肥皂或其他洗滌用品，以避免對皮膚的刺激。清洗後使用適合自己膚質的護膚類化妝品，使皮膚保持青春的活力。

　　為了預防皮膚的老化，特別是對面部皮膚，可以經常採用按摩皮膚的方法（多在使用化妝品後進行）。因按摩通過輕微的刺激，可以改善血液和淋巴液的循環，同時也加速了皮膚的新陳代謝，補充皮膚的營養，還可減輕皮膚的疲勞，提高皮膚肌肉的力量，有助於保持皮膚的彈性，延緩皮膚的衰老。

◗ 注重營養睡眠

　　皮膚是人體整體的一部分。平日注重對人體的保養和營養，特別是注重飲食的營養，由此可使得皮膚也獲得充足的養分，主要是蛋白質，能增強皮膚的

彈性、延緩皮膚的衰老。

　　充足的睡眠、定時作息，才能使人體精力充沛、不易疲勞，對人體的新陳代謝等生理機能起到促進作用。再加上平日保持心態平和，能夠有個好心情，就會顯得精神煥發，生機勃勃，富有朝氣。這都有助於防止皮膚的衰老。

正確使用化妝品

　　化妝品的正確使用是個不容忽視的問題，只有科學地、有針對性地選擇使用化妝品才可起到清潔肌膚、保護皮膚、美化容貌、營養皮膚等作用。首先必須根據皮膚的類型選擇適宜的化妝品類。對於乾性皮膚，可以選用養分多、保濕性能較好的、油性較大的 W/O（油包水）型營養冷霜、乳液等以滋潤皮膚，還可以用營養化妝水進行修補。對於油性皮膚，由於皮脂分泌多，易受感染，對細菌抵抗力較弱，易生粉刺、痤瘡，要注意面部洗淨，應選用清爽的乳劑柔軟皮膚，還可用收斂性化妝水。對於過敏性皮膚，選用化妝品須謹慎，最好選用較溫和的、刺激性小的 O/W（水包油）型雪花膏、蜜類、化妝水等少油的護膚類化妝品。要保持面部皮膚的滋潤、光滑、柔軟，除需要補充油分外，水分也是一個重要因素。在抹用化妝品前，宜先用溫濕毛巾在皮膚上敷片刻，不僅可以補充一部分水分，而且可以柔軟角質層，促進皮膚的吸收功能。

　　世界上化妝產品不計其數。嚴格來說，任何物質對皮膚都有程度不一的過敏性反應（隨過敏物的用量、接觸時間而定）。皮膚的過敏性反應是指皮膚受到外界輕微的刺激，就會引起皮膚發炎或皮疹。化妝品一般要通過皮膚過敏試驗。對於配方中的新原料，要先進行動物試驗，再進行人體試驗，並找出敏感物。從醫學和理化觀點對化妝品的生產提出的幾點要求是：配方合理，要注意各種物質的相容性；具有化學、物理的穩定性，外觀及劑型不變；無毒、無刺激、無過敏及光感作用；適合美容上要求，有一定的保護作用；適用範圍廣；保存時間長，不變質，不發黴，無細菌生長。

　　對於不同類型或不同品牌的護膚化妝品，它們在原料和產品的配方上是有區別的，所以不能隨意混合使用。同時使用，有可能引起皮膚過敏。另外，隨季節和氣候的變化，化妝品的使用也應有所不同。

習題

1. 皮膚的基本結構是什麼？

2. 表皮分為哪幾層？

3. 皮膚都有哪些生理功能？

4. 皮膚的 pH 是多少？

5. 何為皮膚的中和能，有何作用？

6. 皮膚的類型可以區分哪幾類？

7. 你認為影響皮膚老化的因素有哪些？

8. 化妝品引起的最常見的皮膚病有哪些，各舉一例說明之。

9. 對於皮膚的保健，你認為有何層面值得注意及該如何保健？

第 13 章

化妝品與毛髮

第一節　毛髮的構造及結構

毛髮的基本特徵

　　頭髮是人體毛髮的一種，人體毛髮一共分為三大類，即長毛、短毛、纖毛。毛髮的類型是依據毛髮的長度來判斷的。長毛是大於50 mm的毛髮，包括頭髮、鬍鬚、腋毛等；短毛是小於 50 mm 的毛髮，如眉毛、睫毛、耳毛等；纖毛是指長度在 15 mm 以下的毛髮，如分布於全身的汗毛。雖然全身各處的毛髮長度各不相同，但它們的化學組成都是角蛋白。

　　頭髮的皮質層是毛髮的主要組成部分，它占整體毛髮總重量的90%以上。皮質層主要由角蛋白纖維構成，纖維又互相交織成為更大的纖維組織，賦予頭髮彈性。皮質層還決定了頭髮的粗細和頭髮的顏色，皮質層中皮質的多少決定了頭髮的粗細，而皮質層中所含黑色素的顆粒多少決定了毛髮的顏色，若黑色素全部消失，則頭髮變為白色。

頭髮的結構

　　毛髮由毛幹、毛根、毛囊和毛乳頭等組成，其結構如圖 13-1 所示。

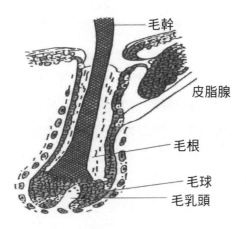

圖 13-1　毛髮縱向切面圖

1. 毛幹（Hair shaft）

　　毛髮露出皮膚表面的部分稱毛幹。毛幹是由無生命的角蛋白纖維組成的，毛幹在發育的過程中逐漸變硬，在離開表皮一段距離之後才完全變硬，因此頭髮類化妝品會在距離表皮近的頭髮上發揮更大的作用，在使用和製作頭髮類化妝品時這個問題是必須要解決的。

　　在顯微鏡下觀察毛幹的結構，從外到裡可分為毛表皮、毛皮質、毛髓質三個部分，如圖 13-2 所示。

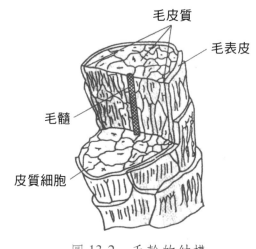

圖 13-2　毛幹的結構

(1) 毛表皮（Cuticle）：毛表皮是由扁平透明狀無核細胞交錯重疊成魚鱗片狀，從毛根排列到毛梢，包裹著內部的皮質。這一層護膜雖然很薄，只占整個毛髮的很小比例，但卻具有獨特的結構和重要的性能，可以保護毛髮不受外界環境的影響，保持毛髮烏黑、光澤、柔軟。毛表皮由硬質角蛋白組成，有一定硬度但很脆，對摩擦的抵抗力差，在過分梳理和使用質量差的洗髮香皂時很容易受傷脫落，使頭髮變得乾燥無光澤。

(2) 毛皮質（Cortex）：毛皮質又稱皮質，位於毛表皮的內側，是毛髮的主要組成部分，幾乎占毛髮總重量的 90% 以上，毛髮的粗細主要由皮質決定。皮質內含角質蛋白纖維，使毛髮有一定的抗拉力，並含有決定毛髮顏色的黑色素顆粒。

⑶毛髓質（Medulla）：毛髓質位於毛髮的中心，是空洞性的蜂窩狀細胞，它幾乎不增加毛髮的重量，但可以提高毛髮的強度和剛性，髓質較多的毛髮較硬，但並不是所有的毛髮都有髓質，在毛髮末端或一般細毛如汗毛、新生兒的毛髮中往往沒能髓質。

2.毛根（Hair root）

埋在皮膚下處於毛囊內的部分稱為毛根，毛根深埋在表皮內的毛囊中，毛根的尖端稱為毛球，它下面的部分是毛乳頭。

3.毛囊（Hair follicle）和毛乳頭（Dermal papilla）

毛根末端膨大的部分稱為毛球（Hair bulb）；毛乳頭位於毛球下方的向內凹入部分，它包含有來自真皮組織的神經末梢、毛細血管和結締組織，可向毛髮提供生長所需要的營養，並使毛髮具有感覺作用。

毛球由分裂活躍、代謝旺盛的上皮細胞組成，毛球下層與毛乳頭相對的部分為毛基質，此部分細胞稱為毛母細胞，是毛髮及毛囊的生長區，相當於基底層及棘細胞層，並有黑素細胞。毛球和毛根由一下沉的囊所包繞，此囊被稱為毛囊。毛囊是由內毛根鞘、外毛根鞘及最外的結締組織鞘構成的，構造複雜，它是一個微小毛髮工廠，為提供毛髮所需營養及染色物的來源。

頭髮的最外層護膜是呈魚鱗狀排列的無核透明細胞。它保護頭髮不受外界侵害，並賦予頭髮光澤。但是護膜層極易受到外界化學物質的破壞。

第二節　毛髮的化學組成

頭髮的化學組成和結構

1.頭髮的化學組成

頭髮主要是由角蛋白組成，從元素角度來說，含有碳、氫、氧、氮和少量的硫元素（大約4%），硫元素的含量雖然很少，但是它的作用卻不可忽視，生活中的燙髮和染髮都要依靠這種元素的大力支持。如果將頭髮放入鹽酸中水解

後，可以得到 18 種胺基酸，它們是甘胺酸、丙胺酸、亮胺酸、苯丙胺酸、脯胺酸、絲胺酸、蘇胺酸、酪胺酸、天冬胺酸、甘胺酸、穀胺酸、精胺酸、離胺酸、組胺酸、色胺酸、胱胺酸、蛋胺酸、半胱胺酸。這些胺基酸中含量最高的是胱胺酸，大約占 17%左右。胱胺酸含有雙硫鍵（S-S 鍵），雙硫鍵可使兩條多肽鏈交連在一起，形成網狀結構，增強了角蛋白的強度，從而賦予頭髮特有的堅韌性。在多肽鏈的結構上還會形成一些大小不等的肽環結構。這種結構對頭髮的變型起著最重要的作用。

此外，頭髮中黑色素含量在3%以下。微量元素（銅、鋅、鈣、鎂、磷、矽）占 0.55%～0.94%。頭髮還具有吸收水分的性質，受環境的影響，所含的水分量不同。

2.頭髮的化學鍵結

頭髮中的各蛋白質之間存在著化學鍵，頭髮依靠這些化學鍵來保持頭髮原有的形狀，它們之間存在的結構見圖 13-3 所示。頭髮依靠這些化學鍵的連接來保持形狀，頭髮的化學性質和這些鍵的斷裂有關。在頭髮的多肽鏈交聯結構中，共有 5 種連接形式：凡得瓦引力、肽鍵、氫鍵、離子鍵以及雙硫鍵。

(1)凡得瓦引力（Van der Waals force）：凡得瓦引力是分子間的引力作用，其數值非常小，通常可忽略不計。

(2)肽鍵（Peptide bond）：兩個胺基酸分子之間，以一個胺基酸的α-羧基和另一個胺基酸的α-胺基（或者是脯胺酸的亞胺基）脫水縮合把兩個胺基酸分子聯結在一起所形成的醯胺鍵，即肽鍵。但是它在強鹼性溶液或是強酸性溶液中會分解。

(3)氫鍵（Hydrogen bond）：其原理是由於胺基酸分子中的氫原子與其他的胺基酸中的氫原子之間相互吸引形成的化學鍵。氫鍵的吸引力很弱，極易斷裂，但是氫鍵可以延展，主要是用來固定多肽鏈。水可以使氫鍵斷裂。

(4)離子鍵（Ion bond）：離子鍵又叫鹽鍵，它是蛋白質分子中帶正電荷基團和帶負電荷基團之間靜電吸引所形成的化學鍵。離子鍵遇酸鹼會斷裂，但洗髮後就可以恢復。

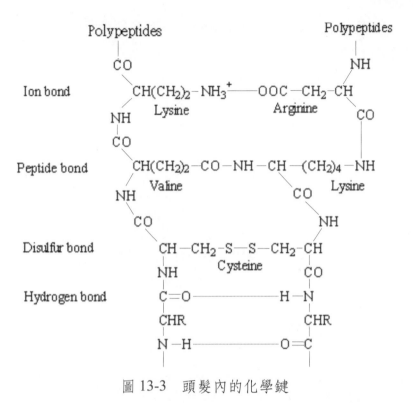

圖 13-3　頭髮內的化學鍵

S. D. Gershon *et al.*, Cosmetucs Science and technology p.178, Wiley-Interscience, 1972

(5)雙硫鍵（Disulfur bond）：雙硫鍵是所有化學鍵中對於美髮產品最重要的一
種鏈結，染髮、燙髮等用品都要和雙硫鍵發生作用。雙硫鍵非常堅固，只
有通過化學變化才能被打斷，胱胺酸分子既有—NH 基，又存在—COOH
基，可以形成兩個多肽鍵，在頭髮的角蛋白中，每一個胱胺酸分子都各有
一部分在兩條多肽鏈中，這兩條多肽鏈是通過胱胺酸分子內的兩個硫原子
連接在一起的，這兩個硫原子之間的交聯叫做雙硫鍵。燙髮就是利用斷裂
雙硫鍵，並又有序地重新排列雙硫鍵，使頭髮的形狀有所改變。

3.毛髮的化學性質

　　毛髮主要由硬質蛋白組成，化學性質比較穩定。但在熱水、酸、鹼、氧化
劑和還原劑的作用下，仍會發生一些化學反應，控制不好會損壞毛髮。頭髮依
靠這些化學鍵的連接來保持形狀，頭髮的化學性質和這些鍵的斷裂有關。但在
一定條件下，可以利用這些反應來改變頭髮的性質，達到美髮、護髮等目的。

在此僅介紹與燙髮、染髮以及護髮等相關的一些化學性質。

(1)水解作用

　　毛髮不溶解於冷水。但由於它的胺基酸長鏈分子中含有眾多不同的親水性基團（如－ NH_2 、－ $COOH$ 、－ OH 、－ $CONH$ －等），能和水分子形成氫鍵，且纖維素－水鍵的鍵能大於水－水鍵的鍵能。

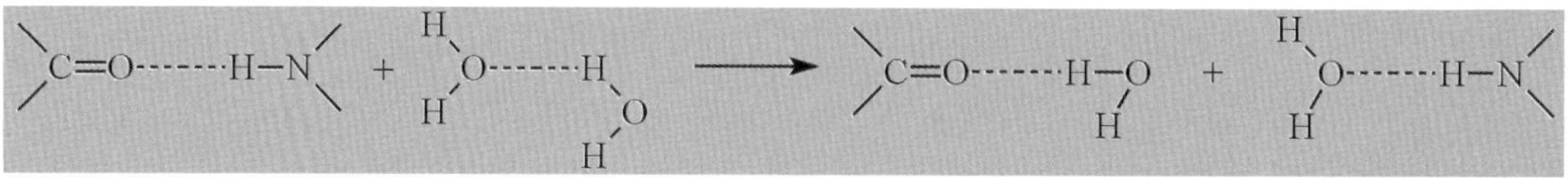

$$\diagdown C=O\cdots\cdots H-N\diagup \; + \; \underset{H}{\overset{H}{O}}\cdots\cdots\underset{O}{\overset{H}{|}}\!\!_H \longrightarrow \diagdown C=O\cdots\cdots H-O \; + \; \underset{H}{\overset{H}{O}}\cdots\cdots H-N\diagup$$

　　因此，毛髮具有良好的吸濕性，毛髮在水中的最大吸水量可達30.8%。水分子進入毛髮纖維內部，使纖維發生膨化而變得柔軟。

　　當毛髮在水中加熱到 100℃以下時，除了氫鍵的斷裂，還會發生如下的水解反應，有少量雙硫鍵的斷裂：

$$-CH_2-S-S-CH_2- \; + \; H_2O \longrightarrow -CH_2-SH \; + \; -HOS-CH_2-$$

　　如果溫度超過100℃時，即在加壓下加熱，將會有硫元素的損失，反應如下：

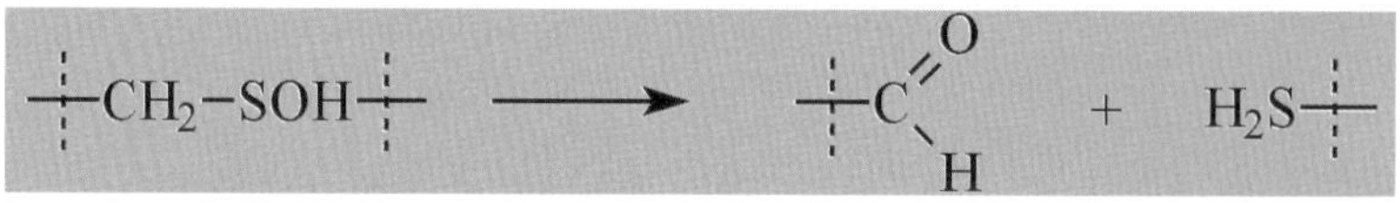

$$-CH_2-SOH- \longrightarrow -\overset{O}{\underset{H}{\overset{\|}{C}}} \; + \; H_2S-$$

　　如果用鹼液處理頭髮，除了離子鍵的斷裂，雙硫鍵的破壞也變得比較容易，同時伴有硫元素的損失，反應式如下：

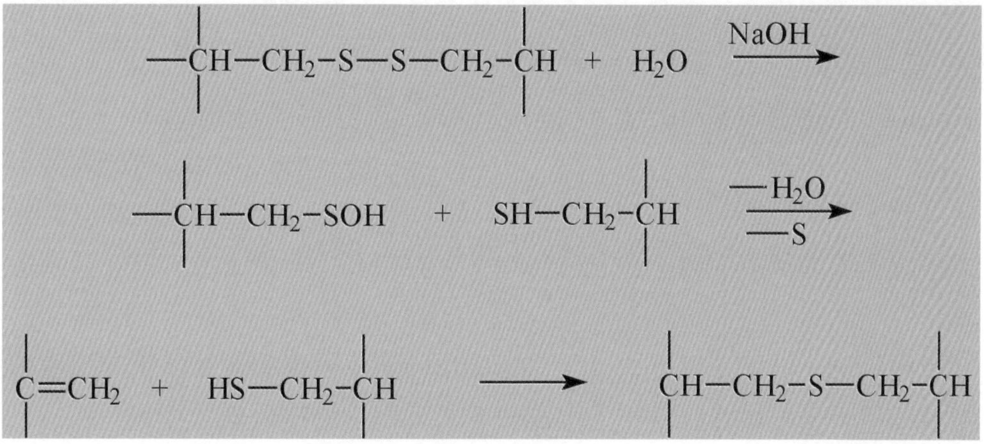

$$—CH—CH_2—S—S—CH_2—CH \ + \ H_2O \xrightarrow{NaOH}$$

$$—CH—CH_2—SOH \ + \ SH—CH_2—CH \xrightarrow[—S]{—H_2O}$$

$$C=CH_2 \ + \ HS—CH_2—CH \longrightarrow CH—CH_2—S—CH_2—CH$$

　　美髮使用熱（電）燙的方法，就是依據上述頭髮的水解反應而產生的。先將頭髮抹上鹼性藥水，利用捲髮器將頭髮捲曲，以改變頭髮中角蛋白分子的形態，然後對頭髮進行加熱，受熱後的燙髮藥水發生水解作用，毛髮中的雙硫鍵斷裂，生成硫基和亞磺酸基：

$$R—S—S—R' + H_2O \xrightarrow[壓力]{高溫} RHS + R'SOH$$

　　通過化學變化產生新的硫化鍵將頭髮形成的波紋固定下來，燙髮完成。

(2)加熱作用

　　毛髮在高溫（如 100～105℃）下烘乾時，由於纖維失去水分會變得粗糙，強度及彈性受損。若將乾燥後的毛髮纖維再置於潮濕空氣中或浸入水中，則會重新吸收水分而恢復其柔軟性和強度。但是長時間的烘乾或在更高溫度下加熱，則會引起雙硫鍵或碳－氮鍵和碳－硫鍵的斷裂而使毛髮纖維受到破壞，並放出 H_2S 和 NH_3。因此，經常或長時間對頭髮進行吹風定型，不利於頭髮的健康。

(3)還原作用

　　毛髮中的雙硫鍵對某些還原劑非常敏感，常用的還原劑有 $NaHSO_3$、N_2SO_3、Na_2S、$HSCH_2COOH$（硫基乙酸）及其鹽（為化學冷燙精的主要成分）等。以亞硫酸鈉還原雙硫鍵時，反應如下：

$$R—S—S—R + Na_2SO_3 \longrightarrow R—S—SO_3^- + RS^-$$

以硫基化合物（如硫基乙醇）還原雙硫鍵時，反應如下：

$$R-S-S-R + 2HS-R' \longrightarrow 2R-SH + R'-S-S-R'$$

上述反應使毛髮中的雙硫鍵被切斷，而形成賦予毛髮可塑性的硫基化合物，使毛髮變得柔軟易於彎曲，但若作用過強，雙硫鍵完全被破壞，則毛髮將發生斷裂。

上述反應生成的硫基在酸性條件下比較穩定，大氣中的氧氣不容易使其氧化成雙硫鍵。而在鹼性條件下，則比較容易被氧化成雙硫鍵，反應式如下：

$$2RSH + \frac{1}{2}O_2 \longrightarrow R-S-S-R + H_2O$$

此反應在有適量的金屬離子如鐵、錳、銅等存在時，將大大加快硫基轉化成雙硫鍵的反應速度。

(4)氧化作用

氧化劑對毛髮纖維的影響比較顯著。毛髮中的黑色素可被某些氧化劑氧化生成無色的物質。依據這個特性，可用於頭髮的漂白。常用的氧化劑為過氧化氫（H_2O_2）。若在過氧化氫中加入氨水作為催化劑，可迅速而有效地漂白頭髮。同時使用熱風或熱蒸汽也可加速黑色素的氧化過程。用過氧化氫漂白頭髮時，金屬鐵與鉻具有強烈的催化作用，應予以注意。

經冷燙精處理過的頭髮，在氧化劑的作用下，部分半胱胺酸又氧化成胱胺酸，使頭髮恢復剛韌性，可以長久保持波紋的捲曲狀態。

(5)日光作用

如前所述，毛髮角蛋白分子中的主鏈結構是由眾多醯胺鍵（肽鍵）連接起來的，而 $C-N$ 鍵的離解能比較低，約為 306 kJ/mol，日光下波長小於 400 nm 的紫外光線的能量就足以使它發生裂解；另外，主鏈中的碳基（$C=O$）對波長為 280～320 nm 的光線有強的吸收。所以，主鏈中的醯胺鍵在日光中紫外線的作用下顯得很不穩定。再者，日光的照射還能引起角蛋白分子中雙硫鍵的開裂。因此，毛髮纖維受到持久強烈的日光照射時，能引起質髮的變化，毛髮變得粗硬、強度降低、缺少光澤、易折斷等。

第三節　毛髮的生理

毛髮的生長與壽命

　　毛髮的生長可以分為生長期（Anagen，5〜6 年）、退化期（Catagen，2〜3 星期）、休止期（Telogen，2〜3 個月）毛髮反覆地生長、脫落和新生。頭髮的生長期約 3〜5 年，少數可達十年以上，休止期可能不超過 2〜3 個月，退化期約 1〜2 個月。而眉毛、睫毛的生長期為 2 個月，休止期可長達 9 個月。毛髮生長的速度受性別、年齡、部位和季節等因素的影響。如頭髮每天生長約 0.3〜0.4 毫米，腋毛則為 0.2〜0.38 毫米。毛髮生長以 15〜30 歲時最旺盛，毛髮一天生長 0.2〜0.5 釐，白天比晚上生長快，最快可達 1.5 釐米，頭髮生長最旺盛時期，男性在 20 歲左右，女性在 25 歲左右。各季節、晝夜生長速度不同。長毛髮的壽命 2〜3 年，短毛髮壽命只有 4〜9 個月。休止期的頭髮，由於新一代的生長期的頭髮的伸長而被頂出，自然脫落。在正常健康情況下，每天自然脫髮 50〜120 根。

毛髮的生長調節

　　毛髮生長調節主要依靠毛囊周圍的血管和神經內分泌系統。每個正常毛囊的基底部分或乳頭部分，均有各自數量不等的血管伸入毛球，這些血管和毛囊下部周圍的血管分支相互交通，構成向乳頭部的毛細血管網，而毛囊兩側乳頭下的毛細血管網，以及毛囊結締組織層的毛細血管網，又形成豐富的血管叢，血液通過這些血管網和血管叢，提供毛髮生長所需要的物質營養。毛髮生長除依靠毛囊周圍的血液迴圈供給營養以外，還靠神經及內分泌控制和調節。內分泌對毛髮的影響明顯，男性激素對毛囊鞘有一定的促進作用。內分泌包括垂體、性腺、甲狀腺、腎上腺等。

第四節　頭髮的功用

頭髮的功用

從很大程度上來說，頭髮的現狀是人類在進化過程中為了適應自然環境而顯現出的生理性選擇。在遠古時期，人類的祖先猿人的頭髮和普通動物的毛髮完全相同，但隨著人類的進化，頭部的重要性逐漸顯現了出來。人類的頭部成為了有別於其他動物的最大特徵，為了更好地保護頭部，人類的頭髮才得以區別於其他動物的毛髮，成為現在的樣子。

整體而言，頭髮的最主要作用是保護頭部。例如，保護頭部不受到陽光的直接照射，緩衝外界對於頭部的衝撞。頭髮除了對人體的健康十分重要之外，其更重要的作用就是可以把人裝飾得美麗多姿。

頭髮的生理

頭髮主要是由角蛋白構成的，蛋白質的角質化過程也就是頭髮的生長過程。皮膚內的毛細血管不斷地提供營養，毛母細胞不斷地分裂生長，推動舊細胞的上升，這就是頭髮逐漸生長的過程。頭髮的生長速度非常緩慢，大約為每天 $0.2 \sim 0.5$ mm，但其生長的速度也受到多種因素的影響。比如青壯年比老年人的生長速度要快；女性比男性的生長速度要快；春夏季節比秋冬季節要快。使生長速度受到影響的因素有很多，其中影響力最大的是人體的內分泌。此外，個人身體素質和健康狀況等也對毛髮有一定的影響。但是，毛髮的生長速度與剪髮的頻率的快慢等機械性刺激沒有任何關係。

頭髮的脫落

每根頭髮的壽命大約平均為 $2 \sim 7$ 年，之後會自然脫落，再經過一段時間又會重新長出新髮，這一過程就是頭髮的生長週期。由於人的頭髮有許許多多，

並不同時脫落，而且正常情況下的脫髮和新長頭髮保持一定的平衡，即使每天都有頭髮脫落也不會造成禿髮。頭髮的生長期大約為2～7年，此後有大約2～4周的停止期，然後轉入3～4個月的休止期，這個時候頭髮停止生長，並開始脫落，同時毛囊開始生長出新的頭髮，開始下一個生長週期。頭髮在生長過程中，約有85%處於生長期，其餘毛囊處於休止期。

女性成年期都要經歷一個分布均勻的頭髮悄悄變得稀疏的過程，這是自然現象，沒有什麼值得驚慌的。當然，過多的脫髮（每天超過百八十根）則是不正常的。據統計有25％的女性患者發生在40歲以前，也可在青春期後即已出現。脂溢性脫髮是造成這種現象的一個主要原因，脂溢性脫髮大致有兩種表現，頭皮出現較多灰白色、細小糠秕狀鱗屑，彌漫分布，用手搔抓則紛紛揚揚，如雪花飄落；另一種表現為頭皮皮脂腺分泌旺盛，頭皮異常油膩，頭髮光亮，潤滑，好像搽了油。這兩種情況出現一段時間後，可出現頭髮從頂部開始逐漸脫落；脫髮量時多時少，多時可瘙癢劇烈、頭皮屑增多。

脂溢性脫髮的發生可能與遺傳因素、雄性激素、禿髮局部與雄性激素代謝有關的酶的活性較高等因素有關，後者致禿髮部位的睪丸酮轉變為活性更強的二氫睪酮。這種雄性激素對禿髮區的皮脂腺、毛囊細胞惹起了脂溢性脫髮的有關症狀。而精神壓力、「課業負擔」等都可使雄性激素增多。脂溢性脫髮的治療甚難，但通過糾正可能的內分泌異常（如甲狀腺功能減退）、貧血、代謝紊亂等及伴發的皮脂溢出症、頭皮屑則對治療有必要和幫助。治療藥物包括內服各種維生素、穀維素、脫氨酸等並根據病情分期、表現，服用異維生素A酸、安體舒通等西藥及養血生髮膠囊、龍膽瀉肝丸等中成藥；洗髮劑以中性硫磺皂，或藥物香皂為好。

頭髮的生長與激素之相關

人體內的許多激素都會影響毛髮的生長，如腦下垂體分泌的生長激素可促進頭髮的生長，而生長激素的缺乏則會使頭髮的生長速度相對變慢；雄激素和雌激素是控制毛髮生長的主要因素，它們對身體不同部位的毛髮生長具有特定的刺激或抑制作用，性激素還會影響毛髮的健美，雌性激素使頭髮柔軟而富有光澤，雄性激素則會使頭髮變得堅硬而粗壯，一旦體內性激素失去平衡，就可

能出現毛髮異常；甲狀腺素分泌量也與頭髮的優劣有關，甲狀腺功能亢進時，頭髮較細軟，功能減退時則頭髮乾燥且無光澤。在這些激素中，對男性頭髮生長影響最大的就是雄性激素了。雄性激素能促進男性身體各部分毛髮的生長，但對於頭髮卻是個例外，青年男性體內過多的雄性激素能抑制毛囊的代謝，往往會造成脫髮，我們常稱之為早禿，在醫學上被命名為男性型脫髮或雄性脫髮。對於這種脫髮單單採用外用藥物刺激毛囊往往不會有什麼明顯效果，唯有使用內服抗雄性激素如首烏延壽（生髮）片才會有效，事實也證明抗雄性激素藥物對抗早禿有著最好的療效。

第五節　頭髮的保健

頭髮是人體不可缺少的一個組成部分，對人的身體健康和美化效果十分重要，但是人們在生活當中的許多事情會對頭髮造成傷害，因此日常生活中的頭髮保健是相當重要的。

要瞭解如何對頭髮實施行之有效的保護，首先應該從瞭解到底什麼是傷害頭髮的原因。一般來說，日常生活對頭髮造成傷害的主要因素包括陽光中的紫外線、燙髮、染髮，過於頻繁的洗頭或是很長時間不洗頭，游泳時海水或是游泳池內的消毒劑成分，洗頭時的姿勢不合理，過多的使用吹風機等等。

綜合這些對頭髮造成傷害的原因大致可分為三大類型：

1. 第一類是自身保護不當引起的傷害

這一類傷害最容易解決，只要糾正不正確的行為就可以了。如調整洗頭的次數，一般 2～3 天洗一次較好，如果頭髮特別的油膩或是天氣很炎熱可以適當縮短洗頭時間；又如洗頭時不要過於用力的搓揉頭髮，也不要在洗頭時梳理頭髮，洗後的頭髮應用於毛巾吸乾而不是胡亂搓擦。

2. 第二類傷害是來自於大自然不可避免的傷害

例如陽光的照射。紫外線會破壞存在於頭髮皮質層中的黑色素和頭髮纖維中的蛋白質，使頭髮褪色變黃並且老化。這一類的傷害可以透過使用一些保養

品如防曬劑來進行抵禦和保護。

3. 第三類傷害是來自於用品的化學成分

　　例如燙髮和染髮方面的化學用劑，兩者都是要在鹼性的化學條件下進行，頭髮中的離子鍵和雙硫鍵都會斷裂，並且不可能全部都重新還原，這樣對頭髮會造成損傷，使頭髮變脆、變乾。對於這一類的傷害只能盡量的少燙髮和染髮，並且使用品質良好的產品，以減少對頭髮的傷害。

習題

1. 組成毛髮的構造是什麼？
2. 參與頭髮鍵結的化學作用力有哪些？
3. 為何燙髮可以使頭髮的髮型改變，為什麼？其作用原理為何？
4. 你認為頭髮的功用為何？
5. 造成頭髮的傷害有哪些？該如何保護頭髮？

第 **14** 章
化妝品的品質

行政院衛生署於 1972 年 12 月 28 日公布化妝品衛生管理條例，並且，依據該條例第三十四條之規定，制訂化妝品管理條例施行細則，於 1973 年 12 月 18 日公布施行。該條例除了對進行化妝品定義外，其次就是有關化妝品的安全性。化妝品的安全性是指皮膚的安全，還有容易接觸到的口唇及眼睛等黏膜部位。由於化妝品直接用於人體的眼睛、口腔黏膜及皮膚，事關人體的健康與衛生，因此化妝品在上市前的品質與安全檢測尤其重要，化妝品的安全性評估是發展產品的第一要務，而且化妝品的安全性認證，主要把關的對象是原料，然後才是產品。在此章節，針對化妝品的品質及安全進行介紹，包括理化性質、衛生標準、安全性及功效性等分析。

第一節　理化性質分析

化妝品的理化性質是在生產製作時的物理、化學的性質，通常包含化妝品的色彩、乳化體的性質及產品的 pH 值等。

化妝品的色彩檢測

化妝品的色彩一般來說，著色可賦予原料顏色，使得產品有特定的色彩效果，給人良好感覺。但是化妝品的著色需要考慮恰當色調的選定、褪色與變色的因素、色素的檢測等因素。其中色調的選定首先應考慮市場的需求，在製作中要通過視感測色、視感比色或儀器測試。

1. 視感測色

視感測色就是對物體的顏色直接進行目測判斷，這種方式直接、簡便，通常容易為消費者所接受。但是由於個人的主觀判斷基準存在差異，因此測色結果容易出現偏差。

2. 視感比色

視感比色就是運用兩種以上的顏色進行比較，是在實際工作中經常使用的

方法，但在比色時要注意比色條件的一致性。比色條件有：①照明強度；②照明方向和觀察方向；③試樣和遮光框的大小；④試樣的排列方式；⑤目測者的能力；⑥判斷基準。

3. 儀器測試

儀器測試是專業測試的常用方式，測試方法和測試儀器通常有：

(1)分光測色法。利用分光光度計、色彩計算機等測試。

(2)刺激值直讀法。利用光電比色計測試。其中分光測試法中的分光光度計使用較為廣泛。

▌ 乳化體性質

乳化體是通過不同組分的油相與水相在乳化劑的作用下經強烈攪拌而形成的混合物質。其中當油相以細小的微粒分散在水中時，形成的是O/W型乳化體；而當水相以細小的微粒分散在油中時，形成的是 W/O 型乳化體。

通常使用的化妝品，由於乳化體類型的不同，將直接導致化妝品的光澤、流變性、光滑度、展開性等性質的差異。因此，對乳化體性質的測試，是化妝品製作工藝的重要環節。

1. 乳化體的類型測試

在製備的乳化體中，如何確定最終的產品是屬於油／水型，還是水／油型，可通過乳化體的性質，並採用相應的測試方法得以確定。通常採用的方法有：染料法、衝淡法、螢光法、導電法、潤濕濾紙法等等。

2. 黏度測定

乳化體的黏度是決定其穩定性的重要因素，從使用來講，黏度也是一種產品的規格指標。影響乳化體黏度的因素有很多，有外相黏度、內相的體積濃度，介面膜與乳化劑等。黏度的測試方法以黏度計來測量。

3.顆粒分布的測定

顆粒大小的分布與時間的關係通常是乳化體穩定性的一個重要數據，一般可通過顯微鏡法、沉降法、光散射法、透射法和計數法來測定。

產品的 pH

產品的 pH 指各類化妝用品的酸鹼值，產品的 pH 應控制在合理的範圍。皮膚與毛髮用的清潔或護理產品，對其 pH 的控制應有不同的要求。

1.皮膚用化妝品

由於皮膚呈弱酸性，為使皮膚表面的皮脂膜不受傷害，通常應有效控制化妝品的 pH，常用的皮膚用化妝品的 pH 應控制在微酸性（ ≤7）。

2.頭髮用化妝品

頭髮用化妝品的 pH 範圍相對較大。一般的洗髮、護髮或燙髮產品，其 pH 可控制在 4.0～9.5；若為染髮產品，則其染劑的 pH 可能在 8.0～11.0，而氧化劑的 pH 可能在 2.0～5.0。pH 的測試方法有：pH 試紙法、pH 酸鹼度計（pH meter），其中 pH 試紙法是簡單而又普遍使用的方法。

第二節　衛生標準分析

衛生標準分析通常指對有害物質的檢測及對微生物的檢測。化妝品中有害物質的檢測通常是指對汞、砷、鉛及有機甲醇的檢測，而微生物則是對菌群種類及其數量的檢測。

有害物質的檢測

在化妝品衛生標準中，對化妝品中有害物質作了嚴格的限量規定。有害物

質超過規定限量指標的化妝品被視為違規產品，一律禁止在市場銷售。任何一種有害物質的檢測都有一定的限量，如微量汞不得超過 1 mg/kg（1ppm），鉛限量為在 20 ppm 以下等等。

1. 汞元素測試

　　汞是有害金屬元素，汞及其化合物都能穿透皮膚，進入人體內，對人體造成傷害。汞的測試分析法包括火焰原子吸收法（AA）、中子活化法及感應耦合電漿原子發射光譜儀（ICP）等三種。

2. 砷元素測試

　　砷元素雖然為人體必需的元素，但由於不同形態的砷毒性差別很大，因此使用時應嚴格區分。一般而言，砷元素本身為無毒性，但其化合物都有毒，尤其三價砷的毒性最大。砷的樣品預前處理方法有濕式消解法和乾灰化法，其測定方法有二乙二硫氨基甲酸銀（Silver Diethyl dithiocarbamate）分光光度法、AA 及 ICP 法。

3. 鉛元素測試

　　鉛對所有生物體都有毒性，鉛中毒能引起神經、血液、代謝和分泌等系統的病變，嚴重時還會損壞肝、腎等器官。由於鉛和鉛化合物可以增白或調配色彩，常有添加過量鉛元素的違規化妝品混入銷售市場，因此對化妝品中鉛含量的測試很有必要。

　　鉛的樣品預前的處理方法有濕式消解法、乾濕消解法和浸提法，其測定方法有火焰原子吸收分光光度法（AA）、ICP 法。

4. 有機甲醇

　　甲醇是無色、易揮發的有機溶劑，有毒。甲醇對人體眼睛的危害較大，國家標準限量為每 100 mL 化妝品中甲醇不得超 0.2 mL。甲醇的測定方法有氣相色譜法和比色法。其中氣相色譜法簡便、快速、準確，已訂為國家標準。

微生物檢測

微生物是化妝品在生產，貯存和使用過程中受污染所致。這些微生物不僅影響化妝品的外觀物理指標，更會有損產品的內在質量，使人體健康受到危害。

微生物的檢測應對樣品進行預處理，目的是消除防腐劑的作用。對於不同種類的化妝品應採取不同的處理方法。

1. 細菌總數測定

細菌總數是指 1 g 或 1 mg 化妝品中所含的活的細菌數量。通過對化妝品細菌總數的測量，可以判斷化妝品受細菌污染的程度，這是一個重要的衛生檢測指標。由於不同菌種的生理特徵、培養條件及需氧性質各有差異，因此其測試方法會各有不同。

2. 測試內容

化妝品中細菌總數是一項重要的測試內容。此外，檢測菌種包括諸如大腸菌群、綠膿桿菌、黴菌及金黃葡萄球菌等項目的測試。根據衛生署 94 年公告「化妝品中微生物容許量基準」，嬰兒、眼部周圍及使用於接觸黏膜部位之化妝品的生菌數為 100 CFU/g 或 mL 以下；其他類化妝品的生菌數為 1000 CFU/g 或 mL 以下。均不可檢驗出大腸桿菌（*Escherichia coli*）、綠膿桿菌（*Pseudomonas aeruginosa*）或金黃葡萄球菌（*Staphylococcus aureus*）等。

第三節　安全性分析

安全性檢測是化妝品製作的必備程序，新的原料在使用前必須先進行動物安全性試驗。安全檢測的目的是為了防止使用化妝品引起人體皮膚及其附屬器官的病變。安全性檢測項目有：毒性檢測、刺激性檢測、過敏性檢測及致病理突變檢測等等。

⬚毒性檢測

毒性檢測分急性毒性試驗、亞急性毒性試驗、慢性毒性實驗及光毒性實驗等等。毒性測試可運用微生物、培養細胞、動物實驗以及以人體作為研究對象。化妝品毒性試驗通常選擇皮膚黏膜局部作用的方法，以判斷化妝品的質量是否達到標準。

1. 急性毒性試驗

急性毒性（Acute Toxicity），常被稱作半致死量（Median Lethal Dose），又常被簡寫為「LD_{50}」，是FDA規定化妝品及化妝品成分的毒理指標之一。LD_{50}指當受試動物經一次攝取（或經口服或經皮膚滲透或經其他攝取途徑）化妝品或化妝品成分等試驗物質後，因毒理反應而出現受試動物死亡的數目在50%時的試物之量。用試物重量（mg）和受試動物體重（kg）之比，即mg/kg表示。同時還須註明試物液攝取的途徑，受試動物的種類、產源、性別、體重等。

LD_{50}之所以被世界各國公認為用來表示化妝品及其成分的急性毒性之大與小，而不用絕對致死量或最小致死量來表示，其原因可由圖14-1的急性毒性測定曲線加以說明。由圖14-1可以看出該曲線兩端平緩，中間部分呈陡峭的「S」形，則可理解為位於 LD_{50}範圍時的死亡率變化是曲線的最敏感部位，因此用LD_{50}來表示化妝品及其成分的急性毒性，其誤差小，準確性和可靠性大。

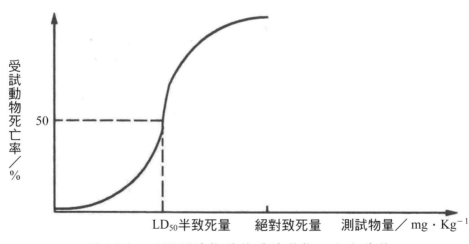

圖 14-1　不同測試物量的受試動物死亡率曲線

　　LD$_{50}$之所以受到世界各國化妝品界的高度重視，美國FDA還將其列入評價化妝品組分的依據，其原因如下：

(1)膚用化妝品雖不屬於口服物之列，但由於塗抹皮膚，經皮膚滲透進人體內而致中毒。

(2)唇部化妝品，因隨食物而帶入體內，被組織吸收進人血液循環而致中毒。

(3)眼部化妝品，因流淚或流汗，經臉部皮膚滲入體內而產生毒理反應。

(4)嬰幼兒誤食化妝品，導致中毒死亡事件，曾在國外發生過。

　　化妝品涉及面廣，男女老少皆用；使用頻率高，白天、晚上，護膚、美容均不可少；尤其當今化妝品種類繁多，化妝品新原料亦層出不窮、升級換代。因此，這就更需要LD$_{50}$的評價數據，以利配製前的正確選用，確保使用者的安全。

　　急性毒性試驗（或經口服、或經皮膚滲透），一般可分為急性口服毒性試驗和急性皮膚毒性試驗。

(1)急性口服毒性試驗

　　所謂急性口服毒性試驗，是指口服被試驗物質時飼予動物所引起的不良反應。受試動物常用成年小鼠或大鼠。小鼠體重18～22g；大鼠體重180～200g。試驗前，一般禁食16小時左右，不限制飲水。被試物質溶液常用水或植物油作溶劑。

　　正式試驗時，將動物稱重，並隨機分組，然後用特製的灌胃針頭將試驗物質一次給予動物，若估計試驗物質毒性很低，一次給藥容量太大，則可在24小時內分成2～3次進行，但並作一日劑量計算。給藥後，應密切注意觀察並記錄受試動物一般狀態、中毒表現和死亡情況。毒性評價見表14-1「化學物質的急性毒性評價」。

(2)急性皮膚毒性試驗

　　是指試驗物質塗敷皮膚一次劑量後所產生的不良反應。選用兩種不同性別的成年大鼠、豚鼠或家兔均可。受試動物背部脊柱兩側的毛髮應剪掉或剃掉，但不可擦傷皮膚，因損傷皮膚能改變皮膚的滲透性。試驗物質塗抹處，不應少於動物體表面積的10%。

　　給藥後，注意觀察動物的全身中毒表現和死亡情況，包括動物皮膚、毛髮、眼睛和黏膜的變化，呼吸、循環、中樞神經系統、四肢活動和行為方式等的變

化，特別要注意觀察震顫、驚撅、流涎、腹瀉、嗜睡、昏迷等等現象。毒性評價見表 14-1「化學物質的急性毒性評價」，以確定試驗物質能否經皮膚滲透和短期作用所產生的毒性反應，並為確定亞慢性試驗提供實驗依據。

表 14-1　化學物質的急性毒性評價　　　　　　　　　　　　　　單位：mg/kg

級別	大鼠經口 LD_{50}	兔塗敷皮膚 LD_{50}
極毒	<1	<5
劇毒	≧1～50	≧5～44
中等毒	≧50～500	≧44～350
低毒	≧500～5000	≧350～2180
實際無毒	≧5000	≧2180

2.亞急性、慢性毒性試驗

所謂亞急性、慢性毒性試驗就是測試化妝品毒性對人體長期使用的累積毒理反應，並可瞭解測試產品的毒性有無蓄積作用。該試驗通常以低濃度作為測試手段，並經過90天以上的試驗期，以測試該產品對人體長期是否會產生副作用。

3.光毒性試驗

光毒性試驗是測試化妝品塗敷於皮膚表面的毒理反應，主要是測試皮膚受化妝品影響而出現的炎症或光敏症。常見的帶有光敏症的化妝品多為染料類物質，如蒽醌、曙紅等。

■ 刺激性測試

化妝品的刺激性一般表現在皮膚表面及人體眼睛部位，為保證化妝品使用的舒適與安全，化妝產品的刺激性測試是非常重要的檢測項目。

1. 皮膚刺激性測試

皮膚刺激性測試是對皮膚受到試驗產品作用後產生的一系列皮膚病理現象的試驗。皮膚測試方法可採用急性或亞急性等各種方法，對具有明顯刺激性的化妝產品應禁止使用。

皮膚刺激是指皮膚接觸試驗物質後產生的可逆性炎性症狀。試驗物質通常為液態，採用原液或預計人的應用濃度；固態剛採用水或合適賦形劑（如花生油、凡士林、羊毛脂等）按 1：1 濃度調製。取試驗物質 0.1 mL(g)滴在 2.5 × 2.5 公分大小的四層紗布上敷貼在一側皮膚上，或直接將試驗物質塗在淺膚上用一層油紙覆蓋，再用無刺激性膠布和繃帶加以固定。另一側塗抹賦形劑作為對照。敷用時間為 24 小時，亦可一次敷用 4 小時。試驗結束後，用溫水或無刺激性溶劑除去殘留試驗物。

於除去試驗物後的 1 小時、24 小時和 48 小時觀察塗抹部位皮膚反應，按表 14-2 皮膚刺激反應評分進行評分，按表 14-3 皮膚刺激強度評價來進行皮膚刺激強度的評價。

表 14-2　皮膚刺激反應評分

症狀		積分
紅斑形成		
	無紅斑	0
	勉強可見	1
	明顯紅斑	2
	中等～嚴重紅斑	3
	紫紅色紅斑	4
水腫形成		
	無水腫	0
	勉強可見	1
	皮膚隆起輪廓清楚	2
	水腫隆起約 1mm	3
	水腫隆起超過 1mm，範圍擴大	4
總分		0～8

表 14-3　皮膚刺激強度評價

強度	評價
無刺激性	0～0.4
輕刺激性	0.5～1.9
中等刺激性	2.0～5.9
強刺激性	6.0～8.0

　　皮膚刺激試驗，可採用急性皮膚刺激試驗（一次皮膚塗抹試驗），亦可採用多次皮膚刺激試驗（連續塗抹 14 天）。通常在許多情況下，家兔和豚鼠對刺激物質較人敏感，從動物試驗結果外推到人可提供較重要的依據。

2.眼部刺激性測試

　　眼睛是人體對刺激最敏感的部位，眼部的刺激性測試同樣可採用急性測試或亞急性測試等不同方法。一般而言，眼部的刺激性試驗應不致引起眼睛各組織的炎症。眼刺激試驗是指眼表面接觸試驗物質後產生的可逆炎性症狀變化。

　　首先受試動物為家兔，每組試驗動物至少 4 隻。試驗物質使用濃度一般用原液或用適當無刺激性賦形劑配製的 50%軟膏或其他劑型。已證明有皮膚刺激性的物質，不必進行本項試驗。

試驗方法：

　　將已配製好的試驗物質溶液（0.1 mL 或 100 mg）滴入（塗入）受試動物一側結膜囊內，另一側眼作為對照。滴液後，使眼被動閉合 5～10 秒，記錄滴藥後 6 小時、24 小時、48 小時和 72 小時眼的局部反應，第 4、7 天觀察恢復情況。觀察時應用螢光素鈉檢查角膜損害程度，最好用裂隙燈檢查角膜透明度、虹膜紋理的改變。

　　若試驗物質明顯引起眼刺激反應，可再選用 6 隻動物，將試驗物質滴入一側結膜囊內，接觸 4 秒或 30 秒後用生理鹽水沖洗乾淨，再觀察眼的刺激反應。多次眼刺激試驗即按上述操作方法，每日一次，連續 14 天後繼續觀察 7～14 天。上述兩種試驗的分級標準見表 14-4，評價標準見附表 14-5。

表 14-4　眼睛損害的分級表準

眼睛損害	積分
角膜：A　混濁（以最緻密部位為準）	
無混濁	0
散在或瀰漫性混濁，虹膜清晰可見	1
半透明區易分辨，虹膜模糊不清	2
出現灰白色半透明區，虹膜細節不佳，瞳孔大小勉強可見	3
角膜不透明，由於混濁，虹膜無法辨識	4
B　角膜受損範圍	
<1/4	1
1/4～1/2	2
1/2～3/4	3
3/4～1	4
積分A×B×5 最高積分為80	
虹膜：A　正常	0
皺褶明顯加深，充血、腫脹、角膜周圍有輕度充血，瞳孔對光仍有反應	1
出血、肉眼可見破壞、對光無反應（或者只出現其中之一反應）	2
積分A×5 最高積分為50	
結膜：A　充血	
瞼結膜、球結膜部分血管正常	0
血管充血呈鮮紅色	1
血管充血成深紅色，血管不易分辨	2
瀰漫性充血呈紫紅色	3
B　水腫	
無	0
輕微水腫（包括瞬膜）	1
明顯水腫、伴有部分眼瞼外翻	2
水腫至眼瞼近半閉合	3
水腫至眼瞼超過半閉合	4
C　分泌物	
無	0
少量分泌物	1

眼睛損害	積分
分泌物使眼瞼和睫毛潮濕或黏著	2
分泌物使整個眼區潮濕或黏著	3
總積分（A＋B＋C）×2 最高分為 20	
角膜、虹膜和結膜反應累加最高積分為 100	

表 14-5　眼睛刺激評價標準

急性眼睛刺激積分指數 （1、A、0、1） （最高數）	眼睛刺激的平均指數 （M、1、0、1）	眼睛刺激個體指數 （1、1、0、1）	刺激強度
0～5	48 小時後為 0		無刺激性
5～15	48 小時後＜5		輕度刺激性
15～30	48 小時後＜10		刺激性
30～60	7 小時後＜20	7 小時後 （6/6 動物＜30） （4/6 動物＜10）	中度刺激性
60～80	7 小時後＜40	7 小時後 （6/6 動物＜60） （4/6 動物＜30）	中度～重度刺激性
80～100			重度刺激性

　　按上述分級、評價標準評定，如一次或多次接觸試驗物質，不引起角膜、虹膜和結膜的炎症變化，或雖引起輕度反應，但這種改變是可逆的，則認為該試驗物質可以安全使用。在許多情況下，其他哺乳動物眼的反應較人敏感，從動物試驗結果外推到人可提供較有價值的依據。

過敏性試驗

　　過敏反應又稱變態反應，是指某些化學物質通過一定途徑作用於人體，使人體產生特異性免疫反應，當人體再次接觸這一物質時，則出現反應性增高的現象。化妝品對人體的這種過敏性反應屬於一種遲發性變態反應，涉及人體的免疫系統。化妝品的過敏性測試也是安全性試驗的重要指標。過敏反應分化學

過敏和光過敏，其試驗可通過動物或人體局部進行，試驗一般有誘導期和激發期兩個階段。在此介紹化學過敏試驗、皮膚的光毒和光變態過敏試驗、人體激發斑貼試驗和試用試驗。

1. 化學過敏

　　過敏性試驗是以誘發過敏為目的而進行的誘發性投藥，以確認藥的誘發性效果和過敏性。試驗多數是用豚鼠，每組受試動物數為 10～25 隻。試樣配製成 0.1%水溶液。為增加皮膚反應的陽性率（增加敏感性），通常採用福氏安全佐劑（FCA），而不影響試驗的結果。

　　福氏安全佐劑 FCA 的製備：

輕質石蠟油	50 mL
羊毛脂（或 Tween-80）	25 mL
結核桿菌（滅活）	62 mL
生理鹽水	25 mL

　　製成 W/O 型乳化劑後，經高壓消毒備用。

2. 皮膚的光毒和光變態過敏試驗

　　皮膚的光變態反應係指某些化學物質在光參與下所產生的抗原體皮膚反應。不通過肌體免疫機制，而由光能直接加強化學物質所致的原發皮膚反應，則稱為光毒反應。

　　試驗動物選用白色的豚鼠和家兔，每組動物 8～10 隻。照射源一般採用治療用的汞石英燈、水冷式石英燈，波長在 280～320 nm 範圍的中波紫外線或波長在 320～400 nm 範圍內的長波紫外線。照射劑量按引起最小紅斑量（MED）的照射時間和最適距離來控制。一般需做預備試驗確定其MED值試驗物質濃度採用原液或按人類實際用濃度。

　　光變態反應試驗的激發接觸濃度可採用適當的稀釋濃度。採用無光感作用的丙酮或酒精作稀釋劑。本試驗需採用陽性對照，常用陽性光感物為四氯水揚酯替苯胺。光源照射時間一般大於 30 分鐘，以確保試驗物質在皮膚內存留足夠

時間，達到穿透皮膚。

如已證明試驗物質有光毒性，則光變態反應試驗可以不做。有文獻介紹，光毒性試驗是在小鼠、豚鼠的耳部和背部進行。光過敏試驗是在兔背部上按 Draize 法進行，也有在豚鼠背部進行的 Vinson- Vorselli 法或採用 Marber 法。

3.人體激發斑貼試驗和試用實驗

激發斑貼試驗是藉用皮膚科臨床檢測接觸性皮炎致敏原的方法，進一步模擬人體致敏的全過程，預測試驗物質的潛在致敏原性。試驗全過程應包括誘導期、中間休止期及誘發期。

受試人應無過敏病史，試驗人數不得少於 25 人。一般選擇人體背部或前臂屈側皮膚的敏感斑貼部位。試驗前應與受試者詳細介紹試驗目的和方法，以取得圓滿的合作。

試驗方法：

取 5%十二烷基硫酸鈉（SLS）液 0.1 mL 滴在 2 公分 × 2 公分大小的四層紗布上，然後敷貼在受試者上背部或前臂屈側皮膚上，再用玻璃紙覆蓋，用無刺激膠布固定。24 小時後，將敷貼物去掉，皮膚應出現中度紅斑反應。如無反應，調節 SLS 濃度再重複一次。

按上述方法將 0.2 mg 試驗物質敷貼在同一部位，固定 48 小時後，去掉斑貼物，休息一日，重複上述步驟共四次。如試驗中皮膚出現明顯反應，誘導停止。

進行最後一次誘導試驗，須選擇未做過斑貼的上背部或前臂屈側皮膚兩塊，間距 3 公分，一塊作對照，一塊敷貼含上述試驗物質 0.2 mL(g)的 1 公分 × 1 × 公分紗布，封閉固定 48 小時後，去除斑貼物，立即觀察皮膚反應。24 小時、48 小時和 72 小時後，再觀察皮膚反應的發展或消失情況。按表 14-6 皮膚反應評級標準和表 14-7 致敏原強弱標準進行皮膚反應評定。

表 14-6　皮膚反應評級標準

皮膚反應	分級
無反應	0
紅斑和輕度水腫，偶見丘疹	1
浸潤紅斑、丘疹隆起，偶而可見水皰	2
明顯浸潤紅斑、大小水皰融合	3

表 14-7　致敏原強弱標準

致敏比例	分級	分類
（0～2）/25	1	弱致敏原
（3～7）/25	2	輕度致敏原
（8～13）/25	3	中度致敏原
（14～20）/25	4	強致敏原
（21～25）/25	5	極強致敏原

如人體斑貼試驗表明試驗物質為輕度致敏原。可作出禁止生產和銷售的評價。對產品的試驗檢測，要受試者採用日常使用方法或前臂屈側 5 公分 × 5 公分皮膚上進行試驗物質試用試驗。結合化妝品的試用情況以及動物試驗結果，作出是否安全的評價。

病理突變檢測

病理突變是指因長期使用毒理化妝品，致使孕婦胎兒畸形，人體器官結構受損，基因、染色體畸變等嚴重毒副現象。

致使突變的實驗方法通常有鼠傷寒沙門氏菌回復突變試驗，這是一種基因突變體外型試驗，此方法可預測化妝品是否存在致突變因素，是一種較好的預警試驗方法。

1. 致畸試驗

致畸試驗是鑑定化學物質是否具有致畸性的一種方法。通過致畸試驗，一方面鑑定化學物質有無致畸性，另一方面確定其胚胎毒作用，為化學物質在化妝品中的安全使用提供依據。

定義：胚胎發育過程中，接觸了某種有害物質影響器官的分化和發育，導致形態和機能的缺陷，出現胎兒畸形，這種現象稱為致畸作用。引起胎兒畸形的物質稱為致畸原。

2. 致癌試驗

致癌試驗係指動物長期接觸化學物質後，所引起的腫瘤危害。在通過一定途徑長期給予受試動物不同劑量的試驗物質的過程中，觀察其大部分生命週期間腫瘤疾患產生情況。以上致畸試驗及致癌試驗兩種試驗均屬藥理毒性試驗，試驗週期比較長。

▌其他

近年來，因化妝品中的焦油色素、防腐劑、亞硝基胺等會使細胞突然變異致癌，引起了人們的重視。因化妝品的使用，涉及甚廣，故必須作一定的藥理試驗，特別是在應用新開發的原料時，更應謹慎為是。必要的試驗如皮膚吸收性、代謝、累積、排泄等得同時進行。

隨著科學技術的發展，將由 LV（Limit Value 即極限值）試驗法代替傳統的 LD_{50} 試驗法，這樣可節省如 90% 的受試動物。英國已於1997 年起，對用動物試驗安全性通過的產品停發生產許可證，安全性試驗是採用在人體後背脊上做斑貼試驗取代動物試驗。

第四節　功效性分析

化妝品的功效性是化妝品質量的真正體現，在化妝產品的開發過程中，對功效性的改良與提高，是提高產品質量的根本所在。

▌洗髮用品

去污能力是洗髮香皂的基本功能，去污能力的檢測可通過香皂對人體頭髮的直接清洗來測定。

泡沫量也是洗髮香皂的重要特徵，香皂的泡沫量測定方法有：羅氏泡沫儀法和泡沫震盪法，其中泡沫震盪法是一種簡單有效的評價測試方法。

調理性是指洗髮香皂具有修復因洗滌而產生的靜電及受損頭髮的能力，調理性能好的香皂，在頭髮洗滌後應保持潤滑和彈性。

美髮用品

定型效果是美髮用品的重要指標。定型後的頭髮不僅應保持基本的光滑與柔軟，同時還應保持光澤與彈性。

護膚用品

護膚用品包含潔膚、養護及特殊護理三種功效，其測試形式包括：皮膚角質層中含水量的測定、皮膚表層皮脂量的測定、皮膚粗糙程度的測定、皮膚彈性的測試、皮膚皺紋狀況的測試及皮膚防曬能力的測試等等。

習題

1. 化妝品質量檢測的意義是什麼？
2. 化妝品質量檢測的重要指標有哪些？
3. 乳化體類型測試的方法有哪些？
4. 頭髮用化妝品 pH 控制的範圍有哪些要求？
5. 常用的 pH 測試方法有哪些？
6. 化妝品中有害物質的檢測通常針對哪些物質？
7. 微生物檢測主要有哪些菌種範圍？
8. 毒性檢測的試驗方法有哪些？
9. 刺激性試驗的重點部位在哪裡？

第四篇
化妝品分類與實例

　　化妝品種類繁多，其分類方法也五花八門。例如，按劑型分類、按內含物成分分類、按使用部位和使用目的分類、按使用年齡、性別分類等等。

　　就劑型分類分類：即按產品的外觀形狀、生產工藝和配方特點。可分為水劑類產品、油劑類產品、乳劑類產品、粉狀產品、塊狀產品、懸浮狀產品、界面活性劑溶液類產品、凝膠狀產品、氣溶膠製品、膏狀產品、錠狀產品、筆狀產品及珠光狀產品等十三類。此分類方法，有利於化妝品生產裝置的設計和選用。

　　就產品的使用部位和目的分類：皮膚用化妝品類、毛髮用化妝品類、美容用化妝品及口腔衛生用品等四類。此分類方法，有利於配方原料的選擇、消費者瞭解和選用。

　　隨著化妝品工業的發展，化妝品已從單一功能向多功能方向發展，許多產品在性能和應用方面已沒有明顯界線，同一劑型的產品可以具有不同的性能和用途，而同一使用目的的產品也可製成不同的劑型。因此，要考慮生產上的需要，又考慮應用方面的需要。本篇介紹各種化妝品實例與配方上，主要重於按使用部位和使用目的分成四類。再針對不同類別的化妝品及劑型介紹各種化妝品實例與配方。

第 **15** 章
皮膚用化妝品

皮膚是人體的第一道防線，也是人體的最大器官，皮膚擔負著人體生理功能中的重要責任。為了保護人體天然的屏障，人們研製和使用各種各樣的化妝品，目的就是增強皮膚的生理功能，延緩皮膚的衰老。皮膚用化妝品主要包括潔膚類化妝品、護膚類化妝品及功效類化妝品。

第一節　潔膚類化妝品

很多化妝品的使用者往往認為化妝品是用來保護皮膚的，但是皮膚的清潔是保護皮膚的重要前提，是必不可少的環節。人體的皮膚是暴露在空氣之中的器官，每天的灰塵、髒東西都積存在皮膚的表面，加上人體自身的油脂、汗液等分泌物都會污染皮膚，堵塞毛細孔若處理不當，便會引發粉刺、暗瘡等皮膚疾病。因此，清潔皮膚尤其顯得更為重要。

皮膚的清潔類化妝品主要有：清潔霜、洗面乳液、眼部清潔用品以及面膜。

清潔霜（Cleansing cream）

清潔霜是乳化型的膏霜，由水相、油相經乳化而成。清潔霜的主要成分是油相，油性的成分約占 70%。清潔霜能夠溶解皮膚毛孔內的油溶性污垢，特別適合濃妝或油性皮膚的清潔。清潔霜的使用操作簡便，只要把清潔霜塗敷於面部，均勻打圈，使污垢和化妝品殘留溶解於清潔霜內，用化妝棉或是面紙輕輕擦去即可。如果一次清洗沒有完全清潔，還可以重複以上步驟。

清潔霜的另一特點就是無需用水，可以單獨外出使用，並能在面部留下一層薄薄的保護層，但感覺會比較油膩。優質的清潔霜通常是中性或弱酸性的清潔用品，對皮膚沒有刺激作用，也適合乾性、衰老性皮膚選用。清潔霜配方舉例如下（表 15-1）。

表 15-1　清潔霜配方

成分	含量%
單硬脂酸甘油脂（Glycerol Monostearate）	12
鯨蠟醇（Cetanol）	3.0
凡士林（Vaseline, petrolatum）	10.0
丙二醇（Propylene Glycol）	5.0
硬脂酸（Stearic Acid）	2.0
白油（White Oil）	38.0
失水山梨醇單硬脂肪酸（Sorbitan Monostearate）	2.5
去離子水（Water）	27.5
香精及防腐劑（Essence and Preservative）	適量

配製

　　將加入丙二醇的去離子水加熱到 80℃，其他的油相加熱融化到 70℃ 左右，把前者緩慢地加入到後者中，均勻地攪拌，等溫度降至 40℃ 左右，加入香精，攪拌降溫至室溫即可。

▌洗面乳液（Face cleansing lotion）

　　洗面乳液就是俗稱的洗面乳。它是乳液狀的液態霜。洗面乳主要的成分是油脂、水分和乳化劑，但和清潔霜不同的是，洗面乳的主要成分不是油脂而是界面活性劑，其中的水分可以清潔水溶性的污垢和分泌物；油脂可以溶解油溶性的污垢，並能潤膚。乳化劑通常由陰離子界面活性劑、非離子界面活性劑和兩性界面活性劑組成。界面活性劑的選用是根據產品的性質和價格來決定的，例如兩性界面活性劑的刺激性最小，但是價格非常昂貴。

　　因為洗面乳是人們最普遍、也最頻繁使用的清潔用品，一般每個人每天要使用 1～2 次，所以成分的選用一定要慎重，不能對皮膚產生不良的影響，更不能刺激皮膚。優質的洗面乳會添加一定的營養成分，在洗面的同時滋養皮膚。洗面乳液配方舉例如下（表 15-2）。

表 15-2　洗面乳液配方

成分	含量%
硬脂酸（Stearic Acid）	3.0
十八烷醇（Octacosanol）	0.5
液體石蠟（Liquid petrolatum）	35.0
丙二醇（Propylene Glycol）	5.0
失水山梨醇倍半油酸酯（Sorbitan sesquioleate）	2.0
聚丙烯酸樹脂（1%水溶液） （Poly（aikyl acrylate）Resin 1% solution）	15.0
去離子水（Water）	44.5
香精、防腐劑、螯合劑 （Essence, Preservative and Chelating agent）	適量

配製

　　將所有油脂及乳化劑加熱至 70℃，添加其他的添加劑，保濕劑和螯合劑加入到去離子水中加熱至同樣的溫度，將油相加入至水相中進行預乳化，加入調整好的聚丙烯酸水溶液，攪拌均勻，脫氣過濾後冷卻即可。

眼部清潔用品（Eye cleansing）

　　眼部的清潔用品主要是指眼部的卸妝清潔用品，眼部清潔用品是潔膚類化妝品中比較特殊的種類，它專門用於特定的範圍，因為眼部的皮膚非常薄，很容易受到傷害。但是化妝及日常生活中，眼部是展現女性風采的最佳「窗口」，所以眼部應當得到特別的呵護。

　　一般來說，眼部皮膚所用的產品都是要防過敏的。眼部產品主要可以分為卸妝油、卸妝乳液和卸妝水三大類。

1. 卸妝水（Make up removal lotion）

　　卸妝水是其中使用最為方便，消費者感覺也最為舒適的產品。它的主要成分是水，使用時只要用化妝棉沾取少量直接擦拭眼部即可卸妝，但是清潔的效果較差，只能應付日常的生活淡妝。

2.卸妝乳液（Make up removal emulsion）

卸妝乳液的油脂含量高於卸妝水，主要的油脂成分是植物油，乳化後的性質比較溫和，不容易引起過敏，且對化妝品中的油脂類物質有比較好的溶解性，卸妝效果比水劑好，但對於濃重的舞台化妝或濃妝也要重複使用幾次方可。使用方法同卸妝水。

3.卸妝油（Make up removal oil）

卸妝油是較之三種產品中卸妝最為徹底、效果最好的產品。它的主要成分是油脂，對於濃妝有很好的清除效果，一般用於舞台妝或濃妝。使用方法同卸妝水。由於卸妝油主要的油脂採用的是礦物油，不含水分，所以不容易徹底地清洗乾淨，在清洗時要多加注意。

面膜（Face mask）

面膜是目前深受消費者喜愛的深層潔膚產品。面膜能夠達到一般清潔類化妝品所達不到的效果，能夠較容易地把皮膚深層的污垢和髒東西帶出皮膚，並具有迅速改善膚質，補充皮膚所需營養的功效。面膜主要根據其凝結性狀分為凝結性面膜、非凝結性面膜和特殊面膜。

1.凝結性面膜（Setting mask）

凝結性面膜包括有軟膜和硬膜兩種。軟膜一般凝結後呈橡膠狀，而硬膜在凝結後呈石膏狀。軟膜一般含有較多的營養物質，而硬膜的主要成分不是營養成分，但是它可以幫助塗敷於面部的營養物質被皮膚所吸收。

2.非凝結性面膜（Non-setting mask）

非凝結性面膜的種類非常繁多，有膏體狀、泥狀、凝膠狀及氣溶膠狀等等。他們的作用和使用方法都相似，都是易於塗敷，帶給皮膚營養，使用方便，不像凝結性面膜使用時需要技巧，只是清潔起來略麻煩一些。

3.特殊面膜（Special mask）

特殊面膜一般是指使用的方法或是使用的產品本身與上所述兩種面膜不盡相同的面膜。例如，家庭自製的黃瓜面膜、雞蛋面膜等。許多新材料為消費者還提供了全新的、功能多樣的特殊面膜產品。比如用無織布經事先加工好的面膜，其營養成分都加入布中，使用時只要往臉上一蓋即可，經 20～30 分鐘之後取下，不用再洗臉。這些新產品都為消費者的使用提供了方便。面膜配方舉例如下（表 15-3）。

表 15-3　面膜配方

成分	含量%
聚乙烯醇（Polyvinyl Alcohol）	15.0
羧甲基纖維素（Carboxy Methylcellulose）	5.0
甘油（Glycerol）	5.0
乙醇（Alcohol）	10.0
去離子水（Water）	65.0
香精及防腐劑（Essence and Preservative）	適量

配製

在加入防腐劑的去離子水中加入部分乙醇溶解的聚乙烯醇和羧甲基纖維素加熱至70℃，攪拌，等其全部溶解後靜置 24 小時，加入甘油、香精和剩下的乙醇，攪拌均勻。

第二節　護膚類化妝品

保護皮膚的健康，擁有光潤、白晰的皮膚是許多人的夢想，為了達到這個目標，許多人都在試圖尋找合適的護膚方法，以使皮膚達到最佳的狀態。

護膚類化妝品的品種很多，從狀態上來講，可以分為水劑、膏霜和乳液三大類型。

◢水劑（Lotion）

水劑類的護膚化妝品一般被稱為化妝水，是在清潔皮膚之後使用的，它能補充皮膚的水分，平衡皮膚的pH，收縮皮膚的毛孔。根據配方的不同，大致可以分為爽膚水、平衡水和美膚水。

1. 爽膚水（Skincare lotion）

爽膚水除了基礎的配方之外添加了一定量的酒精成分和收斂劑的成分，適合油性皮膚的人使用。爽膚水能夠收縮油性皮膚過於粗大的毛孔，抑制皮脂腺的分泌，改善皮膚泛油光的狀況。

2. 平衡水（Balancing lotion）

平衡水具有調節人體皮膚 pH 的作用，使人體皮膚的酸鹼度保持在正常的範圍之內。在使用的時候，要根據自己的皮膚性質來選用，因為不同皮膚的pH是完全不同的。

3. 美膚水（Beauty lotion）

美膚水的主要成分上，除了基礎配方外主要是營養成分，並且絕對不含酒精。適合乾性皮膚使用，能夠補充皮膚所需的水分。

◢膏霜類（Cream）

膏霜類是護膚類化妝品中品種最為繁多的一類護膚品。通常的品種有雪花膏、冷霜等，它們共同的特點是含有豐富的油脂以滋潤皮膚，並含有多元化的營養成分來保護皮膚，而且使用非常方便，只要均勻地塗敷於面部即可。

膏霜類護膚品根據其主要成分的乳化類型可分為 O/W 和 W/O 兩大類型。O/W是水包油，是指乳化的小分子油脂外層包裹著水層，而W/O是油包水，正好相反，是水分子外層包裹著油層。

1. 雪花膏（Vanishing cream）

雪花膏相對目前的一些護膚品來說是歷史悠久的護膚類化妝品之一，它是非油膩性的護膚品。一般雪花膏都有令人舒適的香味，膏體潔白細膩，由於它塗敷在皮膚上，會像雪花一樣很快的融化，故而得名。

雪花膏是屬於O/W類型的，水分的含量很大，可以達到80%左右。因此塗敷於皮膚表面，水分會逐漸蒸發，留下一層肉眼看不見的薄膜，保護皮膚內的水分不被過量的蒸發，從而達到保濕的作用。雪花膏很適合在夏天使用，在化妝前使用，可以作為底霜保護皮膚，隔離皮膚與彩妝。油性皮膚也比較適合使用這個類型的護膚品，使用後感覺舒適爽快，沒有黏膩的感覺。雪花膏配方舉例如下（表 15-4）。

表 15-4　雪花膏配方

成分	含量%
脂肪醇（Alkyl Alcohol）	3.0～7.5
硬脂醇（Stearyl Alcohol）	10～20
多元醇（Polyhydric Alcohol）	5～20
鹼（以 KOH 計算）（Alkali）（Use KOH）	0.5～1.5
去離子水（Water）	60～80
香精（Essence）	0.3～1.0
防腐劑（Preservative）	適量

雪花膏中的主要成分硬脂酸，與鹼中和產生硬脂酸皂作為乳化劑的主體。體系中的鹼作為中和劑對整個雪花膏的質量有很大的影響。首先不同的鹼作為中和劑就會使雪花膏質量大相徑庭。過去最早採用的是碳酸鹽作為鹼，但是由於工藝太複雜，現已淘汰。目前一般採用氫氧化鉀，或者是氫氧化鉀和氫氧化鈉的混合進行中和反應，其質量較好，但目前由於開始使用界面活性劑使反應乳化和界面活性劑兩者相互組合型的膏霜增多起來，為使膏霜的pH值近於中性，以非離子界面活性劑為主，伴用少量肥皂體系已成為主流。

雪花膏的工業製作可以分為以下幾步：

原料加熱＋混合乳化＋攪拌冷卻＋靜止冷卻＋包裝儲存

2.冷霜（Cold cream）

冷霜也叫香脂或護膚脂，它是一種O/W類型的乳化體。冷霜早在西元前100～200年，希臘人就有其配製的處方，但那時只是最簡單的將融化的蜂蠟、橄欖油和玫瑰液混合在一起，混合的物質很不穩定，後來又加入硼砂穩定膏體。因為使用者發現膏體塗敷於皮膚上，會引起水分蒸發，有涼爽的感覺，所以起名叫冷霜。

冷霜是所有的產品中含油量最多的產品，油性的成分最高可占到85%。其中主要的成分為蜂蠟，被沿用至今，因此也稱「蜜蠟」，是天然的酯類和酸類的混合體。但不是所有的蜂蠟都能使用，一般蜂蠟的酸值在17～24左右可以入選，若酸值太低，則會影響冷霜乳化體系的穩定程度。蜂蠟水解可以提高其酸值。冷霜配方舉例如下（表15-5）。

表15-5　冷霜配方

成分	含量%
蜂蠟（酸值 17.5）（Bee Wax, Acid value 17.5）	16.0
白油（White Oil）	44.7
去離子水（Water）	38.0
硼砂（Borax）	1.3
香精及防腐劑（Essence and Preservative）	適量

配製

將油相和水相分別加熱至80℃左右，然後將水相均勻加入油相中，當溫度降至50℃時加入香精，40℃時停止攪拌，冷卻至室溫。目前冷霜配方中會添加一些其他的療效成分，但基本配方都相同。

乳液類（Emulsion）

　　乳液類護膚化妝品的流動性是介於潤膚水和膏霜類之間，大多為油脂含量較低的O/W類型，又稱為潤膚蜜。早期製造的杏仁蜜是用鉀皂做成乳化劑（Emulsifier），但存放一段時間後，乳化體會變厚，且難以從瓶口倒出。目前，採用三乙醇胺和硬脂酸化合成皂做乳化劑。還有採用非離子型乳化劑如聚氧乙烯縮水山梨醇單油酸酯作為乳化劑，則能改善其流動性，並能配製出和皮膚酸鹼值類似的乳液。但是，由於乳液穩定性差，長期放置容易分層。一般可以採用減小乳化粒子的直徑；減少內相和外相的密度差，提高外相的黏度，來改善其穩定性。現在的乳液通常還會加入一些營養物質，以增加保護和滋養皮膚的作用。例如，油性皮膚的產品中，添加維生素 C、收斂劑（Astringent）。乾性皮膚的乳液中，添加保濕劑（Moisturer）。乳液配方舉例如下（表 15-6）。

表 15-6　乳液配方

成分	含量%
鯨蠟醇（Cetanol）	1.5
硬脂酸（Stearic Acid）	2.0
凡士林（Vaseline, petrolatum）	4.0
角鯊烷（Squalane）	5.0
甘油三-2-乙基己酸酯 （Glycol Tri-2-Ethylhexyl Ester）	2.0
失水山梨醇單油酸酯（Sorbitan Monoolate）	2.0
丙二醇（Propylene Glycol）	5.0
PEG1500（Poly（ethylene）glycol 1500）	3.0
三乙醇胺（Triethanolamine）	1.0
香料，防腐劑（Perfume and Preservative）	適量
去離子水（Water）	74.5

配製

　　在去離子水中加入丙二醇、PEG1500和三乙醇胺，加熱至80℃，成為水相。

硬脂酸、鯨蠟醇、凡士林和角鯊烷、甘油三-2-乙基己酸酯以及失水山梨醇單油酸酯和防腐劑在 80℃ 加熱融化成為油相。將油相均勻地攪拌加入水相，進行乳化，當溫度降至 55℃ 時加入香精，到 40℃ 時停止攪拌。

第三節　功效類化妝品

功效類（特殊用途）美容化妝品是指同時具有美容和治療兩種功用的化妝品，通常在配方中加入具有一定療效的原料。

◢ 防曬類化妝品

防曬是指防止人的皮膚經過長期日光曝曬後出現的異常現象，它包括陽光曬到皮膚上所引起日光性皮膚炎，症狀是被曬的部位皮膚出現鮮紅色斑，有時會灼熱、疼痛、起水泡、腫脹和脫皮，以及由光照造成的皮膚老化現象。

陽光中紫外線分為：短波紫外線、中波紫外線和長波紫外線。短波紫外線被大氣臭氧層阻擋，故不會造成皮膚的傷害。而中波紫外線和長波紫外線是會對皮膚造成傷害的波段。因此，防曬製品要對這部分紫外線有吸收或散射的能力，這是對防曬製品中防曬劑的要求。此外，還要要求防曬劑能夠均勻地溶解或分散於製品的介質中。但是，要求不溶或難溶於水，否則就容易被汗水沖掉。而且使用後，即使液體揮發或其他原料流失，防曬劑仍能較好地附著於皮膚表面。防曬劑應具有化學穩定性並不會刺激皮膚。

早期的防曬劑是粉類無機物，例如滑石粉、高嶺土、氧化鋅等。這些物質僅能遮蓋皮膚，減少日光與皮膚的接觸面，對於紫外線的吸收能力很弱。防曬劑大多數是能夠吸收紫外線的有機物，如對胺基苯甲酸及其衍生物（Para aminobenzoic acid and derivatives）、水楊酸鹽（Salicylate）、桂皮酸鹽（Cinnamate）、二苯甲酮（Benzophenone）或其他具紫外線吸收的功效成分等。

SPF 是防曬係數（Sun protection factor）的縮寫，是計算該防曬品能在多長時間裡保持皮膚不被紫外線曬傷的一個係數，係數值越高表示對於紫外線 B（UVB）防曬能力越強。雖然，SPF 值是防曬係數越大的產品能夠給皮膚提供

良好的防曬，但也不是越大就越好。經使用經驗證明，SPF值過大的產品會感覺油膩，對於過敏性皮膚的人來說，有可能會引起過敏。所以，過敏性皮膚的人，只能選用 SPF 係數小的產品。

近年來，防曬化妝品發展很快，產品眾多，劑型也很豐富，按其使用目的的不同分為：

1. 防曬化妝品（Suncreen cosmetics）：這類防曬製品可以防禦陽光中的紫外線，防止皮膚曬黑。

   (1)防曬膏霜（Sunscreen cream）：這類乳化體系是防曬製品中最流行的劑型。優點是容易乳化高含量的防曬劑，達到較高的 SPF 值。防曬膏霜和乳液容易分散和舒展於皮膚上，不會感到發黏和油膩，可在皮膚表面形成均勻的、有一定厚度的防曬膜，而且基質成本低。配方舉例：W/O 防曬霜（表15-7）。

表 15-7　W/O 防曬霜配方

成分	含量%
對甲氧基肉桂酸辛酯（p-Methoxyl Laureth Octanoate）	5.0
烴基二甲氧基二苯甲酮（Hydroxy Dimethoxylbenzophenone）	3.0
4-叔丁基-4-甲氧基丙烷二酮（4-Tert-Butyl-4-Methoxyl Propanedione）	1.0
二氧化鈦（Titanium Dioxide）	3.0
角鯊烷（Squalane）	40.0
二異硬脂酸甘油酯（Glyceryl Diisostearate）	3.0
防腐劑（Preservative）	適量
香精（Essence）	適量
去離子水（Water）	40.0
1,3-丁二醇（1,3-Butylene Glycol）	5.0

   (2)防曬油（Sunscreen oil）：防曬油是較為古老的防曬製品，容易大面積分散和舒展全身，其製作工藝簡單，耐水和防水性較好，但形成的薄膜較薄，不能達到很高的 SPF 值。且成本比乳液製品高。防曬油配方舉例如下（表15-8）。

表 15-8　防曬油配方

成分	含量%
水楊酸辛酯（Octyl salicylate）	5.0
鄰胺基苯甲酸酯（o-Aminobenzoate）	3.5
霍霍巴油（Jojoba Oil）	2.0
可哥脂（Cocoa Fat）	2.0
異十六醇（Hexyldecanol）	15.0
香精（Essence）	1.0
環狀二甲基矽氧烷（Cyclodimethylsiloxane）	31.0
苯基二甲基矽氧烷（Dimethylsiloxane）	0.1
白油（White Oil）	40.0

(3)防曬凝膠（Sunscreen gel）：透明凝膠型產品能給人以純淨和雅致的感覺，在炎熱夏天使用，會感覺清爽涼快，但製造工藝複雜，且不容易製得 SPF 值高的產品。一般在配方中加入水溶性聚合物，如羥乙基纖維素、聚丙烯酸類樹脂、羧基乙烯類聚合物作為凝膠劑。

(4)防曬慕絲（Sunscreen mousse）：防曬慕絲泡沫量高，產品密度小，與同樣重量的防曬品相比，塗抹容易面積大，無油膩感，使用時慕絲中的拋射劑會大量蒸發，有涼爽感覺，適合夏天使用。它的主要優點使用方便，但在海濱使用時，由於日照高溫，容器內壓力增大，會造成危險。

2. 曬黑化妝品（Tanning comsetic）：這類防曬製品是使皮膚在陽光下不發生炎症、紅斑等，可增加黑色素沉積，減少曬黑所需的日光劑量，達到既曬黑又不會受日光傷害的目的，賦予皮膚均勻自然的棕黑色，具有健美感。配方中的主要成分是防紫外線的物質和曬黑加速劑。曬黑化妝品常用於夏季的海濱，要求產品不黏，不黏沙粒，並具有良好的耐水性，為提高耐水性，常在配方中加入薄膜形成劑。曬黑化妝品配方舉例如下（表 15-9）。

表 15-9　曬黑化妝品配方

成分	含量%
對甲氧基肉桂酸異丙酯 （p-Methoxyl Isopropyl Cinnamate）	2.0
白油（White Oil）	73.0
肉荳蔻酸異丙酯（Isopropyl Myristate）	20.0
矽油（Silicone Oil）	5.0
硅樹脂（薄膜形成劑）（Silicone resin）（Film forming agent）	適量
BHT（抗氧化劑）（Butylhydroxytoluene）（Anti-oxidant）	適量
香精（Essence）	適量

除臭類化妝品

　　除臭即除去腋臭。腋臭發生在腋下、足部等多汗部位（即人體大汗腺部位）。然而汗液本體並無臭味，只是當汗腺分泌汗液後，其中的有機物經細菌分解產生有臭味的物質。體臭因人種、性別、年齡及氣候環境的不同而差別很大。

　　除臭產品要求具有抑止汗液分泌過多，防止、掩蓋或去除臭味的功能以及具有殺菌作用。除臭化妝品在國外特別是歐美極為普遍，占有很大的市場。針對體臭產生的過程，除臭化妝品應該具備以下四種功能：

(1)抑制大汗腺分泌的汗液。

(2)具有殺菌作用。

(3)消除體臭。

(4)掩蓋體臭。

　　世界範圍的除臭化妝品已成為僅次於香皂和護髮用品的個人衛生用品，銷售量逐步增加，新產品也層出不窮，主要發展特點是對天然型原料分外受青睞，以符合人們崇尚自然的心理；產品的專用性更強，如法國的除臭化妝品根據男、女汗液分泌量的不同，對香型的要求也不同，分為男性用和女性用兩種；除專用性外，還注重產品的多效能、多劑型，如在市場上，能去除腋臭、腳臭、汗臭的多效能除臭產品最受歡迎。常見的種類有：

1. 除臭化妝水（Deodorant lotion）

除臭化妝水中含有大量的乙醇，感覺清涼，除臭效果好。除臭化妝水配方舉例如下（表 15-10）。

表 15-10　除臭化妝水配方

成分	含量%
羧基氧化鋁（Carboxyl Alumina）	20.0
氧化二甲基苯甲胺（Dimethyl Benzedrine, Oxidated）	0.2
聚氧乙烯油醇醚（Polyoxyethylene Oleylether）	0.5
丙二醇（Propylene Glycol）	5.0
乙醇（Alcohol）	25.0
去離子水（Water）	49.3
香精（Essence）	適量

2. 固體除臭劑（Solid deodorant）

固體除臭劑是將除臭物質加到油性原料中做成細圓條狀的固體劑型，由於其附著力良好，所以除臭的持續性較長。固體除臭劑配方舉例如下（表 15-11）。

表 15-11　固體除臭劑配方

成分	含量%
氧化鋅（Znic Oxide）	12.0
固體石蠟（Paraffin）	12.0
蜂蠟（Bee Wax）	23.0
凡士林（Vaseline, petrolatum）	23.0
液體石蠟（Liquid petrolatum）	30.0
香精（Essence）	適量
抗氧化劑（Anti-oxidant）	適量

除斑類化妝品

皮膚內色素增多會在皮膚上沉積，使皮膚表面呈現黑色、黃褐色的小斑點，稱作色斑。色斑形成的根本原因是由於體內的黑色素增多，黑色素是由黑色素細胞產生的。皮膚黑色素的產生是酪胺酸經過一系列複雜的生理生化過程所形成。常見的色斑有：

1. 雀斑（Freckle）

雀斑是一種多發於面部的黑褐色斑點，主要在兩側面頰和眼下方，常在青春期出現。其原因可能是日光或其他含紫外線的光和射線引起皮膚過敏所致。

2. 黃褐斑（Chloasma）

黃褐斑常出現在鼻兩側或口唇周圍，呈咖啡色或淡褐色、黃褐色甚至黑褐色斑點，形狀像蝴蝶，故又稱「蝴蝶斑」。其外因主要是日光的強烈照射，內因主要有：妊娠、慢性肝病、結核病等，或者人體缺乏維生素，服用藥物和機械刺激也可引起。

3. 老年斑（Age spot）

多發生於中、老年人的面部和手背等處，隨年齡增長而加劇。這是因為隨年齡增長和各種疾病的影響，人體內會產生大量的自由基，這些自由基可以引發體內不飽和脂肪酸的過氧化，最終生成丙二醛，並與體內蛋白質和核酸反應，產生螢光物質，這些螢光物質的積聚就表現為老年斑。

「膚如雪，凝如脂」歷來是東方女性的追求，因此去除各類色斑的除斑美白化妝品應運而生。

主要可分為：

(1)酪胺酸抑制劑（Tyrosine inhibitor）：當歸萃取物（angelica extract）、熊果苷（arbutin）等。

(2)氧化反應抑制劑（Oxide reaction inhibitor）：如超氧化歧化酶（SOD）、甘草萃取物（licorice extract）等。

(3)對黑色素細胞有特異毒性物質（Specific toxic for melatonin）：如氫醌（hydroquinone）。

(4)角質剝脫劑（Corneum peelings）：如果酸（AHA）。除斑美白化妝品的種類很多，在蜜類、膏霜類、乳類、面膜類和洗面乳類等中都可添加美白成分。

除斑美白化妝品配方舉例如下（表 15-12）。

表 15-12　除斑美白化妝品配方

成分	含量%
曲酸（Kojic Acid）	2.0
胎盤素（Placenta Extract）	4.0
甘草單硬脂酸酯（Licorice Monostearate）	1.2
聚氧乙烯十六醇醚（Polyoxyethlene Cetylether）	2.0
硬脂酸（Stearic Acid）	2.0
十六醇（Hexadecanol）	1.0
肉荳蔻酸異丙酯（Isopropyl Myristate）	2.0
尼泊金甲酯（Methyl Paraben）	0.1
香精（Essence）	適量
去離子水（Water）	85.7

防粉刺、抗皺美白化妝品

1. 防粉刺類製品（Anti-comedo）

粉刺（comedo）在醫學上稱為痤瘡，常見於青春發育期男女青年。主要發生在面部，發後大都自然痊癒。生長粉刺的根本原因是男女在青春期內分泌機能發生重大變化，皮脂分泌旺盛，毛囊上皮增生，皮脂腺管口毛囊角質化而使管口阻塞，導致皮脂產生與排出的平衡失調而造成的。

痤瘡可形成丘疹或膿疱，迅速化膿吸收，呈密布的小黑點。為防止痤瘡感染惡化和使症狀減輕，一般可用肥皂溫熱水洗滌面頰，少食多脂性食物、酒類及糖果，加強胃腸機能，另外使用具有功效性的化妝品——粉刺霜等防治粉刺

類製品。

　　以前防粉刺類製品都用硫磺、間苯二酚等滅菌劑，配以輔助穿透劑，以增進療效。但由於它們不能使脂肪及黑頭鬆弛，所以效果一般。防粉刺類製品配方舉例如下（表 15-13）。

表 15-13　防粉刺類製品配方

成分	含量%
硫磺（Sulfur）	6.0
樟腦（作為輔助穿透劑用） （Camphor）（to be auxiliary-penetration agent）	0.5
阿拉伯樹膠（Arabic Gum）	3.0
氫氧化鈣（Calcium Hydroxide）	0.1
香精（Essence）	適量
去離子水（加至）（Water）（add to）	100.0 mL

　　先將阿拉伯樹膠溶於 30 mL 水中呈現黏稠液體，在此黏稠液中邊研磨混合加入硫磺、樟腦混合物，然後再加入氫氧化鈣飽和水溶液（0.1 g 氫氧化鈣溶於 50 mL 水中），震盪混合均勻。最後，將香料和水（總量 100 mL）加入上述混合物中，由此製劑為懸浮液，放置後會出現沉澱，使用時要搖勻。

2. 抗皺美白化妝品（Anti-wrinkle and whitening）

　　隨年齡增長和外界因素影響，人體皮膚的皮下脂肪和水分會逐漸減少，彈力纖維斷裂，角蛋白降低，皮膚的彈性逐漸變差，表皮變的乾燥、皺紋增多，甚至出現粗糙乾裂現象，失去美感。塗用防皺、抗衰老膏霜，可以減輕皺紋，延緩皮膚的衰老，保持皮膚的潤澤。年齡增長的同時，皮膚內色素增多，會在皮膚上沉積，使皮膚表面呈現黑色、黃褐色的小班點，稱為色班。

　　常用的抗皺美白化妝品有：防皺霜（Anti-wrinkle cream）、增白霜（Whitening cream）等。防皺霜配方舉例如下（表 15-14 及表 15-15）。增白霜配方舉例如下（表 15-16 及表 15-17）。

表 15-14　防皺霜配方舉例 I

成分	含量%
A.矽酸鎂鋁（Sodium Magnesium Silicate）	1.5
纖維素膠（CMC7LF）（Cellulose Gel CMC7LF）	1.0
蒸餾水（Water）	82.5
B.聚苯乙烯磺酸鈉（Sodium Polystyrene Sulfonate）	12.0
C.膠原蛋白（Collagen）	3.0
防腐劑（尼泊金甲酯或丁酯） （Preservative, Methyl Paraben or Butyl Paraben）	適量

配製

　　將 A 組成分混合，緩慢攪拌均勻。依次加入 B 組成分和 C 組成分，每組成分加入後，混合均勻。該防皺霜的 pH 為 7.5～8.0，具有舒展面部表皮皺紋的功效，並有促進皮層再生的能力；塗抹後，使人有爽快感覺，能均勻地在皮膚上舒展，適合中年人保護皮膚。

表 15-15　防皺霜配方舉例 II

成分	含量%
A.石蠟（Paraffin）	4.0
聚乙烯二醇硬脂酸酯（Polyethylene Stearate）	6.0
氫化油（Hydrogenated Oil）	2.0
凡士林（Vaseline, petrolatum）	5.0
羊毛脂（Lanolin）	8.0
液體石蠟（Liquid Petrolatum）	4.0
己二酸-2-乙基己酯（Adapic Acid-2-Ethylhexate）	2.0
植物油（Plant Oil）	2.0
硬脂酸丁酯（Butyl Stearate）	3.0
B.甘油（Glycerol）	1.0
丙二醇（Propylene Glycol）	1.0
脂肪醇磷酸酯（Fatty Alcohol Phosphates）	8.0
羊毛脂乙氧基化物（Lanolin Ethoxylate）	4.0
硼砂（Borax）	0.8

成分	含量%
聚氧乙烯甘油三硬脂肪酯（Polyoxyethylene Glyceryl Tristearate）	3.0
尼泊金甲酯（Methyl Paraben）	0.2
蒸餾水（Water）	38.3
C.棕櫚酸維生素 A 酯-明膠-甘胺酸鋅型活性錯合物 （Palmitate VitaminA Ester- Gelatin-Glucine Zn type activate complex）	4.5
香精（Essence）	0.2

配製

　　將 A 組成分混合，加熱至 80～85℃。將 B 組成分混合，加熱至 80～85℃。在攪拌下，將 A 組成分加於 B 組成分中，乳化均勻後冷卻至 40℃時加入 C 組成分，混合 30 分鐘，在 20℃下放置 2 天。該防皺霜具有滋養皮膚，具有皮膚有彈性和減輕眼皮皺紋的功效。

表 15-16　增白霜配方舉例 I

成分	含量%
A.3-乙酸乙酯基醚基抗壞血酸 （3-Ethyl Acetate Ester Eher Ascorbic Acid）	1.5
微晶蠟（Microcrystalline Wax）	11.0
蜂蠟（Bee Wax）	4.0
凡士林（Vaseline, petrolatum）	5.0
氧化羊毛脂（Oxidated Lanolin）	7.0
角鯊烷（Squalane）	34.0
己二酸十六烷酯（Cetyl Adipate）	10.0
甘油單硬脂酸酯（Glyceryl Monostearate）	3.0
Tween-80（Polyoxyethylene Sorbitan Monooleate）	1.0
B.丙二醇（Propylene Glycol）	2.5
抗氧化劑、殺菌劑（Anti-oxidant and Bactericide）	適量
蒸餾水（Water）	20.5
C.香精（Essence）	0.5

配製

將 A 組成分混合，加熱至 80℃。將 B 組成分混合，加熱至 80℃。在攪拌下，將A組成分加於B組成分中，乳化均勻後冷卻至 45℃時加入香精，冷卻至室溫。

表 15-17　增白霜配方舉例 II

成分	含量%
A.蜂蠟（Bee Wax）	6.0
十六醇（Hexadecanol）	5.0
氧化羊毛脂（Oxidated Lanolin）	8.0
角鯊烷（Squalane）	37.5
甘油脂肪酸酯（Glyceryl stearate）	4.0
B.親水甘油單硬脂酸酯 （Glyceryl Monostearate, Hydrophile）	2.0
Tween-20（Polyoxyethylene Sorbitan Monolaurate）	2.0
半胱胺酸（Homocysteine）	0.25
丙二醇（Propylene Glycol）	5.0
抗氧化劑、殺菌劑（Anti-oxidant and Bactericide）	適量
蒸餾水（Water）	30.25
C.香精（Essence）	適量

配製

將 A 組成分混合，加熱至 75℃。將 B 組成分混合，加熱至 75℃。在攪拌下，將A組成分加於B組成分中，乳化均勻後冷卻至 45℃時加入香精，冷卻至室溫。該霜具有抑制黑色素形成的功效。

習題

1. 陽光中的紫外線會對皮膚造成哪些危害？
2. 什麼是 SPF 值？SPF 值是否越大越好？
3. 常用的防曬用品有哪些？

4. 什麼是曬黑化妝品？

5. 為什麼要使用除臭化妝品？

6. 世界範圍內目前流行哪類除臭用品？

7. 黑色素是怎樣形成的？如何抑制它？

8. 皮膚上常見的色斑有哪些？

第 16 章

毛髮用化妝品

頭髮是人體美化的重點部位，頭髮的柔順、光澤和飄逸是人們身體健康的指標之一。頭髮用化妝品主要是針對頭髮的清潔、保養與美化而言的，故可將其分為洗髮類化妝品、護髮類化妝品及美髮類化妝品。

第一節　洗髮類化妝品

洗髮類化妝品的功能在於清除頭髮及頭皮上的污垢，以保持頭髮的清潔。目前，人們習慣使用的洗髮用品主要是洗髮精和護髮素。

洗髮精之所以能很快取代香皂，成為家庭常用的頭髮清潔用品，主要是洗髮精無論在製作或使用方面都具有較大的優越性。

第一，以界面活性劑為主要原料的洗髮精具有良好的去污能力及相當的泡沫穩定性；第二，在洗髮精的製作中能較方便地調配合適的黏度，便於取用；第三，界面活性劑還能有效地去除硬水中的鈣、鎂離子，改善洗髮精的洗滌功能，使洗滌後的頭髮易於梳理，並富有光澤。

洗髮精（Shampoo）

洗髮精按功能分類有通用型、調理型及特殊功效型。人們通常使用的中性洗髮精、油性洗髮精、乾性洗髮精為通用型洗髮精；染髮精、燙髮精為恢復髮質的調理型洗髮精；而去屑精、止癢精則為特殊功效型洗髮精。

香皂通常有液狀與膏狀兩種劑型。液狀香皂通常採用界面活性劑為主要原料，而膏狀香皂則採用脂肪酸皂為主要原料，其中液狀香皂是人們通常使用的洗髮用品。

1. 液狀香皂（Liquid soap）

液狀香皂又稱洗髮液，常見的有透明香皂和珠光香皂兩種。影響液狀香皂的重要物理指標是香皂的黏度。一般而言，黏度較高的香皂便於貯存與使用。增加香皂的黏度，通常可適量加入，如氯化鈉、氯化銨等無機鹽，也可適當加入水溶性高分子物質用於增稠。液狀香皂，如透明香皂（Transparent soap）、

珠光香皂（Pearl soap）、調理香皂（Conditioning soap）及去屑香皂（Anti-dandruff soap）配方舉例如下（表 16-1～16-4）。

表 16-1　透明香皂配方

成分	含量%
烷基醚硫酸鈉（Sodium Laureth Sulfate）	20.0
烷基醇醯胺（Alkanolamide）	4.0
氯化鈉（Sodium chloride）	2.0
防腐劑、色素、香精（Preservative, Pigment and Essence）	適量
去離子水（Water）	74.0

表 16-2　珠光香皂配方

成分	含量%
烷基硫酸三乙醇胺鹽（Alkyl Sulfate Triethanolamine）	20.0
烷基醇醯胺（Alkanolamide）	4.0
乙二醇單硬脂酸酯（Glycerol Monostearate）	2.0
防腐劑、色素、香精（Preservative, Pigment and Essence）	適量
去離子水（Water）	74.0

表 16-3　調理香皂配方

成分	含量%
烷基醚硫酸鈉（Sodium Laureth sulfate）	20.0
椰子脂肪酸二乙醇醯胺 （Coconut Fatty Acid Diethanolamide）	2.0
陽離子變性纖維醚（Cationic Cellouse Ester, denatured）	2.0
防腐劑、色素、香精（Preservative, Pigment and Essence）	適量
去離子水（Water）	76.0

表 16-4　去屑香皂配方

成分	含量%
烷基硫酸三乙醇胺鹽（Alkyl Sulfate Triethanolamine）	20.0
月桂酸二乙醇醯胺（Lauric Acid Diethanolamide）	4.0
聚丙烯酸三乙醇胺鹽 （Polyacrylic Acid Triethanolamide Salt）	1.0
鋅吡啶硫銅（Zinc Pyrithione）	1.0
防腐劑、色素、香精（Preservative, Pigment and Essence）	適量
去離子水（Water）	76.0

2.膏狀香皂（Cream soap）

膏狀香皂是以脂肪酸皂為主要原料配製成的膏狀體香皂。其優點是脫脂力強、貯存方便，但其過強的洗淨力會破壞頭髮表層的脂質，使得洗後的頭髮缺乏光澤、不易梳理。膏狀香皂配方舉例如下（表 16-5）。

表 16-5　膏狀香皂配方

成分	含量%
十二烷基硫酸鈉（Sodium Dodecyl sulfate）	20.0
烷基醇醯胺（Alkanolamide）	1.0
單硬脂酸甘油酯（Glyceryl Monostearate）	2.0
硬脂酸（Stearic Acid）	5.0
氫氧化鈉（Sodium Hydroxide）	2.0
防腐劑、色素、香精（Preservative, Pigment and Essence）	適量
去離子水（Water）	70.0

護髮素（Hair conditioner）

護髮素的功能是增加養分、消除頭髮靜電、修復受損頭髮，使洗後頭髮柔軟、飄逸並富有光澤。護髮素的主要成分為陽離子界面活性劑，具有中和頭髮表面靜電的功效，同時能被頭髮的髮角質蛋白吸收，使頭髮顯得柔軟、有彈性。

護髮素的陽離子界面活性劑通常有氯化烷基三甲基銨、氯化二烷基二甲基

銨及氯化烷基二甲基苄基銨三種。頭髮對陽離子界面活性劑的吸附量會因 pH 值、溫度、處理時間、銨鹽的化學結構及毛髮本身的損傷程度而受到影響。一般而言，頭髮對陽離子界面活性劑的吸附量比油脂類要大得多。

　　護髮素通常有膏霜、油狀及調理型三種。膏霜護髮素（Cream hair conditioner）、油狀護髮素（Oil hair conditioner）及調理型護髮素（Conditioning hair conditioner）配方舉例如下（表 16-6～表 16-8）。

表 16-6　膏霜護髮膏配方

成分	含量%
氯化硬脂醯二甲基苄銨 （Stearamidobimethylbenzyl Ammonium Chloride）	1.5
硬脂酸（Stearic Acid）	1.0
單硬脂酸甘油酯（Glyceryl Monostearate）	2.0
氯化鈉（Sodium Chloride）	0.5
防腐劑、色素、香精（Preservative, Pigment and Essence）	適量
去離子水（Water）	95.0

表 16-7　油狀護髮膏配方

成分	含量%
氯化硬脂醯三甲基銨 （Stearoyl Trimethyl Ammonium Chloride）	2.0
聚氧乙烯十六烯基醚 （Polyoxyethylene Hexadecylene Ester）	1.5
聚氧乙烯羊毛脂醚 （Polyoxyethylene Lanolin Alcohol Ether）	3.0
丙二醇（Propylene Glycol）	5.0
檸檬酸（Citric Acid）	0.1
檸檬酸鈉（Sodium Citrate）	0.1
對烴基苯甲酸丁脂（Butyl Parahydroxybenzoate）	0.1
對烴基苯甲酸甲脂（Methyl Parahydroxybenzoate）	0.1
防腐劑、色素、香精（Preservative, Pigment and Essence）	適量
去離子水（Water）	88.1

表 16-8 調理護髮膏配方

成分	含量%
變性澱粉（Denature Starch）	2.0
聚氧乙烯膽固醇（Polyoxyethylene Cholesterol）	1.0
單硬脂酸甘油酯（Glyceryl Monostearate）	2.0
矽油（Silicone Oil）	0.2
防腐劑、色素、香精（Preservative, Pigment and Essence）	適量
去離子水（Water）	94.8

第二節 護髮類化妝品

護髮類化妝品的功能在於促進頭皮的血液循環，增加髮根的營養，恢復因燙髮、漂染而受損的頭髮，同時具有防止脫髮、去屑止癢、殺菌消毒等效果。常用的護髮用品，包括以水劑為主、適合油性髮質的油／水型髮乳，及以油脂含量為主的、適合乾性髮質的水／油型髮乳。除此以外，還有水劑、髮油及油膏等等。

護髮水（Hair caring lotion）

護髮水是在乙醇溶液中加入各種營養組分及藥效成分配製而成，通常用於防止脫髮、去屑止癢及滋潤頭髮。護髮水配方舉例如下（表 16-9）。

表 16-9 護髮水配方

成分	含量%
乙醇（Alochol）	80.0
乙醯化羊毛醇（Acetylate Lanolin Alcohol）	10.0
丙二醇（Propylene Glycol）	4.0
卵磷脂（Lecithin）	1.0
膽固醇（Cholesterol）	0.5

成分	含量%
維生素（Vitamin）	1.0
乳酸（Lactic Acid）	0.5
防腐劑、色素、香精（Preservative, Pigment and Essence）	適量
去離子水（Water）	3.0

髮油（Pomade）

髮油中不含乙醇和水，其主要原料是植物油或礦物油。是一種重油型護髮產品。若在礦物油或植物油中適量增加羊毛脂、維生素 E 可促進頭髮對營養的吸收，使頭髮光澤和柔順。髮油的配製簡單而方便，可單純選用植物油或礦物油，也可根據需要配製成——功效型護髮用品。髮油通常用於乾性髮質。

髮乳（Hair cream）

髮乳是油和水的混合體，可分成油／水型適合油性髮質的輕油性護髮用品及水／油型適合乾性髮質的重油性護髮用品。油／水型適合油性髮質的輕油性髮乳配方舉例如下（表 16-10）。水／油型適合乾性髮質的重油性髮乳配方舉例如下（表 16-11）。

表 16-10　油／水型適合油性髮質的輕油性髮乳配方

成分	含量%
液體石蠟（Liquid Petrolatum）	15.0
羊毛脂（Lanolin）	2.0
硬脂酸（Stearic Acid）	6.0
三乙醇胺（Triethanolamine）	2.0
丙二醇（Propylene Glycol）	1.0
單硬脂酸聚乙二醇酯（Polyethyleneglycol Monostearate）	2.0
防腐劑、色素、香精（Preservative, Pigment and Essence）	適量
去離子水（Water）	73.0

表 16-11　水／油型適合乾性髮質的重油性髮乳配方

成分	含量%
液體石蠟（Liquid Petrolatum）	40.0
蜂蠟（Bee Wax）	3.0
硬脂酸（Stearic Acid）	4.0
三乙醇胺（Triethanolamine）	2.0
甘油（Glycerol）	1.0
防腐劑、色素、香精（Preservative, Pigment and Essence）	適量
去離子水（Water）	50.0

油膏（Ointment）

油膏主要給頭髮補充油脂，修復燙染後受損的頭髮。油膏通常採用高品質的動、植物油脂、蛋白質、界面活性劑等，使用後頭髮柔順自然且無油膩感。油膏配方舉例如下（表 16-12）。

表 16-12　油膏配方

成分	含量%
硬脂酸異十六酯（Isocetyl Stearate）	32.0
三辛酸甘油酯（Caprylic Acid Triglyceride）	32.0
環甲基聚矽氧烷（Cyclomethylpolysiloxane）	30.0
貂油（Marten Oil）	4.0
防腐劑、色素、香精（Preservative, Pigment and Essence）	適量
去離子水（Water）	2.0

第三節　美髮類化妝品

美髮類化妝品的功能在於改變或輔助塑造頭髮形象，並且具有保持髮型、

增強頭髮美感之功效。美髮類化妝品有改變頭髮形狀的燙髮用品，也有調整頭髮顏色的染髮用品，還有保持頭髮形狀的定型用品。

燙髮用品

在頭髮的結構中已經講到，頭髮主要由角蛋白構成，是由多種化學鍵組成的網狀結構。頭髮的捲曲形狀主要由雙硫鍵決定，要使得直髮捲曲，必須使用含還原劑的燙髮液，使頭髮中胱胺酸的雙硫鍵斷裂，形成兩個半胱胺酸。此時，毛髮將顯得柔軟，並可在捲髮棒的作用下隨意成型。成型後的頭髮可運用含氧化劑的定型液復原斷裂的雙硫鍵，使捲曲的頭髮形狀得以保存。

燙髮劑（Permanent waving agent）的原料有還原劑（Reducing agent）（胱胺酸、硫基乙酸及其鹽類）、鹼化劑（Alkaliner）、軟化劑（Emollient）、滋潤劑（Wetting agent）、調理劑（Conditioning agent）、乳化劑（Emulsifier）、增稠劑（Thickener）等等。其中，還原劑是促使雙硫鍵發生斷裂的主要因素；鹼用於調節燙髮劑的pH，以促使還原效應增強；軟化劑可使頭髮軟化膨脹，有利於燙髮劑滲透至髮質內部；滋潤劑可使捲燙過的頭髮不至於過度受損；調理劑則可改善頭髮的光澤和柔軟性；乳化劑與增稠劑用於膏霜及乳液的配製。燙髮劑配方舉例如下（表 16-13）。

表 16-13　燙髮劑配方

成分	含量%
硫基乙酸（Thioacetic Acid）	5.8
碳酸氫銨（Ammonium Hydrogencarbonate）	7.0
乙醇胺（Ethanolamine）	2.0
羊毛脂聚氧乙烯醚（Polyoxythylene Lanolin）	0.5
EDTA（Ethylenediaminetetraacetic Acid）	適量
防腐劑、色素、香精（Preservative, Pigment and Essence）	適量
去離子水（Water）	84.7

定型劑（Hair fixative agent）的原料有氧化劑（Oxidising agent）、酸類

（Acidifier）、調理劑（conditioning agent）及其他配製用品。其中，氧化劑是進行氧化劑作用，是用來復原被還原劑打斷的雙硫鍵，使捲曲後的頭髮定型；酸類用於調節定型液的pH，有利於氧化反應的進行；調理劑用於改善頭髮的光澤和柔軟性，並有利於頭髮的保濕。在定型液的製作中，同樣需要增加一些增稠劑（Thickener）、香精（Essence）、色料（Pigment）等，以增強定型劑的物理性能。定型劑配方舉例如下（表16-14）。

表 16-14　定型劑配方

成分	含量%
溴酸鈉（Sodium Bromate）	5.0
磷酸二氫鈉（Sodium Dihydrogen Phosphate）	3.0
碳酸鈉（Sodium Carbonate）	1.0
防腐劑、色素、香精（Preservative, Pigment and Essence）	適量
去離子水（Water）	91.0

染髮用品

染髮用品用於滿足白髮的染黑或其他色澤的漂染，染髮化妝品有永久性染髮劑、半永久性染髮劑和暫時性染髮劑。

暫時性染髮化妝用品其主要原料為顏料（Pigment）和黏結劑（Binder）。其上色原理如同採用毛刷將顏料直接塗刷於頭髮表面，或是透過透明液體介質將染料噴灑至頭髮表面，將頭髮染成所需要的顏色。使用暫時性染髮用品，其優點是安全而有效，方便於各種場合使用。但其缺點是色澤度差，持續時間短，因此常用於特殊造型的需要。

永久性染髮化妝用品是美髮中使用最多的染髮用品，其主要成分是染料中間體，染髮原理是染料中間體滲透入毛髮組織被氧化劑氧化而使毛髮染色，氧化劑還可使頭髮顏色變淡，並可根據氧化染料用量的多少及反應程度的不等，控制頭髮的漂染顏色。使用永久性染髮化妝品，其優點是染髮色澤牢固，耐多次洗滌，色澤有較大的選配餘地，是目前染髮化妝用品的主導產品；其缺點是

容易損傷頭髮且不易掌握染色深淺及均勻度。氧化型染髮用品，由於氧化染料用量不等將會產生不同的染髮色澤效果，因此產品配製技術要求較高。氧化型染髮用品通常配製成二劑型。氧化型染髮劑配方舉例如下（表 16-15 及表 16-16）。

表 16-15　氧化型染髮劑配方 I 劑

成分	含量%
氧化染料（Oxidate-dye）	適量
油酸（Oleic Acid）	20.0
聚氧乙烯油醇醚（Polyoxyethylene Oleylether）	15.0
異丙醇（Isopropanol）	10.0
氨水（Ammonia Water）	10.0
2, 4-二氨基甲氧基苯（2,4 -Diaminomethoxybenzene）	1.0
間苯二酚（Resorcinol）	0.2
防腐劑、色素、香精（Preservative, Pigment and Essence）	適量
去離子水（Water）	43.8

其中，氧化染料常選用對苯二胺，用量隨色澤由深至淺可分別選用 2.7%～0.08% 不等。

表 16-16　氧化型染髮劑配方 II 劑

成分	含量%
過氧化氫（Hydrogen Peroxide）	18.0
穩定劑（Stabiliser）	2.0
去離子水（Water）	80.0

定型用品

定型用品大致有定型慕絲（Fixativing Mousse）和噴髮膠（Hair Spray）兩類。其功效是將造型後的髮型定型，以保持一段時間。定型劑通常屬於氣溶膠

型化妝品，所謂氣溶膠是指液體或固體的微粒，分散在氣體中形成膠態體系。製作時將有效產品與噴射劑共存於帶有閥門的耐壓容器中。

定型劑（Hair fixative agent）中有效成分為化妝品原液，包括成膜劑（Film former）、溶劑（Solvent）、增塑劑（Plasticizer）、中和劑（Neutralizer）、護髮劑（Haircaring agent）等等。在原液中產生定型作用的主要是成膜劑，常用的成膜劑有聚乙烯醇、聚乙烯吡咯烷酮、聚乙烯甲基醚及其衍生物等。溶劑的主要作用是產生溶解成膜劑的作用，常用的有乙醇或去離子水。其中乙醇對高分子化合物有較好的溶解性，並且在噴射後又較易揮發而成膜，因此在製作時常作為較適合的溶劑。增塑劑是為了增加定型膜的彈性，使用後的頭髮光滑、柔軟而富有彈性，常用的增塑劑有二甲基矽氧烷、高級醇乳酸酯、乙二酸二異丙酯等。中和劑的作用是將酸性聚合物形成羧酸鹽，以增加在水中的溶解性，常用的中和劑有三乙醇胺、三異丙醇胺等。護髮劑是高檔定型產品中調理頭髮的添加劑，常用矽油、羊毛脂等。定型劑若為慕絲泡沫劑型則需添加脂肪醇聚氧乙烯醚類、山梨醇聚氧乙烯醚類非離子界面活性劑作為發泡劑。

噴射劑（Propellants）一般使用液化氣體或高壓氣體，液態噴色劑常使用氟氯碳化物（Fluorochlorocarbons）或稱氟里昂（Freon）是氟氯代甲烷和氟氯代乙烷的總稱，因此又稱「氟氯烷」或「氟氯烴」，可用符號「CFC」表示。其化學性質穩定毒性低，並不易燃燒，但會因破壞臭氧層而引起環境污染。壓縮氣體噴射劑在氣溶膠容器內以氣體狀態直接存在於原液上部，噴射時起推動作用，常用的氣體有氮氣、二氧化碳及氨氣等，其性質都不活潑。使用這些氣體，對原液要求不高，但對容器閥門和按鈕有特殊要求。

習題

1. 洗髮精的功能分類有哪些？
2. 試述洗髮精和護髮素的作用？
3. 護髮類化妝品的功能有哪些？
4. 燙髮劑的主要原料有哪些？
5. 試述暫時性染髮和永久性染髮的不同？

第 17 章
美容化妝品

　　美容化妝品，是用於美化容顏的，此類化妝品名目繁多，色彩豐富，是所有化妝品中最富魅力的類型。美容化妝品能在瞬間改變容顏，修飾或遮蓋容貌中的缺陷，突現容貌的優點。美容化妝品主要介紹面部基面用化妝品、彩妝化妝品等。

第一節　基面化妝品

　　基面化妝品主要是指用於整個面部和身體顯露部位，並達到調整膚色的作用。基面化妝品通過遮蓋瑕疵、調整膚色，使人看起來更精神，並且能夠達到隔離皮膚與外界灰塵及紫外線的作用。

　　基面化妝品按狀態分類包括粉底液、粉底霜和粉底膏，以及散粉、粉餅；按功能分類有修容類和膚色類兩大類；若以色彩分類，則無以計數。

❷ 粉底液（Foundation lotion）

　　粉底液是乳液狀的產品，又稱粉底乳或粉底蜜。粉底液的使用非常方便，可以直接用手指均勻塗敷，適合生活中的日常化妝使用，感覺自然、清爽。其缺點是遮蓋力有限，如果面部的瑕疵比較明顯，粉底液無法達到很好的修飾作用。粉底液是將與膚色相似的粉料加入到乳液中，這樣粉底液比普通的乳液多了一種粉料成分。粉底乳液中的水相、油相和粉料經乳化成為一體，但是穩定性與普通的乳液相較之下，則難以保證，若配製不當、長時間的存放容易出現分層。散粉配方舉例如下（表 17-1）。

表 17-1　散粉配方

成分	含量%
滑石粉（Talc, Talcum powder）	6.0
二氧化鈦（Titania Oxide）	6.0
硬脂酸（Stearic Acid）	2.0
丙二醇硬脂酸酯（Propyleneglycol Stearate）	2.0

成分	含量%
鯨蠟醇（Cetanol）	0.3
白油（White Oil）	3.0
羊毛脂（Lanolin）	2.0
肉豆蔻酸異丙酯（Isopropyl Myristate）	2.0
去離子水（Water）	64.3
膨潤土（Bentonite）	0.5
丙二醇（Propylene Glycol）	4.0
三乙醇胺（Triethanolamine）	1.0
羧甲基纖維素（Carboxy Methylcellulose）	0.2
顏料、香精和防腐劑（Pigment, Essence and Preservative）	適量

配製

　　將二氧化鈦、滑石粉和色料混合研磨成粉狀，去離子水中加丙二醇、三乙醇胺溶解成水相。將粉末全部加入水相中，用乳化攪拌器使之攪拌均勻，保持70℃。其他成分混合，並加熱使之溶解，保持溫度在70℃成為油相。將混合相加入油相中進行乳化，乳化後邊攪拌邊冷卻，冷卻至室溫停止。

◗粉底霜（Foundation cream）

　　粉底霜有兩種，一種不含粉料，配方和雪花膏相似，不具備遮瑕能力；另一種加入了鈦白粉、氧化鋅等粉質的原料，具有較好的遮蓋能力。

　　粉底霜中的油脂含量比粉底液多，油的含量約在 30%，成非流動的霜狀。因此更容易塗抹，對皮膚的黏附力更強，瑕疵的遮蓋力也更強，同時又有一定的潤膚和護膚的作用，因此很受消費者的歡迎。粉底霜配方舉例如下（表 17-2）。

表 17-2　粉底霜配方

成分	配方 I 含量%	配方 II 含量%
硬脂酸（Stearic Acid）	17.0	2.0
單硬脂酸甘油酯（Glycerol Monostearate）	－	4.0
乙二醇月桂酸酯（Ethylene Glycol Laurate）	2.0	－

成分	配方 I 含量%	配方 II 含量%
十六醇（Hexadecanol）	2.0	—
白油（White Oil）	2.0	8.0
棕櫚酸異丙酯（Isopropyl Palmitate）	2.0	6.0
氫氧化鉀（Potassium Hydroxide）	1.0	0.1
甘油（Glycerol）	5.0	34.0
鈦白粉（Titanium Dioxide）	—	5.0
氧化鐵紅（Iron Oxides Red）	—	0.15
氧化鐵黃（Iron Oxides Yellow）	—	0.5
矽酸鋁（Aluminum Silicon）	2.0	—
去離子水（Water）	67.0	40.25
香精和防腐劑（Essence and Preservative）	適量	適量

配製

　　配方 I 的粉底霜，膏體結構與雪花膏很接近，其中的棕櫚酸異丙酯能改進粉底霜的塗敷性。矽酸鋁是作為白色的顏料，用來增加膏體對皮膚的遮蓋能力。配製時將氫氧化鉀稀釋至 10%，並加熱至 70℃。同時將油溶性物質放在一起加熱熔化至 75℃。將矽酸鋁等顏料與甘油調製成糊狀，經過 200 目的篩子篩過備用。將氫氧化鉀水溶液倒入油相，並不斷的攪拌，即將過篩後備用的漿狀矽酸鋁倒入 65℃的乳化體中，不斷攪拌至膏體變厚，停止。

　　配方 II 是膚色粉底霜。先將顏料粉質和部分甘油混合研磨均勻，使粉胚更為細膩。再將此粉胚加入還在攪拌的乳化體中，繼續攪拌，冷卻至 50℃加入香精，在 40℃時停止攪拌。由於加入粉質原料時更易使空氣帶入而使成品產生小氣泡，所以要在乳化體 70℃時加入粉胚，除去小氣泡。

◎粉底膏（Foundation cream）

　　粉底膏與粉底霜的成分很相似，不同的是粉底膏不含乳化劑和溶劑。通常粉底膏被製成條狀，便於攜帶和使用。在此不再重複。此外，新型的粉底產品還有各種色彩，多用於修顏。例如修飾過於黃的皮膚可以使用紫色的修顏粉底，偏紅的膚色可以使用綠色的修顏粉底。它們可以透過互補色的運用來修飾膚色

的不當之處。修飾膚色的產品有適合各種膚色的顏色，國外還有根據色盤配製的可調式膚色粉底。所有的粉底產品都必須符合以下幾個條件，才能被稱之為好的基面狀用品：

■第一是方便使用、方便攜帶、方便塗抹。

■第二是產品的乳化體均勻，不易產生沉澱。

■第三產品穩定性好，使用後妝面持久不脫落。

■第四是產品遮蓋性強，能遮蓋面部瑕疵，且使用後感覺光滑。

◗ 散粉和粉餅（Compact powder）

散粉又可稱為香粉，能達到固定妝面的作用，常用在粉底塗抹後的定妝，另有各種色彩的散粉，可進行調整膚色的作用。粉餅只是把散粉固化，用機械力將散粉壓實，以便於攜帶和使用。散粉配方舉例如下（表 17-3）。

表 17-3　散粉配方

成分	含量%
滑石粉（Talc, Talcum powder）	74.0
高嶺土（Kaolin）	10.0
二氧化鈦（Titanium Dioxide）	5.0
白油（White Oil）	3.0
無水山梨醇油酸酯（Sorbitan Oleate）	2.0
顏料和香料（Pigment and Essence）	適量
山梨醇（Sorbitol）	4.0
丙二醇（Propylene Glycol）	2.0

第二節　彩妝用品

彩妝用品（Color cosmetic）是色彩斑斕的化妝品。彩妝用品的品種繁多，面部各個不同的部位有其特定的彩妝用品。彩妝用品的作用就是通過色彩的使

用，突出和美化人體面部的各個部位。

眼部化妝品

每個人都想擁有一雙明亮動人的眼睛，從古至今，文人常稱眼睛「秋水如波」，可見眼睛的化妝是多麼的重要。眼部使用的化妝品無論是從數量，還是品種或色彩來說，都是化妝品之最。本節將分門別類地詳細介紹其化學組成。

1. 眉筆（Eye brow pencil）

眉筆古已有之，過去女性經常使用炭條或黑墨畫眉。到了現代，眉筆的基本原材料與傳統的主要成分相同。眉筆的外形大多呈鉛筆狀，但筆芯有許多不同的製法。有的類似鉛筆，筆芯用木料包裹，使用前要用專用的刀削；有的是把原料製成單獨的筆芯，安裝在可以旋轉的筆桿內，無需再用刀削，只要向上旋轉就能使用。一般來說，類似鉛筆的筆芯較軟，而旋轉式眉筆的筆芯因為沒有木材的保護，要求製作有一定的硬度。但兩者的基本配方是相似的。眉筆配方舉例如下（表 17-4）。

表 17-4　眉筆配方

成分	含量%
蜂蠟（Bee Wax）	5.0
氧化鐵（黑）（Ferric Oxide Black）	10.0
滑石粉（Talc, Talcum powder）	10.0
高嶺土（Kaolin）	15.0
珠光劑（Pearlescent）	15.0
硬脂酸（Stearic Acid）	10.0
野漆樹蠟（Sumach Wax, wild）	20.0
硬化蓖麻油（Castor Oil Harden）	5.0
凡士林（Vaseline, petrolatum）	4.0
羊毛脂（Lanolin）	3.0
角鯊烷（Squalane）	3.0
防腐劑和抗氧劑（Preservative and Anti-oxidant）	適量

配製

　　將顏料、粉料烘乾，磨細，過篩，再與熔化好的油、脂、蠟等原料混合攪拌均勻後，倒入淺盤中冷卻。等凝固後切片，經三輥機研磨數次後，放入壓條機壓注成型。這是鉛筆式的眉筆。

　　旋轉式的眉筆，則是在原料上增加蠟量，減少油分，在工藝上採取熱澆方式，自然凝結而成，其硬度較高。

2.眼影（Eye shadow）

　　眼影的色彩豐富多樣，點綴恰到好處能賦予眼睛神奇的魅力。不同色彩的眼影是添加不同顏料配製而成的。眼影產品主要包括有傳統的眼影粉和新型的眼影膏。

　　(1)眼影膏（Eye shadow cream）：眼影膏是用油、脂和蠟製成的產品，也有製成乳化體系的。由油、脂和蠟製成的產品，不含水分，故持久性較好，適合乾性皮膚使用；而乳化體系產品持久性較差，但使用時沒有油膩感，適用於油性皮膚。眼影膏的使用不需要技巧，只需用手指或海綿頭刷勻即可，使用簡便。眼影膏配方舉例如下（表17-5）。

表17-5　眼影膏配方

成分	配方I含量%	配方II含量%
礦脂（Petrolatums）	63.0	22.0
無水羊毛脂（Lanolin Anhydrous）	4.0	4.5
蜂蠟（Bee Wax）	6.5	3.6
地蠟（Ozokerite Wax）	10.0	—
液體石蠟（Liquid Petrolatum）	16.5	—
硬脂酸（Stearic Acid）	—	11.0
甘油（Glycerol）	—	5.0
三乙醇胺（Triethanolamine）	—	3.6
去離子水（Water）	—	40.3
顏料（Pigment）	適量	10.0

　　(2)眼影粉（Eye shadow powder）：眼影粉是傳統的眼部色彩化妝品。眼影粉

是將粉質原料壓製在一個小的器皿中。在使用上，需要一定的工具，例如化妝刷，較適合專業人士使用。眼影粉在配製方面，大多採用的是滑石粉和色料，以及極少量的油、脂和蠟，在此不再舉例。

3.眼線（Eyeliner）

眼線化妝品是用於直接描畫眼睛的上下眼瞼邊緣所用的化妝品。它可以使眼睛看上去大而明亮，並可修改眼睛的形狀。由於是直接使用在眼睛部位，故產品的安全性非常重要，必須要求無任何毒性副作用，並且易於描畫，防水、防油。

一般眼線化妝品有兩種，眼線液和眼線筆。

(1)眼線筆（Eyeliner pencils）：眼線筆的主要成分都和眉筆相類似，只是在原料的選擇上更為謹慎。眼線筆配方舉例如下（表 17-6）。

表 17-6　眼線筆配方

成分	含量%
硬脂酸鋅（Znic Stearate）	5.0
碳酸鈣（Calcium Carbonate）	5.0
無機顏料（Inorganic Pigment）	15.0
對羧基苯甲酸丙酯（p-Carboxyyl Propylbenzoate）	0.2
咪唑烷基脲（Imidazolidinyl Urea）	0.2
羊毛脂（Lanolin）	2.0
失水山梨醇倍半油酸酯（Sorbitan Sesquioleate）	7.0
滑石粉（Talc, Talcum powder）	65.6

(2)眼線液（Eyeliner lotion）：液態的眼線化妝品通常裝在一個小的瓶中，使用時用小的纖維毛狀的刷子來描畫。一般液態眼線化妝品會很快乾燥，因而在卸妝時，可以方便地整體剝離。

除此之外，有的眼線液是乳液配方，不能整體剝離。眼線液配方舉例如下（表 17-7）。

表 17-7　眼線液配方

成分	含量%
聚乙烯醇（Polyvinyl Alcohol）	6.0
肉豆蔻酸異丙酯（Isopropyl Myristate）	1.0
Tween-60（Polyoxyethylene Sorbitan Monostearate）	0.4
羊毛脂（Lanolin）	0.6
丙二醇（Propylene Glycol）	5.0
去離子水（Water）	80.0
碳黑（Carbon Black）	7.0
防腐劑（Preservative）	適量

4.睫毛膏（Mascara）

　　修飾眼睫毛的色彩有很多，睫毛膏可以通過不同的色料進行配製。睫毛膏使用方便，通常裝在小的長圓形管中，蓋子下面有專用的睫毛刷，只要從睫毛根部向睫毛尖端均勻地刷上即可。新型的睫毛膏可以使睫毛變長，變翹和更加濃密，這與添加的纖維素等特別成分有關。由於睫毛膏使用時非常貼近眼睛，因此安全和衛生非常重要。睫毛膏配方舉例如下（表 17-8）。

表 17-8　睫毛膏配方

成分	含量%
硬脂酸（Stearic Acid）	9.0
液體石蠟（Liquid Petrolatum）	9.0
礦脂（Petrolatums）	6.0
三乙醇胺（Triethanolamine）	3.0
甘油（Glycerol）	10.0
色素（Pigment）	9.0
去離子水（Water）	53.85
防腐劑（Preservative）	適量

配製

　　將油脂和蠟等加熱熔化至 60℃，再將水溶性物質溶解後加熱至 62℃，將水

溶液倒入油相中，不斷攪拌至形成均勻細膩的乳劑，在攪拌下加入顏料，經過研磨即可。

腮紅（Rouge）

腮紅又稱胭脂，是用於臉頰部位的彩色化妝品。腮紅大多以紅色基調為主，可以使臉部顯得紅潤，健康。古代使用的是天然的紅色顏料，大多從植物花朵中提煉所得。

腮紅主要有膏狀和塊狀兩種。塊狀的腮紅配方類似於粉餅，並添加了一些油脂和色素。膏狀的腮紅是將顏料分散在油性基質中製成的，油脂可占總量的70%～80%。塊狀腮紅適合日常使用，色彩淡雅；膏狀腮紅適合舞台或是濃妝使用，色彩純度高，使用方便。腮紅配方舉例如下（表 17-9）。

表 17-9　腮紅配方

成分	配方 I 含量%	配方 II 含量%
滑石粉（Talc, Talcum powder）	76.0	10.0
氧化鋅（Znic Oxide）	5.0	—
硬脂酸鋅（Zinc Stearate）	5.0	—
米澱粉（Rice Starch）	10.0	—
液體石蠟（Liquid Petrolatum）	—	22.0
棕櫚酸異丙酯（Isopropyl Palmitate）	—	28.0
無水羊毛脂（Lanolin Anhydrous）	—	1.0
巴西棕櫚蠟（Carnauba Wax）	—	6.0
蜂蠟（Bee Wax）	—	2.0
地蠟（Ozokerite Wax）	—	7.0
色澱（Lake）	4.0	34.0
鈦白粉（Titanium Dioxide）	—	20.0
香精、防腐劑（Essence and Preservative）	適量	適量

口紅（Lipstick）

口紅又稱唇膏，是用來修改唇部色彩的化妝品，以紅色為基調，有糯紅色系、紫紅色系和工紅色系。口紅能保護唇部黏膜，隔離紫外線，滋潤唇部，還能使唇部看起來嬌艷動人。口紅中最重要的原料就是色素。唇膏使用的色素通常包括可溶性色素和非溶性色素兩種。

最常用的可溶性色素是溴酸紅，也稱曙紅。曙紅能夠染紅嘴唇，並且色彩牢固持久，但是不溶於水，少量的溶解於油脂。非溶性色素主要是色澱，需混入油、脂、蠟基體中，但是附著力不佳，通常與曙紅同時使用。有時唇膏中還會加入一些珠光顏料，使唇膏產生閃爍的效果，這主要是添加了天然魚鱗、氧氯化鉍和鈦雲母，其中雲母—二氧化鐵膜由於性能優越而被使用廣泛。

唇膏的主體是油、脂、蠟，含量要達到 90% 左右。極高的油性基質使得唇膏易於塗抹、使用方便。最常採用的有蓖麻油、單硬脂酸甘油酯和羊毛脂，以及蜂蠟、地蠟等材料。唇膏主要的工藝流程包括有顏料的研磨、顏料相與基質的混合、真空脫氣、鑄模成型、表面上光等。唇膏配方舉例如下（表 17-10）。

表 17-10　唇膏配方

成分	含量%
巴西棕櫚蠟（Carnauba Wax）	5.0
蜂蠟（Bee Wax）	20.0
無水羊毛脂（Lanolin Anhydrous）	4.5
鯨蠟醇（Cetanol）	2.0
蓖麻油（Castor Oil）	44.5
硬脂肪甘油酯（Glycerol Monostearate）	9.5
棕櫚酸異丙酯（Isopropyl Palmitate）	2.5
溴酸紅（Red Bromate）	2.0
色澱（Lake）	10.0
香精和抗氧劑（Essence and Anti-oxidant）	適量

指甲油（Nail lacqure）

　　指甲油是用來美化指甲的特殊化妝品。指甲油的主要原料有成膜劑（film formers）、黏合劑（binders）、增塑劑（plasticizers）、溶劑（solvents）、著色劑（colorants）和防塵劑（anti-dusting agent）。它的工藝要求較高，要求成膜迅速，光亮度好，耐摩擦，不易剝落等。好的指甲油使用方便，易於塗抹，色調一致，能夠使指甲乾燥迅速，不含任何毒性物質，並且能夠保持色彩持久不剝落。指甲油配方舉例如下（表 17-11）。

表 17-11　指甲油配方

成分	含量%
硝化纖維素（Nitrocllulose）	15.0
對甲苯磺醯胺甲醛樹脂（p-Toluenesulfonamide Formaldehyde Resin）	7.0
鄰苯二甲酸二丁酯（Di-n-Butylphthalate）	3.5
乙酸乙酯（Ethyl Acetate）	5.0
乙酸丁酯（Butyl Acetate）	30.0
丁醇（Butanol）	4.0
甲苯（Methylbenzene）	35.5
色素（Pigment）	0.5

配製

　　顏料色素要磨細，粉碎後的色素顆粒至少要能通過 300 目的篩子，否則會影響指甲油的光亮度。

　　去除指甲油要使用專用的去甲水（nailpolish remover），主要的成分為乙酸乙酯和乙酸丁酯，具有與指甲油原料相似的結構，當然去甲水沒有色料，去甲水還含有羊毛脂衍生物來補充由於去甲油而消耗的指甲表層的油分。

習題

1. 基面類化妝品的概念及其作用是什麼？
2. 根據產品的乳化狀態來區分，基面化妝品可分為哪幾大類？根據產品的功能來劃分，可分為哪幾大類？
3. 散粉和粉餅的主要區別有哪些？
4. 列舉眼部化妝品，分別說明其用途？
5. 睫毛膏的主要化學成分有哪些？
6. 唇膏的主要化學成分有哪些？

第 18 章
口腔衛生用品

　　口腔衛生對保持人體健康在預防疾病是十分重要的，注意口腔衛生可以減少齲齒、牙周炎、口腔潰瘍、口臭等疾病的發生。保持口腔衛生最有效的方法是刷牙、漱口等，常用的口腔衛生用品有牙膏、牙粉、漱口劑等，其中牙膏是應用最廣、最普及的口腔衛生用品。因此，本章將主要介紹牙膏的作用、分類、組成及相關的配方及簡單介紹另一類口腔衛生用品——漱口劑的組成及配方。

第一節　牙膏（Toothpaste）

牙膏的作用和分類

　　牙膏的作用是和牙刷配合，通過刷牙可以清潔牙齒，除去牙齒表面的食物殘渣、牙垢等，使口腔內潔淨，感覺清爽舒適，同時還具有去除口臭，預防或減輕齲齒、牙周發炎等作用，而達到保持牙齒的潔白、健康和美觀的作用。因此，牙膏可以定義為：「牙膏是與牙刷配合，通過刷牙達到清潔、保護、健美牙齒作用的一種口腔衛生用品」。

　　為了能達到上述作用，牙膏需具有如下性能需求：

1. 具有適宜的摩擦力

　　能夠盡可能的除去牙齒表面的菌斑、牙垢、牙結石等，而又不損傷牙釉或牙本質。

2. 具有良好的發泡性

　　雖然牙膏的質量並不完全取決於泡沫的多少，但具有良好的發泡性和適度的泡沫，可使刷牙感覺舒適，而且泡沫對於清除污穢物有著重要的作用。因此，良好的發泡性，能提高牙齒的清潔作用。

3. 具有抑菌和防齲作用

　　口腔內常有能損傷牙齒健康的致病菌（如乳酸桿菌、變性鏈球菌等），其能分解食物而生成乳酸，並對牙齒產生腐蝕，或發生齲齒。因此，在牙膏中添

加有效成分，使之具有抑菌作用，可以提高牙齒抗酸、抗病能力。減少齲齒的發生，而達到保護牙齒的作用。

4. 有舒適的香味和口感

在牙膏中添加適當的香精和矯味劑，可使在刷牙過程或刷牙之後，感到涼爽、清新，並能除去口腔內異味。

5. 穩定性好

即具有一定的化學及物理穩定性，在貯存和使用期間內必須穩定性好，不腐敗變質，膏體不被破壞及 pH 值不變等。

6. 安全性好

要求牙膏無毒性，尤其對口腔黏膜無刺激性。

隨著人民生活水準的提高，文明生活方式的需要，現在牙膏的種類很多，其分類方法也較多。有的按添加香精香型分類，如薄荷香型、留蘭香型、水果香型等；有的按牙膏酸鹼性分類，如中性、酸性和鹼性牙膏；有的按牙膏作用的摩擦劑分類，如碳酸鈣型、磷酸氫鈣型和氫氧化鋁型等；還有的按牙膏功能分類，如普通牙膏、藥物牙膏，其中藥物牙膏又可分為脫敏性牙膏、防齲牙膏、消炎止血牙膏等。

▌牙膏的組成

牙膏的組成主要有摩擦劑、洗滌發泡劑、膠黏劑、保濕劑、甜味劑、防腐劑和香精等。此外，具有特殊作用的牙膏還要加入起特殊作用的添加成分。

1. 摩擦劑（Abrasive）

摩擦劑是牙膏具有清潔牙齒作用的主要成分。可以除去附著於牙齒表面的污物和色斑性物質。當作摩擦劑應具有適宜的硬度和粒度，有較好的清潔能力，不損傷牙齒組織，化學上穩定、無毒、無刺激性、無臭、無味等。常用的多為無機粉末摩擦劑，一般占配方的 20%～50%。例如：

(1)碳酸鈣（Calcium Carbonate, $CaCO_3$）：有輕質、重質及天然碳酸鈣等，均為無臭、無味的白色粉末，粒度直徑大部分在2～6 µm，摩擦力一般比磷酸鈣大，常用於中、低檔的牙膏中。

(2)二水合磷酸氫鈣（Calcium Phosphate, Dibasic Dihydrate, $CaHPO_4 \cdot 2H_2O$）：是最常用的一種比較溫和的優良摩擦劑，對於牙釉的摩擦力大小適中。所製得的牙膏體光潔美觀，但價格較貴，常用於高檔牙膏。此外，在長期保存時，膏體容易失去結晶水，使膏體變硬，所以，常添加焦磷酸鈉、磷酸鎂等穩定劑。它與大多數氟化物不相容，所以，不能用於含氟牙膏。

(3)焦磷酸鈣（Calcium Pyrophosphate, $Ca_2P_2O_7$）：焦磷酸鈣是白色、無臭、無味粉末。其結晶形式有α、β、γ之分，其中β、γ型結晶與氟化物相容性好，其摩擦性能優良，屬軟型摩擦劑。

(4)水不溶性偏磷酸鈉（Water non-soluble Metaphosphate）[$Na(PO_3)$ n]：它的摩擦力適度，與鈣鹽混合使用時，其摩擦作用要比單獨使用效果好。與氟化物配伍性好，但價格較昂貴。

(5)氫氧化鋁（Aluminum Hydroxide）[$Al(OH)_3$]：氫氧化鋁的穩定性較好，是理想的摩擦劑之一，特別是它與氟化物的相容性好，適合用於藥物牙膏中。

(6)二氧化矽（Silicon Dioxide, $Si_2O \cdot xHO_2$）：用作摩擦劑的二氧化矽是無定型粉末狀，其摩擦力適中，與氟化物相容性好，適合用於藥物牙膏中。它的折光率與液體的折光率常相近，其膏體是透明狀態，因此，常用作透明牙膏的磨擦劑。

此外，還有磷酸鈣、鋁矽酸鈉等無機粉末摩擦劑。除無機粉末摩擦劑外，也有使用熱塑性樹脂作為摩擦劑，其優點是對氟化物穩定、有良好的配伍性。常用的熱塑性樹脂粉末有聚丙烯、聚氧乙烯、聚甲基丙烯酸甲酯等，其用量為30%～50%。它們還常與 2%～5%的矽酸鋯混合使用。

2.膠黏劑（Gellant）

膠黏劑是牙膏中膠質性原料，其主要作用是防止牙膏的粉末成分與液體成分分離，並賦予膏體適當的黏彈性及擠出成型性。常用於牙膏的膠黏劑有天然膠黏劑，如海藻酸鈉、黃蓍樹膠、阿拉伯膠等；變性天然膠黏劑，如羧甲基纖維素、烴乙基纖維素等；合成膠黏劑，如聚乙烯醇、聚乙烯吡咯烷酮、聚丙烯

醯胺等;無機膠黏劑,如膠性二氧化矽、矽酸鋁鎂等。一般用量為 1%～2%。

3.洗滌發泡劑（Cleansing foam booster）

　　牙膏中的洗滌發泡劑即是牙膏中添加的界面活性劑,其作用是使牙膏具有去污、起泡的能力。通過界面活性劑的洗滌、發泡、乳化、分散等作用,能使牙膏在口腔迅速擴散,降低污穢物、食物殘渣等在牙齒表面的附著力,並被豐富的泡沫乳化而懸浮,隨漱口水清除出去,達到清潔牙齒和口腔的作用。當作牙膏洗滌發泡劑的界面活性劑應無毒、無刺激性及不影響牙齒的其他性能。常用的洗滌發泡劑有十二烷基硫酸鈉、月桂醯基肌胺基酸鈉、月桂醇磺乙酸鈉、月桂醯基谷胺酸鈉等。其用量一般為 2%～3%。

4.保濕劑（Moisturizer）

　　牙膏的保濕劑又稱賦形劑,其作用是保持膏體水分,不易變乾、硬而易於擠出,還可以使膏體具有一定黏度和光滑度。其用量在普通牙膏中一般為 20%～30%,透明牙膏中高達 70%。當作牙膏保濕劑一般為多元醇,如丙二醇、甘油、山梨醇、木糖醇、聚乙二醇等。丙二醇的吸濕性很大,但略帶有苦味;甘油、山梨醇有適度的甜味;木糖醇既有蔗糖的甜味,又有保濕性和防腐作用。

5.甜味劑（Sweetener）

　　甜味劑是用於矯正香精的苦味及摩擦劑的粉塵味。可當作牙膏甜味劑有糖精（$C_6H_4CONHSO_2$）、木糖醇、甘油等。用量一般為 0.05%～0.25%。

6.香精（Essence）

　　香精的作用是用來掩蓋牙膏中各種成分所產生的異味,並能在刷牙之後感到有清新、爽口香味的感覺。牙膏常用的香精類型有留蘭香型、薄荷香型、果香型及冬青香型等。用量為 1%～2%。

7.防腐劑（Preservative）

　　牙膏的防腐劑作用是防止添加的膠黏劑、甜味劑等物質,因為長時間貯存而發生黴變。常用的防腐劑有苯甲酸鈉、尼泊金甲酯或丙酯和山梨酸等,用量

為 0.05%～0.5%。

8.中草藥萃取液（Nature herb medicine extract）

近年來，將中草藥萃取液添加於藥物牙膏中，可以增加防齲、脫敏性等作用。例如，兩面葉、草珊瑚、田七、三七、杜仲等萃取液。

牙膏的配方

1.普通牙膏（Common toothpaste）

是指不添加任何藥物成分的牙膏，其主要作用是刷淨牙齒表面，清潔口腔，預防牙垢和齲牙的發生，保持牙齒潔白和健康。由於其防止牙病的能力差，逐漸被具有療效的藥物牙膏替代。普通牙膏配方舉例如下表（18-1）：

表 18-1　普通牙膏配方

組成		含量比例（%）	
		(1)	(2)
摩擦劑（Abrasive）	二水合磷酸氫鈣（Calcium Phosphate, Dibasic Dihydrate）	49.0	—
	碳酸鈣（Calcium Carbonate）	—	48.0
穩定劑（Stabiliser）	焦磷酸鈉（Sodium Pyrophosphate）	1.0	—
保濕劑（Moisturizer）	甘油（Glycerol）	25.0	30.0
膠黏劑（Gellant）	羧甲基纖維素（Carboxy Methyl Cellulose）	1.2	1.0
發泡劑（Foam booster）	十二烷基硫酸鈉（Sodium Dodecyl sulfate）	3.0	3.2
甜味劑（Sweetener）	糖精（Saccharin）	0.3	0.3
其他（Other）	蒸餾水（Water）	19.2	16.3
	香精（Essence）	1.3	1.2
	防腐劑（Preservative）	適量	適量

配製

將甘油與膠黏劑均勻分散，加入水後使膠黏劑溶脹成膠溶體。放置一定時

間後，拌入摩擦劑，並加入發泡劑、甜味劑、香精、防腐劑等，經研磨、貯存陳化，真空脫氣，即可製得膏體。

普通牙膏從外觀上有透明牙膏與不透明牙膏之分，上述配方是不透明牙膏配方。透明牙膏的摩擦劑多為二氧化矽，用量在20%左右，保濕劑用量也相應增加，可達50%～70%。其配方舉例如下（表18-2）：

表 18-2　透明普通牙膏配方

組成		成分比例（％）
摩擦劑（Abrasive）	二氧化矽（Silicon Dioxide）	25.0
保濕劑（Moisturizer）	山梨醇（70%）（Sorbitol, 70%）	30.0
	甘油（Glycerol）	25.0
膠黏劑（Gellant）	羧甲基纖維素（Carboxy Methylcellulose）	0.5
發泡劑（Foam booster）	十二烷基硫酸鈉（Sodium Dodecylsulfate）	2.0
甜味劑（Sweetener）	糖精（Saccharin）	0.2
其他（Other）	蒸餾水（Water）	16.3
	香精（Essence）	1.0
	防腐劑（Preservative）	適量

配製

與普通牙膏製法相同。

2. 防齲牙膏（Ant-dental caries toothpaste）

主要具有防止齲齒（dental caries），防治牙齦炎、消除口臭等作用。防齲牙膏有含氟化物牙膏、加酶牙膏、中草藥牙膏等。其作用主要是通過抑制乳酸菌等，降低由於細菌產生的酸對牙齒的腐蝕；促進氟化物在牙釉質表面形成不溶物沉澱，增強牙釉質表面的硬度等，達到防治齲齒的作用。

含氟化物牙膏是應用最廣的防齲牙膏，它是將能夠離解為氟離子的水溶性氟化物加入膏體中製得的。常用的氟化物有氟化鈉、氟化亞錫、氟化鍶、單氟磷酸鈉等。用量一般在1%以下，還要根據氟化物的種類不同而定，一般要求按

氟化物的分子式計算量為 10^{-9}。對於飲用水含氟量高的地區，不宜用含氟牙膏。其配方舉例如下（表 18-3）：

表 18-3　防齲牙膏配方

組成		成分比例（%）
摩擦劑（Abrasive）	氫氧化鋁（Aluminum Hydroxide）	52.0
保濕劑（Moisturizer）	山梨醇（70%）（Sorbitol, 70%）	27.0
膠黏劑（Gelant）	羧甲基纖維素（Carboxy Methylcellulose）	1.1
發泡劑（Foam booster）	十二烷基硫酸鈉（Sodium Dodecylsulfate）	1.5
防齲劑（Ant-dental caries agent）	單氟磷酸鈉（Sodium Monofluorophosphate）	0.8
甜味劑（Sweetener）	糖精（Saccharin）	0.2
其他（Others）	蒸餾水（Water）	16.55
	香精（Essence）	0.85
	防腐劑（Preservative）	適量

配製

　　將膠黏劑與粉質原料預先混合均勻，在混合過程中將水、保濕劑等其他成分加入，再混合均勻即可。

3.防牙垢牙膏（Anti-tartar toothpaste）

　　牙垢（tartar）又稱牙結石，是由於牙結石和牙菌斑的產生是引起齲齒和牙周病的重要原因，因此，抑制和清除牙結石和牙菌斑是預防牙病和保護牙齒的有效方法。使用於牙膏中，進行抑制和清除牙結石和牙菌斑的主要成分有兩類：一類是化學去垢成分，另一類是酶抑制劑成分。

　　(1)化學去垢成分（Chemical detergent）：化學去垢成分有尿素、檸檬酸鋅、聚磷酸鹽等。尿素添加於牙膏中，可以防止牙垢的沉積並使已形成的結石脫除；檸檬酸鋅的鋅離子能阻止過飽和的磷酸離子與鈣離子生成磷酸鈣沉澱。檸檬酸鋅與氟化鈉等配合使用，其溶解牙結石和抑制菌斑形成效果較好。

聚磷酸鹽是有效的抗結石劑。這些化學成分，一般與焦磷酸鈣、氫氧化鋁、二氧化鋁等摩擦劑配伍性好。其配方舉例如下（表18-4）：

表18-4　透明防結石牙膏配方

組成		成分比例（%）
摩擦劑（Abrasive）	二氧化矽（Silicon Dioxde）	12.0
保濕劑（Moisturizer）	山梨醇（78%）（Sorbitol, 78%）	35.0
	甘油（Glycerol）	26.0
膠黏劑（Gelant）	烴乙基纖維素（Hdroxyethylcellulose）	1.7
發泡劑 （Foam booster）	十二烷基硫酸鈉 （Sodium Dodecylsulfate）	1.5
甜味劑（Sweetener）	糖精（Saccharin）	0.2
抗結石劑（Antilithic）	檸檬酸鋅（Zinc Citrate）	0.5
	三聚磷酸鈉 （Sodium Tripolyphosphate）	1.0
	氟化鈉（Sodium Fluoride）	0.23
其他（Other）	蒸餾水（Water）	20.87
	香精（Essence）	1.0

配製

同普通牙膏製法相同。

(2)酶抑制劑（Enzyme inhibitor）：酶抑制劑作用是利用酶的催化性能（catalytic property），使難溶解的沉澱物轉化為水溶性物質，進而達到抑制和清除牙結石和牙菌斑的作用。添加的酶類有聚糖酶、澱粉酶、蛋白酶和溶菌酶。加酶的牙膏配製過程中重要的問題是保持酶的活性。其配方舉例如下（表18-5）：

表 18-5 酶抑制劑防結石牙膏配方

組成		成分比例（%）
摩擦劑（Abrasive）	氫氧化鋁（Aluminum Hydroxide）	44.0
保濕劑（Moisturizer）	山梨醇（Sorbitol）	30.0
膠黏劑（Gelant）	角叉膠（Carrageenin）	1.0
發泡劑（Foam booster）	十二烷基硫酸鈉 （Sodium Dodecylsulfate）	1.5
緩衝劑（Buffered）	十二烷基二乙醇胺 （Dodecyl Diethanolamine）	0.5
殺菌劑（Bactericide）	十六烷基吡啶氯化銨 （Cetylpyridinium Ammonium Chloride）	0.01
抗結石劑（Antilithic）	單氟磷酸鈉 （Sodium Monofluorophosphate）	0.75
酶抑制劑 （Enzyme Inhibitor）	內型糊精酶（80 萬單位／g） （Intra-Dextranase, 800,000 unit/g）	0.9
	外型異麥芽糖糊精酶（80 萬單位／g） （Extra-Isomaltodextranase, 800,000 unit/g）	0.1
甜味劑（Sweetener）	糖精（Saccharin）	0.1
其他（Other）	蒸餾水（Water）	20.64
	香精（Essence）	0.8

配製

與普通牙膏製法相同。

4.脫敏性牙膏（Desensitizing toothpaste）

對因為牙根部分裸露而使牙齒遇冷、熱、酸和甜等引起牙痛的過敏症有一定療效。其膏體中通常加入化學脫敏劑或中草藥脫敏劑等，可進行脫敏作用。

化學脫敏劑有氯化鍶（$SrCl_2$）、硝酸鉀、甲醛、檸檬酸及其鹽類等。中草藥脫敏劑有細辛、荊芥、川芎、藁木、草珊瑚等中草藥萃取液。其配方舉例如下（表 18-6）：

表 18-6　透明型化學脫敏牙膏配方

組成		成分比例（%）
摩擦劑（Abrasive）	二氧化矽（Silica）	24.0
保濕劑（Moisturizer）	甘油（Glycerol）	25.0
膠黏劑（Gelant）	烴乙基纖維素（Hdroxyethylcellulose）	1.6
發泡劑 （Foam booster）	聚氧乙烯（20）失水山梨醇單月桂酸酯 （Polyoxyethylene Sorbitan Monolaurate）	2.0
脫敏劑（Desensitizer）	硝酸鉀（Potassium Nitrate）	10.0
甜味劑（Sweetener）	糖精（Saccharin）	0.2
其他（Other）	蒸餾水（Water）	36.2
	防腐劑（Preservative）	適量

配製

　　與普通牙膏製法相同。

表 18-7　普通型中草藥與脫敏牙膏配方

組成		成分比例（%）
摩擦劑（Abrasive）	磷酸氫鈣（Calcium Hydrogen Phosphate）	50.0
保濕劑（Moisturizer）	甘油（Glycerol）	20.0
膠黏劑（Gelant）	羧甲基纖維素（Carboxy Methyl Cellulose）	1.0
發泡劑 （Foam booster）	十二烷基硫酸鈉 （Sodium Dodecyl Sulfate）	2.5
穩定劑（Stabiliser）	焦磷酸鈉（Sodium Pyrophosphate）	0.5
甜味劑（Sweetener）	糖精（Saccharin）	0.3
脫敏劑（Desensitizer）	中草藥脫敏劑 （Nature herb medicine Desensitizer）	0.5
其他（Other）	蒸餾水（Water）	24.2
	香精（Essence）	1.0
	防腐劑（Preservative）	適量

配製

　　與普通牙膏製法相同。

第二節　漱口劑（Mouth washes）

漱口劑也稱口腔清潔劑，簡稱漱口水。漱口水的特點是漱洗方便，不需要用牙刷配合就可以達到清潔口腔的目的。它的主要作用是殺菌、除去腐敗及發酵食物碎屑，以及去除口臭和預防齲齒等。漱口劑是由殺菌劑、保濕劑、界面活性劑、香精、防腐劑、酒精等組成。

1. 殺菌劑（Bactericide）

主要是陽離子界面活性劑，如含 C_{12}～C_{18} 長碳鏈的四級銨鹽類，還有硼酸、苯甲酸、氯已定等。除了殺菌作用外，還具有發泡等作用。

2. 界面活性劑（Surfactant）

除上述陽離子界面活性劑外，還有非離子、陰離子界面活性劑。主要作用為發泡、增溶、清除食物碎屑等作用。

3. 保濕劑（Moisturizer）

在漱口劑中可以增稠、增加甜味和緩衝刺激等作用，一般用量為 5%～20%。常用的保濕劑，例如甘油、山梨醇等多元醇。

4. 乙醇與水（Alochol and Water）

是組成漱口劑的主要溶液部分，乙醇除有溶劑作用外，還具有殺菌、防腐等作用。

5. 香精（Essence）

在漱口劑中的主要作用為使漱口劑具有愉快的香味。漱口後，在口腔內留有芬香氣味，可掩蓋口臭。常用的香精有冬青油、薄荷油、黃樟油和茴香油等，用量約為 0.5%～2.0%。

此外，還需加入適量的甜味劑，如糖精、葡萄糖和果糖等，用量為

0.05%～2.0%。漱口劑配方舉例如下（表 18-8）。

表 18-8 　漱口劑配方

組成		成分比例（％）	
		(1)	(2)
殺菌劑 （Bactericide）	十六烷基吡啶氯化銨 （Cetylpridium Ammonium Chloride）	0.1	
	月桂醯甲胺乙酸鈉 （Sodium Lauroyl Methylamine Acetate）		1.0
發泡增溶劑 （Foam boosting solubilizer）	聚氧乙烯失水山梨醇單硬脂酸酯 （Polyoxyethylene Sorbitan Monostearate）	0.3	
	聚氧乙烯失水山梨醇單月桂酸酯 （Polyoxyethylene Sorbitan Monolaurate）		1.0
保濕劑（Moisturizer）	甘油（Glycerol）		13.0
	山梨醇（70%）（Sorbitol, 70%）	20.0	
緩衝劑（Buffered）	檸檬酸（Citric Acid）	0.1	
	醋酸鈉（Sodium Acetate）		2.0
矯味劑 （Flavoring agent）	薄荷油（Peppermint Oil）	0.1	0.3
	肉桂油（Cassia Oil）	0.05	
溶劑（Solvent）	乙醇（Alochol）	10.0	18.0
	蒸餾水（Water）	69.35	63.9
其他（Other）	香精（Essence）	適量	0.8
	色素（Pigment）	適量	適量

配製

將增溶劑、矯味劑、香精等加入乙醇中攪拌溶解，另將殺菌劑、緩衝劑等加入水中攪拌溶解，將水溶液加入乙醇溶液中混合，並加入色素混合均勻，陳化、冷卻（5℃），然後過濾即可。

習題

1. 牙膏的使用目的為何？
2. 牙膏的性能需求有哪些？
3. 牙膏中的主要成分有哪些？
4. 根據牙膏產品的配方，可以區分成哪些種類？
5. 漱口水的主要成分有哪些？

第五篇
化妝品的發展新趨勢

　　現今化妝保養品科技的主要突破以生物技術與奈米技術這兩大新興科技為主。前者在化妝品活性成分，特別是護膚功效上扮演重要的角色；而後者則在改進活性物質傳輸技術以及化妝品防曬功效方面獲得不錯的成果。事實上，化妝保養品技術所能發揮的功效種類相當多樣化，在不同的基本功效（如護髮、保濕、美白、防曬、抗老化等不同產品類型）所運用的技術也多有區別。化妝保養品除了基本功效外，亦非常注重附加功效例如，產品的外觀、味道、觸感、特殊視覺效果等）。因此，不少化妝保養品技術乃著眼於附加功效的提升，以塑造產品的整體質感。

第 19 章

化妝品的發展新技術

第一節　生物科技在化妝品的應用

▌生物科技的定義

生物技術（Biotechnology）是利用生物程序、生物細胞或其代謝物質來製造產品，改進傳統生產程序及提升人類生活素質的科學技術，不但是一種跨學門的整合性科學，更是研究生命科學、醫學、農學的基本工具。因此，生物技術的應用潛力深遠，應用範圍廣及醫學、農業、海洋、能源、環保、化工、礦冶等領域。可說是繼石油化學、航空、核能及資訊科技後的另一波技術革命。

如何對生物技術下定義，一直是一個爭議的問題：

■1982 年，國際合作與發展組織對生物技術的定義為：生物技術是應用自然科學及工程學的原理，依靠微生物、動物、植物體作為反應器將生物進行修飾，以提供產品為人類社會服務的技術。

■美國政府技術顧問委員會（OAT）對生物技術的定義是：應用生物或來自生物體的改造或改進一種商品的技術，包括改良有重要經濟價值的植物與動物和利用微生物改良環境的技術。

該定義強調了生物技術的商品屬性，以下事例可充分反映生物技術的商業化特點。

生物技術在 1917 年由 Karl Ereky 加以定名，廣義地從字面上來說，只要一個技術的操作涉及生物層面，在過程中將生物視為研究對象、材料、工具或是產品，都可能被稱為生物技術。不論是植物或動物、微小或巨大、單細胞或多細胞，從病毒、細菌、藻類到人類甚至大象、鯨魚及史前生物等都有機會成為被研究的目標。

一般認為，生物技術通常包括基因工程、細胞工程、發酵工程和蛋白質（酶）工程等四個方面的內容。也可以將生物技術分成四個世代，第一世代：傳統釀造產業；第二世代：基因重組技術、細胞融合技術、生物反應器、動植物細胞的大量培養；第三世代：蛋白質工程、生物膜應用技術；第四世代：人類先端科學研究計畫。應用在化妝品的領域，目前多集中在第二、第三世代的

技術。

▌生物技術開發或生產之化妝品

保濕、去角質、美白、除皺及抗老化是目前市售化妝保養品的主打五大訴求。在此針對以生物技術開發或生產之化妝保養功效成分進行介紹。

1. 美白類功效成分

人的膚色隨種族、季節和性別的差異而變化，即使同一個人，全身各部膚色亦不完全一樣。皮膚的厚度、血蛋白及少量的類胡蘿蔔色素均會影響人體膚色。而決定皮膚色澤的主要因素是黑色素細胞產生的黑色素的分布狀態及量。以預防色素沉積為目的的美白化妝品的基本作用原理。影響美白的功效成分有熊果苷、曲酸、壬二酸、抗壞血酸、泛酸衍生物等等。

(1)熊果苷（Arbutin）：熊果苷即氫醌-β-D-吡喃葡糖苷或 4-烴苯基-β-D-吡喃葡糖苷（Hydroquinone-β-D-glucopyrandside）。在體外的非細胞系中，能阻止黑色素生成的關鍵酶酪氨酸酶的活性（Akiu *et al.*, 1988）。在 B16 黑色素瘤培養細胞的實驗中，熊果苷在不影響細胞增殖的濃度下，抑制黑色素生成和降低酪氨酸酶活性的作用配用泛烯乙基醚。具有防護肌膚日曬傷疼，能促進日曬受損肌膚的新陳代謝有助於黑色素排出體外，配用甘草酸能抑制日曬後的灼熱；配用維生素 C 衍生物能保持肌膚活氣；配用生物透質酸能保護肌膚滋潤、不乾燥，防止皺紋。

(2)曲酸（Kojic Acid）：曲酸即 2-烴甲基-6-烴基-1, 4-吡喃酮（Hydroxy- methyl-5-hydroxyl-δ-pyrone），相對分子質量 142 道耳吞，水溶性物質。與氯化銅呈紅色反應，與銅生成耐曬綠沉澱。曲酸產生於麴黴屬和青黴屬等絲狀菌發酵液中也可用化學合成法生產。與維生素衍生物或壬二酸，或環庚三烯酚酮酸等並用，是黑色素生成的抑制劑，在化妝品中的用量為 0.01%～10%。曲酸對黑色素生成的抑制作用有三點是明確的。其一是使酪氨酸氧化成為多巴和多巴醌時所需的酪氨酸酶氧化催化劑失去活性；另一是對由多巴色素生成 5,6-二烴基-吲哚羧酸的抑制作用。該兩個反應都必需有二價金屬銅離子的存在才能開始。曲酸對銅離子的螯合作用，從而抑制

了黑色素的生成。含有曲酸的膏霜對於肝斑、褐斑具有療效。

(3)壬二酸（Azelaic Acid）：它有較強的美白效果，由於其對乳化體系的不良影響和溶解性等問題，限制了在化妝品中的應用。但用尿素將壬二酸錯合後，其水溶性顯著增大，即使配入水質乳化體系也不會促使黏度下降，pH降低時，也不存在析出壬二酸的問題。壬二酸尿素錯合物是白色粉末，水中難溶，醇中易溶。其用量隨化妝品的形態而不同，一般在 0.05%～15%範圍內較合適。

(4)抗壞血酸（Ascorbic acid）：它是最具有代表性的黑色素生成抑制劑，其作用過程有兩個：其一是酪氨酸酶催化反應之際。使多巴醌還原而抑制黑色素的生成。另一作用是使深色的氧化型黑色素原成淡色的還原型黑色素，能美白皮膚、治療、改善黑皮症、肝斑等。但是它對光、熱‧水極不穩定。為使其能在化妝品配方中穩定。將它製成高級脂肪酸和磷酸的酯類體，如抗壞血酸磷酸酯鎂鹽。它經皮膚吸收後，在皮膚內由於加水分解而使抗壞血酸游離或者添加抗氧化劑或還原劑，L-抗壞血酸。由於有較強的還原作用，而具有細胞呼吸作用，酶活化作用，膠原形成作用，和黑色素還原作用。

(5)泛酸衍生物（Pantothenic Acid derivatives）：在化妝品中添加少量雙泛醯硫乙胺及其醯化衍生物，能抑制酪氨酸酶的活性，對於黑色素脫除作用顯著，有很好的美白作用，雙泛醯硫乙胺是生物體內泛酸反應的產物，與泛酸硫氫乙胺共存於生物體內。還原的泛醯硫氫乙胺是乙醯輔酶，乙醯載體蛋白的構成成分，在碳化合物代謝，脂肪酸分解與合成等方面有廣泛的生理作用。最近發現雙泛醯硫乙胺對脂肪代謝的影響，預防或修復動脈硬化有明顯的作用。在化妝品中的用量為 0.01%～1%。

2.抗老化類功效成分

人體是由眾多的器官組成的一複雜體，老化問題到底是發生在細胞組織，還是在器官層次呢？根據研究表明，老化開始於細胞核內，特別是去氧核糖核酸，然而發生在細胞組織層次的變化迅速地變成引人注目的器官層次變化，這些變化包括生命力衰退、體重與體容量削減、彈性與能動力的減退、總體與基本代謝的降低、免疫功能衰退、皮膚上的變化，如皺紋、黑斑、喪失彈性。顯

然老化現象是時間消逝的結果，是不可避免的。抗氧化作用是延緩這個過程的關鍵之一。用於抗氧化的功效成分有超氧化歧化酶、維生素C、E及β-胡蘿蔔素等。

(1)超氧化歧化酶：目前有三種酶對自由基的氧化機制有控制作用。分別為超氧化歧化酶、過氧化氫酶及促進氧化氫還原的酶。

①超氧化歧化酶（Superoxide dismutase, SOD），它能中和超氧化物、氫過氧化物，並將它們轉化成過氧化氫和氧。超氧化歧化酶對所有生存於氧中的有機物都是重要的。

②過氧化氫酶（Catalase），它促使過氧化氫還原，將它變成水和氧。過氧化氫酶存在於動物細胞內稱之為過氧物酶體，在還原過氧化氫的事例中它加速反應進程。

③促進氧化氫還原的酶：是谷胱甘肽過氧化酶（Glutathione Peroxidase），一種由谷胺酸、半胱胺酸和甘胺酸組成的三肽。

在這三種酶以外，還知道另有一些他合物亦能中和具氧化能力的游離基。最為重要的有多種飽和脂肪酸，尿酸，半胱胺酸，谷胱甘肽，維生素 A、C 和 E 及其衍生物。

(2)維生素 C 及維生素 E （Vitamin C and E）：維生素 C 是水溶性的，而維生素 E 是脂溶性的抗氧化劑，主要捕捉存在於水相中的活性氧和自由基而使之穩定化。維生素C的生理作用是促進膠原蛋白的生化合成和鐵的吸收等，但令人注目的是對活性氧化和自由基的傷害具有作為抗氧化物的作用。特別是在血漿中被考慮作為第一道防線。即是，血漿或全血中發生水溶性的自由基時，即使同時有多種抗氧化物存在下，而首先消耗的則是維生素C，其氧化還原電位低，具有作為出色還原劑的作用。維生素 E 在光氧化中也捕捉重要的單態氧而使之穩定化。可是，從反應速度常數比較，對單態氧，維生素 E 的活性要比β-胡蘿蔔素等的類胡蘿蔔素為小。維生素 E 還是很強的防曬保護劑。對光老化起作用的日光光段的波長為 290～820nm。

(3)β-胡蘿蔔素（β-carotene）：β-胡蘿蔔素的抗氧化作用為對單態氧和自由基的消去。1968 年 Foote 等開始明確β-胡蘿蔔素可有效地消去活性氧種之一的單態氧（$^1O_2$），單態氧不是自由基，而是反應性極高的活性氧。特別是與不飽和脂肪酸（LH）的雙鍵容易發生「游離基（自由基）鏈式反應」，

生成脂質過氧氫物（LOOH）、如果生成的 LOOH 通過由游離鐵離子和血鐵離子等的電子還原反應，則會引起自由基的連鎖過氧化反應。由於β-胡蘿蔔素的雙鍵迅速與 $^1O_2$ 反應，從而將其消去，這就抑制了脂質過氧化反應的進行。

3.抗皺修復功效成分

皺紋是由於真皮乳頭和支鏈狀的彈性纖維消失，表皮真皮的結合變弱，表皮鬆弛而產生皺紋。於是人們研究各種皮膚組織中的活性組分，以獲得顯著改善或修復皮膚組織功能恢復皮膚本身性能的抗老化的護膚品。抗皺修復的功效成分著重於α-羥基酸的利用。

(1)α-羥基酸（Alpha Hydroxy Acid）：α-羥基酸（簡稱 AHA），俗稱果酸，和α-酮酸存在於天然果實、蔗糖與奶酪中。目前提取出來的並申請專利的有 21 種果酸。活性最佳的是檸檬酸、丙酮酸乙酯、羥乙酸、葡萄醛酸、2-羥基丁酸、丙酮酸、酒石酸、丙醇二酸、乙醇酸、乳酸、抗壞血酸等。α-羥基酸和α-羥基酮能有效地穿入皮膚毛孔，對成纖維細胞具有促進作用，能加快表皮死細胞脫落，減少皮膚角質化，刺激皮膚蛋白質和彈性筋的再生，使表皮細胞更新。這一作用表現為消除皮膚皺紋、消退皮膚色素及老年斑，使皮膚顯得新嫩、光滑、柔軟而富有彈性。它還能改善皮膚屏障功能。

4.保濕功效成分

皮膚表皮之水分含量是皮膚健康的指標之一。含水量多的皮膚，外觀上呈現光亮、白皙；相對的，水分含量不足之皮膚，在外觀上便較易呈現暗沉甚至出現細小皺紋之現象。要使皮膚保持水分，通常有二種主要方式，首先是增加角質層對水分子之親合力，如增加皮膚天然保濕因子（NMF）等，使水分不易散失。其次是維持皮脂膜之完整性，使水分保持在角質層中。常見的保濕功效成分有膠原蛋白、玻尿酸、幾丁聚糖等等。

(1)膠原蛋白（Collagen）：膠原蛋白主要由三種胺基酸（甘胺酸 Glycine、脯胺酸 Proline、氫基脯胺酸 Hydroxyproline）所構成之大分子聚合物。在人體內有各種不同形態之膠原蛋白，而其中以第一型（type-I）含量最高。膠原蛋白可由動物皮膚、骨骼、軟骨、韌帶、血管等各種組織中抽取得到，再

藉由生化科技處理修飾後，就可得到各種不同規格與用途的膠原蛋白，例如，從魚皮中所萃取的 Collagen tripeptide F （CTP-F）。平均分子量約為280道耳吞，而經由實驗證實，CTP-F 可順利滲透至角質層及真皮層，且經由纖維母細胞培養試驗，發現 CTP-F 可促進膠原蛋白產生、促進玻尿酸生成。在使用者之皮膚試驗發現，使用 CTP-F 之乳液四週後，受測者皮膚之彈性有改善之現象，且角質層水分明顯優於對照組（Kikuta *et al.*, 2003）。

(2)玻尿酸（Hyaluronic Acid）：玻尿酸即透明質酸，是一種具有高分子量之生物多醣體，普遍存在動物組織及組織液中，因常與組織中其他的細胞外間質結合而形成一具有支撐及保護性的立體結構存在於細胞周圍，因此被歸類為結締組織多醣體。其結構為由乙醯葡萄糖胺（N-acetylglucosamine）與葡萄糖酸（glucuronicacid）以β-1,4 鍵結成為一單元體，再以β-1,3 鍵結成高分子之聚合物。現今已可利用鏈球菌（*Streptococcus* sp.）酸酵生產之（Kim *et al.*, 1996）。玻尿酸存在真皮層，為人體皮膚主要的保濕因子，理論保水值高達 500 mL/g 以上，在結締組織中實際保水值約為 80 mL/g。適當的補充能幫助肌膚從體內及皮膚表皮吸得大量水分，且能增強皮膚長時間的保水能力（Matarasso, 2004）。

(3)幾丁聚糖（Chitosan）：幾丁質（chitin）是一種構造類似纖維素（cellulose）的直鏈狀聚合物，是由乙醯葡萄醣胺（N-acetyl-glucosamine）的單元體以β-1,4 鍵結所形成的高分子醣類，在自然界分布廣泛。幾丁聚糖是幾丁質經去乙醯化的產物總稱，去乙醯化程度介於 65～99%不等，因此幾丁聚糖是由乙醯葡萄醣胺與葡萄醣胺交錯構成的高分子，其屬於陽離子性高分子，具有良好的保水性。幾丁聚糖與油脂間可形成電荷間的複合作用。因此，幾丁聚糖可使皮膚中水分與油脂均衡，進而達到護膚、潤膚的效果。

第二節　奈米科技在化妝品的應用

▋什麼是奈米科技

奈米的觀念，奈米（nanometer）是長度單位，原稱「毫微米」，用 nm 表

示。1 nm = 10^{-9}m，即 1nm 等於十萬分之一米。原子是組成物質的最小單位，自然界中氫原子的直徑最小，為 0.08nm，非金屬原子直徑一般為 0.1～0.2 nm，而金屬原子直徑一般為 0.3～0.4 nm。因此，1 nm 大體上相當於數個金屬原子直徑之和。由幾個至數百個原子組成或粒徑小於1 nm的原子集合體稱為「原子簇」或「團簇」。C_{60}是由60個碳組成的足球結構的中空球形分子；由三十二面體構成，其中 20 個六邊形、12 個五邊形。C_{60}的直徑為 0.7 nm。通常所說的奈米是指尺度在1～100nm之間。可見，奈米微粒度大於原子簇，但用肉眼和一般的光學顯微鏡仍然是看不見的，而必須用電子顯微鏡放大幾萬倍甚至十幾萬倍才能看得見單個奈米粒的大小和形貌。血液中的紅血球大小為 200～300 nm，一般細菌如大腸桿菌的長度為 200～600 nm，而引起人體疾病的病毒一般為幾十奈米，因此，奈米微粒比紅血球和細菌還要小，而比病毒大小相當或略小些。

奈米微粒的特性

1. 量子尺寸效應（Quantum size effect）

當粒子尺寸下降到某一最低值時，費米能階附近的電子能級由准連續變為離散能級的現象。例如，奈米微粒的磁化率、比熱容與所包含電子數的奇偶性有關，光譜線的頻移、催化性質、介電常數變化等也與所包含電子數的奇偶性有關。例如，奈米 Ag 微粒在溫度為 1k 時出現量子尺寸效應（即由導體變成絕緣體）的臨界粒徑為 20 nm。

2. 小尺寸效應（Small size effect）

當微粒尺寸與光波的波長、傳導電子的德布羅意波長以及超導態的相干長度或穿透深度等物理特徵尺寸相當或更小時，晶體週期性的邊界條件將被破壞，導致聲、光、電、磁、熱、力學等特性均會呈現新的小尺寸效應。例如，光吸收顯著增加，並產生吸收峰的等離子共振頻移；磁有序態轉變磁無序態；超導相能變為正常相等。

3.表面和界面效應（Surface and interface effect）

　　奈米微粒由於尺寸小，表面積大，表面能高，位於表面的原子占相當大的比例。10 nm的奈米微粒，表面原子數占總原子數的20%，1 nm的奈米微粒表面原子數占總原子數的99%。這些表面原子處於嚴重的缺位狀態，因其活性極高，極不穩定，很容易與其他原子結合，因而產生一些新的效應。

4.宏觀量子隧道效應（Macroscopic quantum tunneling）

　　微觀粒子具有貫穿的能力，稱為隧道效應。近年來，人們發現一些宏觀量子如微顆粒的磁化強度、量子相干器件中的磁通量等也具有隧道效應，稱之宏觀量子隧道效應。宏觀量子隧道效應的研究對基礎研究及實用都有著重要意義。它限定了磁帶、磁盤進行信息存儲的時間極限。量子尺寸效應、隧道效應將會是未來微電子器件的基礎，或者可以說它確立了現有微電子器件進一步微型化極限。因此，當微電子器件進一步細微化時，必須要考慮上述的量子效應。科學研究表明，當微粒尺寸小於 100 nm 時，由於量子尺寸效應，小尺寸效應，表面和界面效應及宏觀量子隧道效應，物質的很多性能將發生質變，因而呈現出既不同於宏觀物體，又不同於單個獨立原子的奇異現象；熔點降低，蒸汽壓升高，活性增大，聲、電、磁、熱、力學等物理性能出現異常。

　　總之，奈米材料由於具有量子尺寸效應、小尺寸效應、表面和界面效應、宏觀量子隧道效應，因而呈現如下的客觀物理、化學特性；1.低熔點、高比熱容、高熱膨脹係數。2.高反應活性，高擴散率。3.高強度，高韌性，高塑性。4.奇特磁性。5.極強的吸波性。

▋奈米科技在化妝品的應用

　　奈米科技在化妝品的應用上，多為改進活性物質傳輸技術以及化妝品防曬功效方面獲得不錯的成果。在此針對化妝品防曬功效（奈米防曬劑）及改進活性物質傳輸技術（奈米維生素 E 的傳送、奈米級中藥及奈米囊球之應用及）等例子進行介紹。

1. 奈米防曬劑（NanoSunscreen）

陽光對人體有傷害的紫外線波段主要在 300～400nm，奈米二氧化鈦（TiO_2）、奈米氧化鋅（ZnO）等都有在這個波段吸收紫外光的特性。

(1)奈米 ZnO（Nanozinc oxide）：是一種良好的紫外線防止劑，呈粉末狀，無毒無味、對皮膚無刺激性、不易分解、不變質、熱穩定性佳，本身為白色，可以簡單地著色。更重要的是，具有很強的吸收紫外線功能，對 UVA（長波 320～400nm）和 UVB（中波 280～320nm）均有防止作用，此外還有滲透、修復功能。因此用作美容美髮護理劑中的活性因子，不僅能大幅提高護理效果，還可避免因紫外線輻射造成對皮膚的傷害。

(2)奈米 TiO_2（Nanotitania）：具有很強的散射和吸收紫外線的能力，尤其對人體有害的中長波紫外線 UVA 、UVB 的吸收能力很強，效果比有機紫外吸收劑強得多，並且可透過可見光，無毒無味、無刺激性，廣泛用於化妝品。奈米 TiO_2 紫外屏蔽能力與粒徑大小有關，粒徑越小，紫外線穿透率越小，抗紫外能力越強。對於化妝品中的二氧化鈦而言，粒徑越小，可見光透過率越大，可使皮膚白度自然。平均粒徑為 10 nm 的二氧化鈦分散在水中，幾乎是無色透明的。但添加的顆粒粒徑不是越小越好，否則會將毛孔堵死。但粒徑太大，紫外線吸收X會偏離這一波段，因此最好在奈米 TiO_2 顆粒表面包覆一層對人體無害的高聚物。粒子濃度對光散射有較大的影響，伴隨粒子濃度增大，粒子的光散射效率下降。適當提高二氧化鈦的用量，可使化妝品的防曬係數增大，最理想的用量為 5%～20%。

奈米級的防曬物質（例如，二氧化鈦）對人體無毒、無刺激性、紫外線屏蔽能力強；對皮膚有附著性，耐汗耐水；無味，本體為白色穩定性好，高溫下不分解、不揮發。分別經有機、無機包膜形成親水性、疏水性兩大系列產品。若將本品按一定比例添加到化妝品中，不僅可全面抵禦紫外線對人體的傷害，由於粒徑超細均勻，分散穩定優良，添加後手感潤滑細膩，主要適用於各類防曬霜、防曬水、護膚露、洗面乳、乳液、粉底霜、粉餅、爽身粉、唇膏等。在對日本銷售的 37 種防曬化妝品的分析中發現，大多數含有奈米 TiO_2。英國 Tioxide 公司將超微細的 TiO_2 粉末製成漿狀產品以供化妝品廠商使用，美國也開發出 6 種商品化的無機防曬劑。

2.奈米維生素 E（NanoVitamin E）

維生素 E 是人類皮膚細胞需要的營養物質，同時具有抗氧化、抗衰老作用，但常態的維生素 E 很難透過表皮被細胞吸收。當維生素 E 奈米化後，很容易被皮膚細胞吸收。據北京大學人民醫院的臨床試用對比實驗報告，在去斑功能上，奈米維生素 E 化妝品比一般含氫醌類化合物的去斑霜效果快，而且安全、無毒副作用。

3.奈米中藥（Nano nature Drug）

運用奈米技術，還能對傳統的名貴中草藥進行超細開發。同樣一劑藥，經過奈米技術處理後，將顯著提高藥物療效。用親脂型二元奈米混成界面包覆的中藥成分，將使人類健康的頭號威脅——心腦血管疾病得到更有效的治療。在添加在化妝品的中草藥萃取物也可經過奈米技術處理後，提高中草藥成分在化妝品用途的功效。

4.奈米囊球（Nanoencapsulation）之應用

多重乳化在藥劑學已應用多年，主要是提供當作藥物的傳輸系統，以便將藥物送達人體須治療特定的部位、降低藥物副作用、提供藥物緩釋作用或是保護藥物活性以及遮蔽藥物不良味道等。多重乳化其製作方法通常是將水包油或油包水的初級乳劑（O/W 或 W/O 之初乳化）進一步分散乳化在油相而形成油包水包油（O/W/O）或分散在水相而形成水包油包水（W/O/W）一種特殊且複雜的乳化系統。近年來在化妝品方面，可以利用多重乳化系統製作為微囊球或奈米囊球是一種不錯的方法，製作方法有相分離法、化學聚合法與物理機械法等。所製作的微囊球或奈米囊球，可以提高化妝品功效成分的物質輸送效率（蕭，2005）。

參考文獻

1. 化妝品衛生管理條例暨有關法規，行政院衛生署，2000。

2. 張麗卿編著：化妝品製造實務，台灣復文書局，1998。

3. 洪偉章、陳容秀著：化妝品科技概論，高立圖書，1996。

4. 李仰川編著：化妝品原理，文京圖書，1999。

5. 嚴嘉蕙編著：化妝品概論，第二版，新文京圖書，2001。

6. 李明陽主編，李發勝、李健、徐恒瑰編著：化妝品化學，科學出版社，2002。

7. 鍾振聲、章莉娟編著：表面活性劑在化妝品中的應用，化學工業出版社，2003。

8. 垣原高志著，邱標麟編譯：化妝品的實際知識，第三版，台灣復文書局，1999。

9. 童琍琍、馮蘭賓編著：化妝品工藝學，中國輕工業出版社，1999。

10. 李國貞著，化妝保養品產業現況與展望，Vol.148：p.115～125，化工技術，2005。

11. 蕭志權著，多重乳化技術在製作微囊球與奈米囊球之應用，Vol.148：p.141～145，化工技術，2005。

12. 劉吉平、郝向陽編著，奈米科技與技術，世茂出版社，2003。

13. 羅怡情著，化妝品成分辭典，聯經出版社，2005。

14. 王理中、王燕編著，英漢化妝品辭典，化學工業出版社，2001。

15. 光井武夫主編，陳韋達、鄭慧文譯：新化妝品學，合記出版社，1996。

16. Mathews and van Holde, Biochemistry-2nd ed. The Benjamin/ Cummings Publishing Company, 1995.

17. A Guide to the cosmetic products(safety) regulations. London: dti Department of Trade and Industry. Sep. 2001.

18. Cosmetic Handbook. U. S. Food and Drug Administration, Center for Food Safety

and Applied Nutrition, FDA/IAS* Booklet:1992.

19. S. D. Gershon et al., : Cosmetucs Science and technology p.178, Wiley-Interscience, 1972.

20. Akiu, S., Suzuki, Y., Fujinuma, Y., Asahara, T., Fukuda, M., Inhibitory effect of arbutin on melanogenesis: biochemical study in cultured B16 melanoma cells and effect on the UV-induced pigmentation in human skin. Proc. Jan. Soc. Dermatol., 12, 138~139 (1988).

21. Kim, JH., Yoo, SJ. OH. DK., Kweon, YG., Park, DW., Lee, CH., Gil, GH., Selection streptococcus equi mutant andoptimization of culture conditions for the production of high molecular weight hyaluronic acid. Enzyme Microbiol. Techol. 19, 440~445 (1996).

22. Matarasso, S. L., Understanding and using hyaluronic acid. Aesthetic Surg. J., 24: 361~364, (2004).

網路資料：

23. 鄒珮珊，生技美容締造 BIO 美麗新世界，生技時代，2003 年 10 月。

24. 華通產經研究部，化妝品產業初探。

中英文索引

A

C

F

G

H

I

K

L

M

N

O

T

U

V

W

X

Y

Z

國家圖書館出版品預行編目資料

化妝品化學／趙坤山, 張效銘 著
一二版.一臺北市：五南， 2016.03

面； 公分.
ISBN 978-957-11-8519-4 (平裝)

1.化妝品

466.7 105001704

5BB3

化妝品化學
Cosmetic Chemistry

作　者 — 趙坤山（340.3）　張效銘

發 行 人 — 楊榮川

總 編 輯 — 王翠華

主　　編 — 王正華

責任編輯 — 金明芬

文字編輯 — 施榮華

封面設計 — 莫美龍

出 版 者 — 五南圖書出版股份有限公司

地　　址：106 台北市大安區和平東路二段 339 號 4 樓

電　　話：(02)2705-5066　傳　真：(02)2706-6100

網　　址：http://www.wunan.com.tw

電子郵件：wunan@wunan.com.tw

劃撥帳號：01068953

戶　　名：五南圖書出版股份有限公司

法律顧問　林勝安律師事務所　林勝安律師

出版日期　2006 年 9 月初版一刷
　　　　　2011 年 9 月初版二刷
　　　　　2016 年 3 月二版一刷

定　　價　新臺幣 620 元